JIDIAN BAOHU SHEBEI "SANWU"
DIANXING ANLI FENXI JI FANGFAN CUOSHI

继电保护设备“三误”典型案例分析及防范措施

国网滁州供电公司　组编

中国电力出版社
CHINA ELECTRIC POWER PRESS

内 容 提 要

继电保护设备（包括安全自动装置）是保障电力设备安全和电力系统稳定的最基本、最重要和最有效的技术手段。继电保护设备的正确动作关系到电力系统的安全稳定运行。近年来，各类型继电保护专业事故时有发生，严重危害一次设备及主网安全运行，为新时代电力保供增加压力。在此对近年发生的继电保护专业安全事故进行归纳汇编，旨在深刻吸取事故教训，坚持“源头防范”，持续提升生产现场作业安全水平，全面增强作业人员安全意识、作业风险辨识能力和现场安全管控水平，避免继电保护专业人为责任跳闸事件的发生。

“前事不忘，后事之师”，本书结合丰富的现场实际案例，从事故经过、暴露问题、防范对策三个方面进行具体分析，供广大同行参考。同时，还对案例中有价值的相关问题进行了引申分析，充分兼顾了理论和实践两方面的知识技能，适合从事现场继电保护专业工作的工程技术人员阅读。

图书在版编目（CIP）数据

继电保护设备“三误”典型案例分析及防范措施 / 国网滁州供电公司组编. —北京 : 中国电力出版社，2024.12

ISBN 978-7-5198-8837-4

Ⅰ. ①继… Ⅱ. ①国… Ⅲ. ①继电保护设备–检修–案例 Ⅳ. ①TM774

中国国家版本馆 CIP 数据核字（2024）第 080800 号

出版发行：中国电力出版社
地　　址：北京市东城区北京站西街 19 号（邮政编码 100005）
网　　址：http://www.cepp.sgcc.com.cn
责任编辑：雍志娟
责任校对：黄　蓓　朱丽芳
装帧设计：郝晓燕
责任印制：石　雷

印　　刷：廊坊市文峰档案印务有限公司
版　　次：2024 年 12 月第一版
印　　次：2024 年 12 月北京第一次印刷
开　　本：787 毫米×1092 毫米　16 开本
印　　张：16.5
字　　数：261 千字
印　　数：0001—1000 册
定　　价：98.00 元

编 委 会

主　　编　马　艳

副主编　孙学军　曹　海　吴　航　黄　海

编写成员（按姓氏笔画排序）

汤龙龙　许安杰　张宏宇　陈　波

庞　铄　娄赵伟　钱锦怡　章润杰

缪　辉

前　言

PREFACE

随着电力系统的快速发展和技术的不断进步，继电保护作为电力系统安全运行的重要保障，其重要性日益凸显。然而，在实际运行中，由于多种原因导致的误整定、误接线和误碰等“三误”问题，不仅威胁到电网的安全稳定，也给电力系统的运行维护带来了巨大的挑战。

本书《继电保护设备“三误”典型案例分析及防范措施》旨在通过深入分析一系列典型的继电保护设备“三误”案例，为电力系统设计、运行和维护人员提供宝贵的经验和教训。书中所选案例均来源于实际电力系统事件，经过精心挑选和编排，力求做到案例的代表性和教育意义。

本书共分为六章，首章介绍了继电保护装置典型“三误”事故概述，第 2～4 章分别深入分析了误整定、误接线和误碰的典型案例，第 5 章介绍了常规变电站继电保护及自动装置对“三误”的防范措施，最后一章介绍了智能变电站继电保护及安全自动装置对“三误”的防范措施。每个案例都配有详细的事故经过、原因分析和解决方案，旨在帮助读者深刻理解“三误”问题的本质，掌握有效的预防和应对措施。

本书的编写得到了众多行业专家的支持与指导，不仅提供了宝贵的资料与意见，还亲自参与了部分章节的撰写工作。在此，我们向所有为本书作出贡献的同仁表示衷心的感谢。同时，我们也希望本书能够成为继电保护领域技术人员的重要参考资料，帮助他们在日常工作中更加有效地避免“三误”现象的发生，共同推动我国电力事业的健康发展。

最后，由于编者水平有限，书中难免有疏漏之处，敬请读者批评指正。

目　录
CONTENTS

第二篇 继电保护运行和维护对“三误”的防范措施

第一篇

继电保护设备典型“三误”案例

第1章 继电保护设备典型“三误”事故概述

1.1 继电保护设备“三误”事故的危害

继电保护作为保障电网安全稳定运行的第一道防线，担负着保卫电网和设备安全运行的重要职责，随着电网的不断发展，大容量机组、超高压设备、特高压设备的不断投入运行，配套的继电保护原理日趋复杂。种类繁多，原理各异的保护双重化、多重化配置使得二次回路接线也复杂多样。虽然通过几代保护人的努力，保护管理工作日趋规范，保护配置更加完善，保护的动作也更加正确可靠，但是保护的事故却还是时有发生，严重危害一次设备及主网安全运行，为新时代电力保供增加压力。因此我们对近年发生的继电保护专业安全事故进行归纳汇编是十分必要的，旨在深刻吸取事故教训，坚持“源头防范”，持续提升生产现场作业安全水平，全面提高作业人员安全意识、作业风险辨识能力和现场安全管控水平，避免继电保护专业人为责任跳闸事件的发生。

1.2 继电保护设备“三误”事故的主要分类

导致继电保护事故的原因，主要有保护定值、装置电源、二次回路、抗干扰、维护调试、装置原理、设计原理、保护通道、保护软件版本等方面。继电保护工作人员如何分析事故和处理事故，这种能力是我们主要需要提升的方

面。运用技术手段并结合现场实际，将继电保护事故主要分为：误整定、误接线、误碰这三大类。

1.2.1　误整定引起的事故

误整定事故产生的由来，主要有继电保护人员业务水平、继电保护的技术管理、工作习惯、责任心等，发生的原因十分复杂，方方面面都需要排查考虑。归结起来有两大类，一是整定计算人员的误整定；二是继电保护人员在设备上定值输入错误造成的误整定。

1. 整定计算人员的误整定

（1）整定计算人员计算错误。我们这里讨论的范畴不包括单纯的数值计算错误。比如像一加一等于三这样的情况，属于低级错误，发生的概率不是很大。收集资料，是我们在进行定值计算前，比较关键的一项任务。主要包括：① 了解系统接线，确定系统运行方式；② 确定 TA TV 变比；③ 收集一次设备参数（包括实测参数）；④ 熟悉保护设备，掌握保护原理，整理定值清单；⑤ 了解其他特殊要求，如负荷性质、平行线互感等问题。以上② 、③ 发生错误将直接导致保护整定的计算错误。因此设计、基建、技改主管部门应及时、准确地向保护计算人员提供有关设备的参数，包括保护装置定值清单，并盖章确认，以示慎重。

（2）保护控制字、跳闸矩阵等功能性运用错误造成的误整定。微机保护如何主要的表现出其功能上的软件化？主要依靠的是在控制跳闸矩阵的使用上面。尤其是，使用控制字就变相的让定值计算人员也要变成软件工程师、保护的设计人员。在定值整定中可能在不经意间就改变了程序流程，保护已不再是想象中的保护了。因此保护控制字、跳闸矩阵的整定是微机保护整定工作中的一个重要的内容，正确运用控制字、跳闸矩阵必须基于对保护功能和一、二次回路的全面熟悉。对保护控制字、跳闸矩阵的运用应逐字逐位进行理解和推敲，对于不能确定的控制字还应通过现场具体的试验来确定。要避免习惯性思维。

（3）原理性运用失误造成的误整定。原理性运用错误导致的误整定主要是因为整定计算人员对保护原理、系统结构不熟悉，专业知识缺乏造成的。

（4）被动式误整定。系统发展，接线变化、短路容量变化，但未对相关保护定值进行核算、修改，造成保护不正确动作。

2. 继电保护人员在设备上定值输入错误造成的误整定

保护人员设备上定值输入错误主要有：① 看错数值；② 看错位；③ 漏整定。究其原因，主要是工作不仔细，检查手段落后，才会造成误整定的发生，因此现场的继电保护的整定必须认真操作，仔细核对，尤其要把握好利用整组传动检验定值这一关，才能避免错误的出现。

结合现场实际，提出如下相关的定值整定注意事项。

（1）CPU 保护，有备用定值区时，在整定备用定值区同时，需对无备用定值区的 CPU 在相应的备用定值区内复制正常定值，以免在运行人员在切换定值区后，无备用定值区的 CPU 因读不到保护定值，而保护出错。

（2）对于有些定值单只出现一次定值，不应将一次定值直接输入保护装置。对有些定值单一、二次值共同出现，有时二次定值经过 TA TV 变比折算后在数值上可能比一次定值大，应避免惯性思维，正确区分一、二次定值。

（3）定值单上的TA TV变比也是定值整定项目，特别是TA变比更应注意。应核对现场实际 TA TV 变比与定值单是否相符，特别是在改扩建工程中更应注意该问题。运行设备更改保护定值，也应认真核对新旧定值单的 TA 变比的变化情况。

（4）对于装置整定项与定值单项不符的应引起足够重视。一旦发生装置整定项与定值单项不符的应无条件将定值单退还定值计算人员，并将装置定值清单提供给计算人员，以便修改。

（5）不认真阅读定值单整定原则及说明造成误整定。整定单的整定说明部分往往是对定值内容和保护功能的进一步说明，但也包含一部分无法在定值项中体现的整定内容。现场执行定值单时，因重定值项“内容”而轻“说明”，导致部分定值未正确设置，核对定值时只核对定值项内容，不核对说明部分，导致误整定。

各个相关部门和专业人员，必须要相互交流沟通，加强协调和互相学习的力度，这是因为，定值计算的正确性和定值执行的正确性，关系到了保护的正确动作。计算和执行，这两个方面，哪里稍微有一点错误，就会使保护不正确

动作。

（6）综合自动化变电站、智能化变电站的保护软压板问题。保护软压板的远方遥控投退功能在提高电力系统事故处理速度、减轻运行人员劳动强度方面的作用显著，因此保护软压板的远方遥控功能被广泛使用，但是软压板的远方遥控与保护定值的唯一性却发生了矛盾，保护定值单是具有严肃性的，需要保护整定输入人员和运行核对人员签字确认。唯一性是定值正确性的保证，输入保护装置的定值应与定值单一致，那么保护定值单上的软压板状态也同样具有唯一性。但是很多的微机保护实现保护软压板的遥控投退是通过修改定值项的软压板状态来实现的。随着智能化、数字化变电站的推陈出新，这个矛盾会越来越突出，需要定值整定人员，装置定值输入人员，运行人员统一认识。

3. 装置硬件问题造成定值自动漂移

微机保护装置的定值一般存放在 E^2PROM（电可擦写的只读存储器），其特点是 sv 工作电源下可重新写入新的内容，并且 sv 工作电源消失后其内容不会丢失。FLASH 可用于存放定值，其容量更大，写入速度更快（闪存），目前已逐渐取代 E^2PROM。不管 E^2PROM 还是 FLASH，统称电子元器件，电子元器件的性能势必受如下几个因素影响：

（1） 工作电源影响。

微机保护是数字保护，数字保护讲的是高电平“1”，和低电平“o”，而高低电平的区分是通过所供电源的数值来体现的，譬如 +SV 电位表示高电平“1”，电位表示低电“o”，如果所供电源的 +SV 不稳定，势必影响保护对定值数值的识别。因此保护规程对保护装置的直流电源的波动包括纹波系数等都提出了严格要求。

（2） 温湿度影响。

电子元器件都对温度敏感，温度过高会使元器件和集成电路产生的热量散发不出去，从而加快半导体材料的老化，并在内部引起暂时的或永久的微观变化。据有关资料显示，当环境温度超过 26℃时，内存中数据丢失的可能性开始出现，逻辑运算的结果，算术运算的结果，都可能出现错误。温度太低同样会对电子元器件产生不良影响，温度过低容易出现水汽的凝聚和结露的现象，会导致电子元器件的短路，但是低温对电子元器件的影响一般小于高温的影响。

湿度对电子元器件也有影响，对保护装置来说，湿度最好在 30%～80%之间。相对湿度过高，如超过 80%，那么雾化的危险就大大地增加了，会有结露现象，使元器件受潮变质。它会使电气接触点、焊点的接触性能变差，甚至被锈蚀，还会导致电子元器件的短路。相对湿度过低，则会产生静电干扰，损坏元器件，影响保护的正常工作。

（3）元器件老化影响。

老化是所有电子元器件的必然现象，老化和元器件本身的质量、使用频率、使用年限、使用环境等都密切相关，元器件老化是通过元器件特性的变化表现出来的，保护装置电子元器件特性变化势必影响定值的数值与功能。

（4）元器件损坏的影响。

对于定值来说，最直接的影响来自元器件的损坏。元器件的损坏，一旦发生，就不可挽回。

1.2.2 误接线造成的事故

误接线是继电保护三误事故之一，误接线引起的保护事故在事故总量中占不小的份额，特别是在新建、改扩建工程中接错线的现象相当普遍。误接线造成的保护事故一般有两种，一种是保护误动，另一种是保护拒动。

（1）从现场实际情况来看，一般造成误接线的原因主要有：

① 基建施工人员不按图施工，凭经验、凭记忆接线造成误接线。

② 继电保护人员不履行相关手续，擅自修改运行回路二次接线。

③ 继电保护人员在恢复临时拆线时造成的误接线。

④ 二次设备内部错接线。

（2）误接线基本上都属于人员责任事故，如何避免误接线事故，需从多方面入手：

① 新安装的保护装置到货后，应参照设计图纸和厂家提供的图纸，对保护屏做一次全面、细致的检查和对线工作。

② 提高工程施工人员的业务素质，严格执行按图施工原则，保证接线正确。

③ 保护装置的调试，是设备投运前的一道最重要的工序。认真细致地完

成调试工作，是减少接线错误的关键环节。保护调试时，不能只注重对保护装置功能的测试。也应重视对外回路的检查。保护调试时应尽量将整套保护处于与投入运行完全相同的状态下进行，尽量避免过多的外回路模拟。

④ 基建工程涉及的新设备多，存在的错接线也多，因此基建调试时应严格按照规程规定执行，不得因为赶工期而减少调试项目，降低调试质量。

⑤ 高质量的竣工验收也是减少接线错误的重要环节。

⑥ 运行单位要重视保护投运后第一年的首检，根据现场统计分析，保护首检发现设备缺陷的概率还是比较高的。

⑦ 人员问题。继电保护专业的工作作风应严、紧、实、细，切实提高继电保护人员的工作作风、工作责任心和工作水平，才能真正地避免所有的继电保护人员责任事故。

1.2.3　人员误碰运行的保护装置或二次回路造成的事故

继电保护工作人员及运行管理人员担负着生产、基建、大修、技改、反措等一系列的工作，支撑着庞大而复杂的电力系统，工作任务艰巨而繁忙。尽管每一个人都想把工作做好，但是在现场由于安全措施的不得力，由于对设备的不熟悉，以及违章违规行为的存在，误碰事故并没有杜绝。

1.3　继电保护事故处理的基本思路和原则

继电保护的事故处理不仅涉及继电保护的原理及元器件，而且现场处理继电保护事故的经验表明：大部分继电保护事故的发生与处理过程与基建、安装、调试过程密切相关。掌握足够必要的微机继电保护基本原理及继电保护理论是分析和处理事故的首要条件，但足够的丰富的现场经验往往对准确分析与定性事故又起着关键作用。因此理论与实际相结合是继电保护事故处理的一个基本原则。

继电保护事故的处理不仅涉及运行单位和个人，且一旦拒动或误动，必须查明原因，并力图找出问题的根源所在，然后有针对性地制定防范措施，并举一反三，避免类似事故重演。这必将涉及事故的责任者，甚至可能接受相当严厉的处罚。事故发生后的许多资料和信息都可能被修改或丢失，给事故分析带来较大难度，甚至查不出原因，存在的问题无法得到解决，系统类似的问题无法吸取事故教训。因此，事故的调查组织者必须坚持科学的实事求是的态度。

1.3.1 正确利用二次系统设备的事故信息

变电站综合自动化技术的不断发展，给继电保护事故处理带来了很多的便利条件。因此当系统一旦发生事故，我们能获取的故障信息来源很多，譬如保护装置面板信号灯指示信息、跳闸信号继电器信息、保护装置事件记录及报文信息、保护装置故障录波信息、保护专用故障录波器录波信息、行波测距装置信息、监控系统后台信息、测控装置的信息、保护管理机（保护管理信息子站）的信息、功角测量装置的信息等。

要正确利用这些二次方面的信息，就要做好以下几点：

1. *要重视各类二次信息辅助设备的运行维护，保证这些设备的工况正常*

当代的微机保护都具有良好的事件记录功能和故障录波功能，保护专用故障录波器更是功能强大、使用便捷。如何让这些设备在事故后的调查处理中发挥作用，取决于它们在事故发生时工况是否正常。保护装置自不必说了，专用故障录波器的运行情况对于一些复杂事故的分析来讲则至关重要。

保护装置往往很重视装置的异常、闭锁等告警问题，一旦保护装置的巡检程序检测到软件或硬件的故障，都会向监控系统发出告警信号，以提醒运行人员注意。运行检修人员也对此类故障告警信息很重视，所以我们的保护装置运行工况比较好。但是故障录波器就不是这样了，由于故障录波器的侧重点是录波，而且现场很多的故障录波器就是一台电脑，其硬件故障告警和软件故障告警的能力远不如保护装置，特别是软件故障告警。我们希望故障录波器软件程序“走死”后能发告警信号，但是实际情况是这个问题很难解决。

例如，某 220kV 变电站一条 220kV 线路连续雷击故障，造成开关断口击穿，线路失灵保护动作造成 220kV 副母线失电。事故发生后进行事故调查分析，当准备调取故障录波器信息时，发现故障录波器显示器显示装置程序运行在“DOS”状态下，事故前该录波器无任何告警信息。由于平时显示器电源关

闭，运行人员巡视也未能发现该问题。幸亏故障线路 LFP－901A 保护的录波完整，才使得事故分析得以继续。

此外，综合自动化变电站应重视各类二次设备的 GPS 对时问题，精确而统一的事故发生的绝对时间，对千正确快速地阅读各类装置的报文信息、快速处理事故是极其重要的。特别是分析处理区域性电网事故意义更大！

2. 保护装置的故障信息不能替代专用故障录波器的信息

由于专用故障录波器在采样频率、前置滤波、启动方式等方面与保护装置存在较大的区别，因此保护装置的故障信息不能替代专用故障录波器的信息。特别是在高压电网的一些复杂的事故分析处理中，专用故障录波器信息是事故分析的首要信息。譬如高压系统的暂态问题分析、谐波问题分析、振荡问题分析，主要的依据就是专用故障录波器的录波信息。

因此认真分析各类故障信息，去伪存真，是事故分析处理的一个要点。

3. 继电保护工作人员应能正确熟练地使用这些相关设备

从保护装置、故障录波器等相关设备快速准确地调取故障信息，是继电保护事故处理的一个基本技能。因此继电保护工作人员应能熟练掌握各类相关装置的使用，包括故障录波器的远传调取，格式转换；监控信息的远方查看，数据网信息的调取等，这些功能的熟练运用对于加快事故分析，提高电网事故处理速度，快速恢复供电意义较大。

4. 应做好二次系统事故信息的记录和备份

在确认事故原因由二次系统引起后，应先尽量维持原状，做好事故信息的记录和备份工作。待做出初步的分析并制定事故处理的计划后再展开工作，以免原始状态信息被破坏，给事故处理带来不必要的麻烦。

1.3.2　正确利用一次设备信息

利用二次设备信息指示，去判断一次设备是否发生故障，这是电气设备事故分析的一般思维方式。在无法区分到底是一次设备真有故障，还是二次设备误动时，最好的办法是一、二次方面同时展开事故调查工作。对一次设备进行必要的检查、检测工作可以很快得出结论，同时开展一次设备检查工作也可以在短时间内给保护工作人员提供极为有价值的信息，很有必要。其实一次设备故障后若继电保护正确动作，则就没有“继电保护事故处理”的问题，若一次设备没有发生故障而继电保护误动作，或一次设备有故障而继电保护没有正确动作，这才是我们要研究查找的问题。

1.3.3 运用逆序检查法

一般当保护出现误动时，使用逆序检查法对保护装置及二次回路进行检查。逆序检查法就是从事故的不正确结果出发，利用保护动作原理逻辑图一级一级向前查找，当动作需要的条件与实际条件不相符的地方就是事故根源所在。逆序法的运用要求工作人员对保护动作原理、二次回路接线有较高的熟练程度，且有类似故障检查的经验，这样往往会使故障的查找进展迅速。

1.3.4 运用顺序检查法

顺序法是一种比较费时费力的检查方法，但也是最为彻底的检查方法。以《继电保护和电网安全自动装置检验规程》为依据按外部检查、绝缘检查、逆变电源检查、开入量检查、开出量检查、定值检查、保护功能检查、保护特性检查等进行。

全面的顺序检查法常用于继电保护出现拒动或者逻辑出现错误的事故处理。一般也是逆序检查法失效的情况下运用的方法。

顺序检查法与检验调试相类似，目的是运用检验调试的方法来寻找故障的根源，但事故处理又不完全等同于检验调试，前者的任务是寻找故障点，而后者则是检查装置的所有性能指标是否合格，然后将不合格项调整到合格范围以内，指标的不合格却不一定会导致事故。因此在实际运用中可有针对性地进行顺序检查，并注意如下几点：

（1）将重点怀疑项目先检查，以便最快速度接近故障点。

（2）同时要注意在检查过程中拆线、接线、可能导致的故障点现象被破坏的问题，还要注意可能的双重复故障现象等。

（3）要注意在测试检查时的接线及方法的正确性，以免误入歧途。

（4）要注意装置实测数据与存档的原始数据的对比，特别是一些保护装置的与定值无关的功能、特性、曲线数据等。

（5）应注意测试用仪器仪表的准确性和正确使用，避免不必要的误导。

1.3.5　运用整组传动试验法

运用整组传动试验方法的主要目的是检查继电保护装置的逻辑功能是否正常，动作时间是否正常。整组试验往往可以重现故障，这对于快速找到故障根源很重要。在整组试验时输入适量的模拟量、开关量使保护装置动作，如果动作关系出现异常，再结合上述逆序法寻找问题的根源。

整组传动试验，应尽量使保护装置、断路器与事故发生时运行工况一致的前提下进行，避免在传动试验时有人工模拟干预。

1.3.6　正确对待人员责任事故

发生事故是绝对的，不发生事故是相对的，人为差错是客观存在的，问题是如何尽量减少人为责任事故的发生，为此人们采取许多办法，制定许多规章制度来约束人的行动，使之规范化、程序化，如工作票制度、操作票制度，继电保护现场保安规定等，都是从设备、环境、管理等多方面控制和制约，以期减少各种人为差错的发生。

事故发生后，由于一般都要牵涉责任考核，因此从人的主观意愿来讲，都希望此次事故与己无关，责任能推就推。随着责任的推诿扯皮，带来的是事故真相被掩盖，甚至被人为操作掩盖。最后导致事故分析处理进入僵局，随后是原因不明，事故不了了之。再后来是同样或类似的人员责任事故又一次发生，甚至有可能责任人还是前者。

《安规》中“三不放过”原则说得好，事故原因不明不放过；事故责任人未受到教育不放过；没有预防措施不放过。

其实责任考核是手段而不是目的，事故原因的查找与分析目的是将前人的教训变为后人的经验，是为了惩前毖后，这也是本书的宗旨。

坦诚面对已然发生的事故，客观地、实事求是地协助事故调查分析，是每个继电保护专业人员应有的职业道德和素质。

1.4 提高继电保护事故处理水平的途径

要想提高继电保护事故处理的水平，首要条件就是必须了解清楚继电保护故障有哪些基本类型，还要掌握怎样处理继电保护事故，基本思路是什么。必要的理论知识是必不可少的，继电保护事故处理时，要灵活的运用正确的工作方法，工作人员要做到心思缜密、条理清楚。

1.4.1 掌握必要的理论知识

继电保护的事故处理工作和其他技术工作一样，要求理论与实践相结合，调查研究和逻辑思维相结合，为提高事故处理的水平，相关人员至少应做到以下几点。

1. 学好电子技术知识和电路原理知识

由于电网的迅速发展，微机保护越来越多地被应用，作为一个继电保护工作人员，学好电子技术、集成电路及微机知识就成为当务之急。

电子技术的掌握是有规律可循的，例如电阻器、电容器、二极管、三极管等各种元器件组成了电路，像单稳态电路、双稳态电路以及放大电路就是由各种元件组成的单元电路，由单元电路组成各式各样的功能性电路。在继电保护及自动装置中，包括用运算放大器、开关电路、振荡电路组成的各种检测和逻辑电路，有的集成度低，有的集成度高，有的运用了微机技术。要用学到的电子技术、集成电路、微机等知识解决继电保护检修中的具体问题，解决继电保护事故处理中的具体问题。

电路原理的应用主要体现在：一是二次回路的分析计算，例如二次回路各类继电器的参数选择计算、分合闸回路电流计算、TA 10%误差计算等；二是电力系统暂态和稳态计算分析，例如短路电流计算、整定计算、潮流计算、稳定限额计算等。这些都是继电保护事故分析处理的重中之重。

2. 掌握继电保护原理

为了根据保护及自动装置所产生的故障现象分析产生故障的原因，迅速确定故障部位，找出并更换损坏的元件，工作人员必须具备继电保护的基础知识，必须全面了解保护的基本原理与性能，熟悉电路原理图。只有这样，才能有针

对性地进行逻辑思维、逻辑分析。保护原理的掌握不是一朝一夕就能实现的，需要有一个循序渐进地学习和实践的过程，但是要注意学习和实践的方式方法。笔者认为，正确的方法应该是先学习保护原理再学习二次回路，先简单保护再到复杂保护，结合次回路再进行保护原理的深化学习，如此胶着进行，学好继电保护还要掌握好系统知识，要关心系统运行方式，将继电保护与电力系统的运行有机地结合起来。凡事多问一个为什么，然后自己再去想各种办法（包括请教同行前辈、查阅书本资料、进行装置试验等）去解决、解释这个问题，这是快速提高继电保护水平的一个行之有效的方法。

3. 备全相关的技术资料

要顺利地进行继电保护故障分析与处理，离不开有关的技术资料，一般情况下在现场应具备以下资料。相关的技术资料是：继电器检修规程、产品说明书、调试大纲、调试记录、定值通知单、整定试验记录、保护原理框图、电路原理图、标准电压值、电流值、波形以及有关的参数等。这些资料要靠平时的收集与积累，特别在检修及消缺后都要做好记录，作为下次检修及消缺的参考资料。当前的技术管理标准化，是正规化管理的具体表现，对促进资料管理，促进信息共享、增强积累意识具有极大的推动作用。对于一些不常使用的保护装置，对其在调试、检修、运行维护方面的特殊点进行归纳总结，做必要的笔记，这样才能在事故分析时得心应手。

1.4.2　正确阅读分析故障录波

故障录波是继电保护事故处理的眼线，是建立事故分析处理整体思路的重要信息。在外围硬件设备、二次回路无明显故障痕迹的情况下，如何从录波图上去寻找事故分析的突破口，非常关键。这要求分析者有一定的系统故障分析理论水平及相当的现场经验。需要说明的是，对于纸质故障录波图的数值量阅读只能通过人眼目测，所得数据只能作为定性分析所用，一般不做定量分析的深层次计算所用。需要定量分析场合，可借助专门的录波分析软件从录波图的电子文档中提取精确数值。

1.4.3　运用正确的方法

要做好继电保护事故处理工作，必须防止经验主义、纸上谈兵、盲目动手的错误做法，继电保护现场工作讲究的是。

“一看、二想、三动手”，否则不但不能迅速排除故障，反而容易使故障扩大或导致问题的复杂化。因此，对继电保护及自动装置进行事故处理，应当先有充分的逻辑推断和处理思路并应遵循一定的规则。

前面介绍了顺序检查法，逆序检查法及整组试验检查法，现场可根据具体情况选用。在实际的故障处理时，往往经过某些简单的检查，般的故障部位就会被查出，如果经过一些常规的检查，仍未发现故障元件，说明该故障较为隐蔽，应当引起充分重视，此时可采用逐级逆向排查方法，即从故障现象的暴露点入手去分析故障原因，从故障原因判断故障范围，在故障范围内确定故障元件并加以排除，使保护及自动装置恢复正常。如果仍不能确定故障的原因，就要采用顺序检查法，对装置进行全面的检查，并进行认真地分析。

1.4.4 熟练掌握故障处理技巧

在保护及自动装置故障处理中，以往的经验是宝贵的，它能帮助工作人员快速消除重复发生的故障。但与经验相比，技能更为重要。要不断提高保护及自动装置故障处理的水平，必须掌握一些技巧，总结如下：

1. 采用电阻测量判别法

利用万用表测量电路电阻和元件阻值确定或判断故障的部位及故障的元件，一般采用在路电阻测量法，即不焊开电路的元件，直接在印刷板上测量，然后判断其好坏的一种方法。

2. 采用电流测量判断法

利用万用表测量晶体管或集成电路的工作电流、稳压电路工作状态是否正常、元件是否完好。常用的回路电流测量方法有：直接测量、间接测量和取样测量三种。

对于小电流（微安级）的测量，可将万用表直接串在电路中进行测量；对于毫安级以上的较大电流可采用间接测量法，即测量回路中某已知电阻上的电压而求得电流的方法；如果在电路中找不到合适的电阻，可采用取样测量法，具体的做法是找个适当功率的小量值电阻串在回路中，测量该电阻上的压降，计算出电阻中的电流。另外由于现场很难得到高频电流表，所以该种方法也经

常被运用在高频通道电流的测量上。

3. 采用电压测量判断法

对所有可能出现故障的电路的各参考点进行电压测量，将测量结果与已知的数值或经验值相比较，通过逻辑判断确定故障的部位及损坏的元件。

4. 采用替代、对比、模拟检查法

替代法是用规格相同、性能良好的插件或元件替代保护或自动装置上被怀疑而不便测量的插件或元件。对比检查法是将故障装置的各种参数与正常装置的参数或以前的检验报告进行比较，差别较大的部位很可能就是故障点。模拟检查是在良好的装置上根据电路原理，对其进行脱焊、开路或改变相应元件的数值，观察装置有无相同的故障现象出现。若有相同的故障现象出现，故障部位及损坏的元件被确认。

现在的微机保护，已不提倡保护人员对插件上的单个元器件进行检查测量、替换等。因此现场运用较多的方法是插件更换替代来发现问题。但是应注意微机保护在检验及事故处理工作中的几个问题：

（1）使用交流电源的电子仪器（如示波器、频率计等）测量电路参数时，电子仪器测量端子与电源侧应绝缘良好，仪器外壳应与保护屏（柜）在同点接地。

（2）不宜用电烙铁对装置及插件进行焊接，如必须用电烙铁，应使用专用电烙铁，并将电烙铁与保护屏（柜）在同一点接地。

（3）用手接触芯片的管脚时，应有防止人身静电损坏集成电路芯片的措施。

（4）只有断开直流电源后才允许插、拔插件。

（5）拔芯片应用专用起拔器，插入芯片应注意芯片插入方向，插入芯片后应经第二人检验确认无误后，方可通电检验或使用。

（6）测量绝缘电阻时，应拔出装有集成电路芯片的插件（光耦及电源插件除外）。

（7）备品插件的安放应有防静电、防辐射措施，不应随意堆放。

1.4.5　掌握事故处理的特点

工作人员永远是事故处理的重中之重。保护及自动装置的事故处理，有技能因素，还需要高度的责任心。工作人员要想迅速排除一切故障，主要依靠的就是高超的技能和认真严谨的工作作风。继电保护工作人员要全面掌握事故处理的技巧，除了具备牢固的继电保护的基础知识，全面的二次回路知识，熟练的一次系统知识以及相当的运行知识以外，还应熟悉继电保护检验规程，继电保护的检验条例以及继电保护的调试方法，还要清楚各类保护的事故处理的特点。

1. 分列元件保护事故处理的特点

分列元件与集成电路或微机保护相比，最明显的特点是直观，元件参数及原理电路都能一目了然，工作原理容易理解。在由分列元件构成的保护装置中，各元件的工作特性，工作状况都可以用试验的方法进行检查，因此分列元件的保护出现故障后，现场的工作人员能够直接找出故障元件，并进行更换，使问题得以解决。

2. 微机保护事故处理的特点

与分列元件保护相比，微机保护的缺点是原理复杂，难以掌握，主要原因是计算机的知识缺乏。微机保护与其他一般的保护有着共同的一面，装置的测量采样、逻辑判别和跳闸输出等环节的工作过程是一致的，保护装置的逻辑框图也基本相同：两者也有不同的一面，即工作方式的不同，微机保护是用数字运算和执行逻辑程序的方式完成其工作的，而与分列元件保护相比给人的感觉是“看不见，摸不着”。

因此微机保护在现场的事故处理比较简单。目前运行单位在现场对微机保护装置的事故处理能够进行的工作只是更换插件或更换芯片，以及一些相关的外回路检查。

3. 新安装保护事故处理的特点

新投产的设备在设计、安装、调试、运行方面有许多的特点区别于运行的在役设备。随着电力系统的不断发展，大量的关于电力基本建设工作的规定、条例等文件相继出版，在基建过程中发挥了应有的作用，使各项工作步入正轨，但在实际工作中并没有避免事故的发生，原因分析如下。

（1）涉及的新设备多。根据基建工程中新安装的继电保护设备的情况可知，保护设备的新产品一般会首先应用于基建项目中。继电保护发展的规律是，晶体管型的保护代替了整流型的，微机型的保护代替了集成电路型的保护。设备不断地更新换代，要求继电保护工作者不断地学习、不断地掌握新知识，跟上时代发展的需要。

（2）出现的问题集中。基建工程涉及的新设备多，暴露出的缺陷也多。其中有设计方面的、制造方面的、安装方面及现场调试方面的问题等。

（3）管理中的漏洞多。继电保护的管理工作被列为电力系统的监督项目，目的是将这一责任重大、专业性强、涉及面广的专业管理工作正式纳入正轨。发电厂、变电站基建项目的管理也被列为继电保护工作的重点，并对设备到货、开箱验收、安装调试、交接验收等各阶段的监督都做了规定。但是根据以往的情况，管理中的漏洞仍然存在。在基建过程中，继电保护的调试工作是最关键的环节，如果调试人员能全面负责，严格把关，对保护的每一种功能、每一种特性、每一个回路都理解得非常清楚，并认真地组织调试，则会减少事故的发生。如果只靠验收过程进行把关，则难以检查出设备的所有隐患，因为验收人员不可能一直介入现场的所有工作，交接验收时又不可能把已完成的调试内容全部重新做一遍，再加上调试者的水平及经验的限制，致使有的设备带着缺陷投入了运行，很久以后才暴露出来。

（4）人员配合不够。新建发电厂或变电站是以基建施工单位为主，而设备的业主是发电厂或供电公司。由于基建项目的工期较短、任务繁重，各单位的人员配合也不尽相同，很多的工程需要加班加点才能完成任务，难免在某些环节上出现遗漏和错误。统计资料表明，由于基建期间遗留的问题导致的事故中，有不少是因为忽视或省略了某些项目的检查、试验而造成的。

（5）产品质量差，元件特性不稳定。在新装的保护设备中，有的存在原理上的缺陷，有的存在设计上的问题，还有的选用的元器件质量不过关，具体表现在设备运行期间抗干扰性能差，技术数据与设计指标差别较大，元件温度特性不满足要求。严重时会导致保护误动作。有些产品的质量问题在调试时能够被发现，而有的则要到运行期间才会暴露出来，设备一旦投入运行就牵涉对外停电问题，所以很难及时处理缺陷。

4. 对于无法确定绝对原因的事故处理思路

保护设备及二次回路故障的发生有时具有间歇性，对于间歇性故障的处理是保护专业人员最头疼的事。甚至有的故障只发生一次，之后再也没有发生，且事后一切试验结果全部正常，这给事故的处理带来了极大的麻烦，造成这种现象的原因可能是：

（1）新故障点在事后检查中被破坏，故障现象消失。

（2）故障元器件的自恢复，故障现象消失，但仍存在再发生故障的可能。

（3）故障点实际仍存在，但外部触发的客观条件不成立，故障未排除，还有再发生事故的可能。

（4）其他未知的原因。对于事故原因不明，但试验检查又一切正常的装置和回路的处理，确实很难把握，而将故障原因不明的装置和回路投入运行是违背继电保护运行管理规定的，也有悖于继电保护的宗旨。

因此，对于此类事故的处理原则是：

（1）原因不明，没有防范措施不投入运行。

（2）对于有双套配置的保护可将故障装置投信号试运行，等故障现象再现后进行处理。如本书第三章第八节的案例中采用的做法。

（3）对于只有单套配置的保护，而必须复役送电时，在有针对性地更换故障可能性较大的元器件、插件、装置、电缆等后进行试验，试验正常后投入运行。同时做好如下措施：

① 调整其他相关设备的保护定值，确保系统运行的稳定。

② 提请调度部门转移重要负荷，并做好相关事故预案。

③ 要求运行部门加强对相关设备的巡视检查，要求继电保护人员定期对相关设备进行技术性跟踪巡检。

④ 根据故障的性质，有针对性地在关键部位临时设置在线监测、故障录波设备，以便以后事故分析。

（4）报上级专业管理部门批准。

第2章　继电保护设备典型误整定案例

保护装置的定值是人指挥机器的核心要素，其正确、完善、可靠是保护正确动作的前提。误整定案例主要分为以下几类：整定计算人员的误整定；继电保护现场工作人员定值输入的误整定；装置硬件问题造成定值自动漂移。

2.1　整定计算人员造成的误整定案例

整定计算人员的误整定主要归因有以下几种：

（1）整定计算人员计算错误；

（2）保护控制字、跳闸矩阵等功能性运用错误；

（3）原理性运用失误，运行方式失误；

（4）被动式误整定。

2.1.1　防孤岛保护定值与故障穿越配合不当

1. 事故经过

光伏站1、光伏站2均配置有防孤岛保护装置，设置有低压两段，过压两段，低频两段，过频两段，其定值如下（二次电压额定值为100V）。

表 2-1　　保护装置定值

低压解列Ⅰ段定值	30V	低频解列Ⅰ段定值	47.5Hz
低压解列Ⅰ段时限	1s	低频解列Ⅰ段时限	0.2s
低压解列Ⅱ段定值	20V	低频解列Ⅱ段定值	47Hz
低压解列Ⅱ段时限	1s	低频解列Ⅱ段时限	0.2s
过压解列Ⅰ段定值	125V	过频解列Ⅰ段定值	51Hz
过压解列Ⅰ段时限	0.5s	过频解列Ⅰ段时限	0.2s
过压解列Ⅱ段定值	130V	过频解列Ⅱ段定值	51.5Hz
过压解列Ⅱ段时限	0.5s	过频解列Ⅱ段时限	0.2s
低压解列Ⅰ段定值	70V	低频解列Ⅰ段定值	46.49Hz
低压解列Ⅰ段时限	1.5s	低频解列Ⅰ段时限	0.2s
低压解列Ⅱ段定值	70V	低频解列Ⅱ段定值	46.49Hz
低压解列Ⅱ段时限	1.5s	低频解列Ⅱ段时限	0.2s
过压解列Ⅰ段定值	130V	过频解列Ⅰ段定值	51.51Hz
过压解列Ⅰ段时限	0.5s	过频解列Ⅰ段时限	0.1s
过压解列Ⅱ段定值	130V	过频解列Ⅱ段定值	51.51Hz
过压解列Ⅱ段时限	0.5s	过频解列Ⅱ段时限	0.1s

定值分析如下：

依据《光伏发电站接入电力系统技术规定》（GB/T 19964—2012）、《光伏发电并网逆变器技术要求》（GB/T 37408—2019）、《光伏发电站接入电力系统设计规范》（GB/T 50866—2013）、《分布式电源并网技术要求》（GB/T 33593—2017）、《分布式电源接入配电网技术规定》（NB/T 32015—2013），对接入 10（6）kV 电压等级直接接入公共电网，以及通过 35kV 电压等级并网的光伏防孤岛保护要求如下：

（1）光伏应配置独立的防孤岛保护装置（逆变器可不具备防孤岛保护的能力），应包含低频保护、过频保护、低电压保护和过电压保护功能，其动作时间应不大于 2s；

（2）防孤岛保护频率/电压定值、时间定值应与线路保护、重合闸和安

全自动装置（备自投、故障解列装置等）、电压/频率适应性、故障穿越要求相配合。线路保护、故障解列装置先于防孤岛保护动作，防孤岛保护先于重合闸、备自投动作，电压/频率适应性、故障穿越要求优先级高于防孤岛保护。

电压频率适应性：

（1）当并网点电压在标称电压的90%～110%之间时，光伏发电站内的光伏逆变器和无功补偿装置应能正常运行。

（2）当并网点电压低于标称电压的90%或超过标称电压的110%时，光伏发电站内的光伏逆变器和无功补偿装置应符合7.2和7.3节的规定。

（3）频率适应性（征求意见稿）。

表2-2　不同频率范围的要求

电力系统频率范围	要求
f<46.5Hz	根据光伏逆变器和无功补偿装置允许运行的最低频率而定
46.5Hz≤f<47Hz	频率每次低于47Hz高于46.5Hz时，光伏发电站应具有至少运行5s的能力
47Hz≤f<47.5Hz	频率每次低于47.5Hz高于47Hz时，光伏发电站应具有至少运行20s的能力
47.5Hz≤f<48Hz	频率每次低于48Hz高于47.5Hz时，光伏发电站应具有至少运行60s的能力
48Hz≤f<48.5Hz	频率每次低于48.5Hz高于48Hz时，光伏发电站应具有至少运行5min的能力
48.5Hz≤f≤50.5Hz	连续运行
50.5Hz<f≤51Hz	频率每次高于50.5Hz低于51Hz时，光伏发电站应具有至少运行3min的能力，并执行电力系统调度机构下达的降低功率或高周切机策略，不允许停运状态的光伏发电站并网
51Hz<f≤51.5Hz	频率每次高于51Hz低于51.5Hz时，光伏发电站应具有至少运行30s的能力，并执行电力系统调度机构下达的降低功率或高周切机策略，不允许停运状态的光伏发电站并网
f>51.5Hz	根据光伏发电站内光伏逆变器和无功补偿装置允许运行的最高频率而定

（4）低电压穿越要求如下：

① 光伏发电站并网点电压跌至0时，光伏发电站应能不脱网连续运行0.15s；

② 光伏发电站并网点电压跌至曲线1以下时，光伏发电站可以从电网切出。

（5）高电压穿越。

结合《19964 征求意见稿》高电压穿越以及低－高电压穿越要求光伏发电站的高电压穿越能力应满足图 2－1 要求。

① 光伏发电站并网点电压升高至标称电压的 125%～130%之间时，光伏发电站内的光伏逆变器和无功补偿装置应保证不脱网连续运行 500ms；

② 光伏发电站并网点电压升高至标称电压的 120%～125%之间时，光伏发电站内的光伏逆变器和无功补偿装置应保证不脱网连续运行 1s；

③ 光伏发电站并网点电压升高至标称电压的 110%～120%之间时，光伏发电站内的光伏逆变器和无功补偿装置应保证不脱网连续运行 10s。

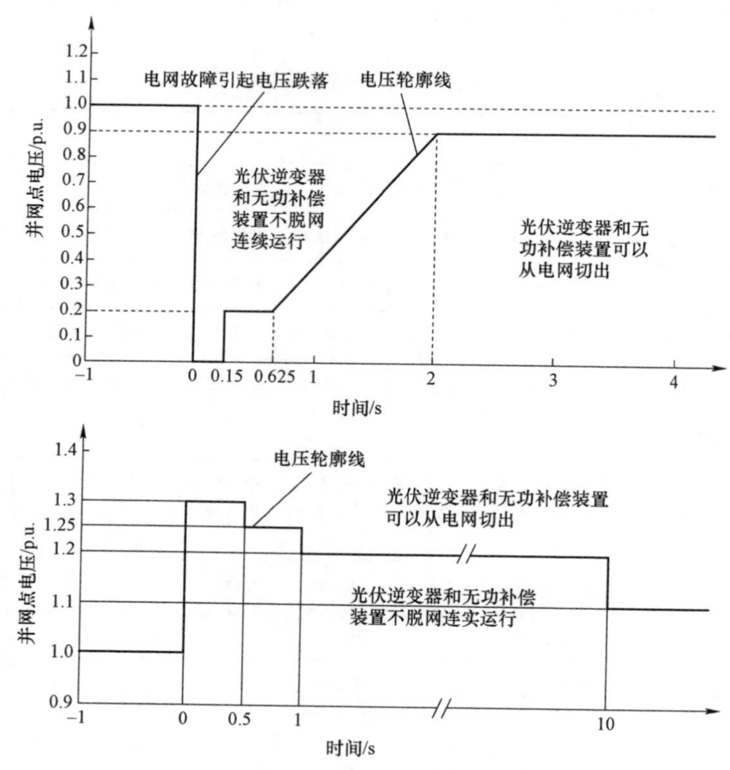

图 2－1　光伏发电站的高电压穿越能力

根据高/低电压穿越曲线，表 2－3 列出不同电压降低程度下光伏至少保证的不脱网时间要求。

表 2－3　　　不同电压降低程度下光伏不脱网时间

并网点电压	低电压穿越要求/s	并网点电压	高电压穿越要求/s
0.2p.u.	0.625	1.25～1.3p.u.	0.5
0.3p.u.	0.821	1.2～1.25p.u.	1
0.4p.u.	1.018	1.1～1.2p.u.	10
0.5p.u.	1.214		
0.6p.u.	1.411		
0.7p.u.	1.607		
0.8p.u.	1.804		
0.9p.u.	2.000		

2. 暴露问题

因此，对于光伏站 1 来说有如下问题：

（1）针对频率异常保护方面。

低频Ⅰ段（47.5Hz、0.2s）不满足频率适应性要求（47.5Hz≤f<48Hz、60s）

低频Ⅱ段（47Hz、0.2s）不满足频率适应性要求（47Hz≤f<47.5Hz、20s）

过频Ⅰ段（51Hz、0.2s）不满足频率适应性要求（47.5Hz≤f<48Hz、3min）

过频Ⅱ段（51.5Hz、0.2s）不满足频率适应性要求（47Hz≤f<47.5Hz、30s）

（2）电压保护方面，对照表要求，该站防孤岛保护电压保护功能定值设置满足要求。

对于光伏站 2 来说有如下问题：

频率/电压保护Ⅰ、Ⅱ段完全一致，未充分区分电压频率不同变化情况；

低压保护方面，并网点电压为 0.7p.u.时低电压穿越至少 1.607s，不满足要求。

3. 防治对策

（1）保护整定计算人员应熟悉现场一次设备，特别是对于一些特殊的接线方式应进行实地查看。

（2）保护整定计算人员应避免惯性思维，避免经验主义。

（3）对于现场运用较少的特殊接线，施工单位在上报设备参数时也应主动重点注明。

（4）新投运设备，在保护验收工作中，应重视防孤岛保护定值等特殊情况。

2.1.2 送电后未退出母联充电过电流保护导致外部故障时误跳母联

2021 年 8 月 10 日 13 点 10 分 01 秒，220kV××－1 变及××－2 变 220kV 双套母差保护充电过流Ⅰ段动作，××－1 变 2800 开关、××－2 变 2800 跳闸。

1. 事故经过

（1）××－1 变第一套母线保护装置 PCS－915SA－G－M 保护动作时间 2021 年 8 月 10 日 13:10:01:934，相对时间 12ms 充电过流Ⅰ段跳母联，保护动作相别 ABC，母联失灵故障相电流 7.13A，折合一次电流 1426A（保护 CT = 1000/5）。

（2）××－1 变第二套母线保护装置 CSC－150A－G－M 保护启动时间 2021 年 8 月 10 日 13:10:01:946，相对时间 14ms 充电过流Ⅰ段跳母联，母联失灵故障相电流 7.031A，折合一次电流 1406A（保护 CT＝1000/5）。

（3）××－2 变第一套母线保护装置 CSC－150A－G－M 保护起动时间 2021 年 8 月 10 日 13:10:02:007，相对时间 14ms 充电过流Ⅰ段跳母联，母联故障相电流 5.969A，折合一次电流 1194A（保护 CT＝1000/5）。

（4）××－2 变第二套母线保护装置 SGB－750A－G－M 保护启动时间 2021 年 8 月 10 日 13:10:02:010，相对时间 13ms 充电过流Ⅰ段跳母联，母联故障相电流 5.907A，折合一次电流 1181A（保护 CT＝1000/5）。60ms 保护返回，故障电流 4.321A，折合一次电流 864A。

经排查，220kV 部分无故障，××公司 35kV 718 变电站 71802 柜内三相短路，因母差保护中充电过电流保护未退出导致母差误动作。

2. 暴露问题

事故的主要原因是××公司没有严格执行《220kV 系统继电保护整定运行规定》，在 2021 年 6 月 21 日操作完成后，没有及时退出各母差保护中的母联充电过流保护硬压板，在外部故障时，导致××－1 变和××－2 变的 220kV 母联开关跳闸。

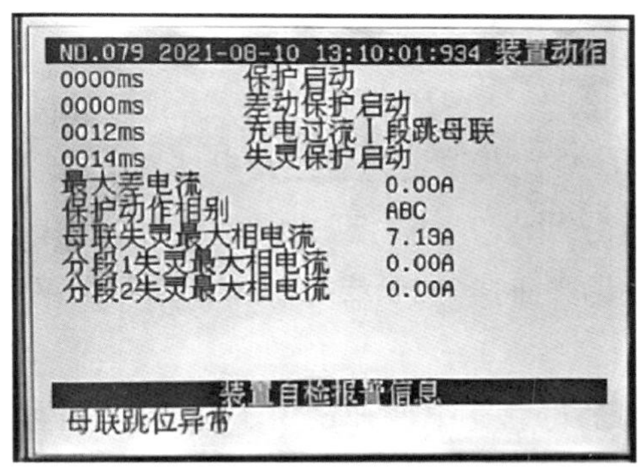

图 2-2　××-1 变第一套母差保护动作信息

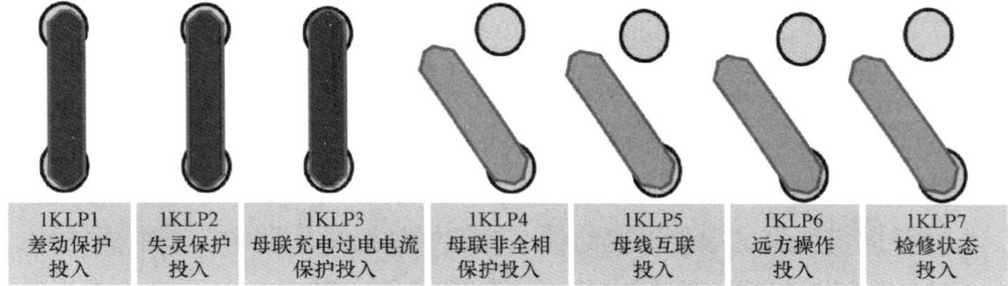

图 2-3　保护压板状态

表 2-4　　启动时压板状态

序号	控制字名称	数量	序号	控制字名称	数量
1	差动保护	1	4	母联分段充电过电流Ⅱ段	0
2	失灵保护	1	5	母联分段充电零序过电流	0
3	母联分段充电过电流Ⅰ段	1	6	非直接接地系统	0

表 2-5　　母差充电过流保护压板状态

序号	压板名称	数量	序号	压板名称	数量
1	差动保护	1	8	分段 1 充电过电流保护	0
2	失灵保护	1	9	分段 2 充电过电流保护	0
3	母线互联	0	10	远方投退压板	0
4	母联分列	0	11	远方切换定值区	0
5	分段 1 分列	0	12	远方修改定值	0
6	分段 2 分列	0	13	远方操作	0
7	母联充电过电流保护	1	14	保护检修状态	0

3. 防治对策

（1）常规站微机母差保护中母联开关一般配有充电（过流）保护：在用母联开关向空母线充电时使用母联充电（或充电过流Ⅰ段）保护，时间为0s；在母联与新设备串联运行，母联过流保护作新设备的后备保护时使用母联过流（或充电过流Ⅱ段）保护，时间大于或等于 0.2s。智能站母联充电保护功能由母差保护实现。

（2）母差保护中的母联充电保护仅用于母线停役再送电或对空母线上开关冲击，送电正确后应退出母联充电保护。母联充电保护的定值应按母差保护定值单中的定值整定。各单位应在现场运行规定中明确，由现场值班员负责，省调不下令。

2.1.3 整定计算没有考虑选择性、灵敏性要求

继电保护应满足可靠性、速动性、灵敏性、选择性要求，其中保护的选择性与灵敏性应通过合理设置的定值实现，对于未配置双套主保护的线路保护，其定值配合一般应满足完全配合要求，如灵敏度和选择性不能兼顾或者其他原因导致不能满足完全配合要求时，应在整定计算方案中将出现的适配、灵敏度不足等情况备案注明。

1. 事故经过

2008 年 7 月 12 日，110kV BC 线受雷击 C 相接地故障 BC 线、AB 线保护启动无出口跳闸，220kV A 站#2 主变中后备零序方向保护越级出口跳开 110kV 联开关和#2 变中开关，110kV Ⅱ段母失压，造成 B 站、C 站等 6 座 110kV 变电站失压，电网接线及各零序保护定值见图 2－4。

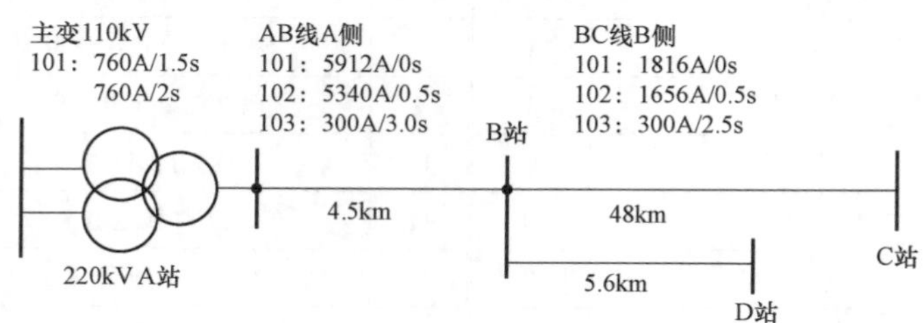

图 2－4 A 站接线图及零序保护定值

2. 暴露问题

保护灵敏度问题，BC 线零序保护Ⅱ段和距离保护Ⅱ段灵敏度远远不能满足规程要求，导致 BC 线线路保护拒动。上一级 AB 线零序保护Ⅲ段仍然灵敏度不足。保护配合问题：没有考虑主变零序定值与其出线定值的配合，其出线也没有考虑与下一级线路的逐级配合关系，导致了保护的越级动作。整定参数管理存在漏洞：没有使用正确参数进行整定计算。

3. 整改措施

整定计算中应优化阶段式保护的配合关系，注意失配点的选取，尽可能将故障影响范围降至最低，应将整定方案视为与定值通知单同等重要资料进行管理，保护整定方案及定值单均应严格执行审批流程。应建立和完善整定计算用电网数据台账，原始参数应有报送单位盖章并做好存档管理，确保整定计算软件数据建模的正确性，应按整定规程的要求加强线路实测参数的管理和监督工作。

2.1.4　定值开环整定闭环运行的线路

1. 事故经过

某 220kV 站 110kV 开环整定，闭环运行的线路，在该线路中段发生接地距离故障，零序Ⅱ段由于达不到动作值拒动，零序Ⅲ段动作。保护零序Ⅱ段按灵敏度整定，原本应由零序Ⅱ段动作（动作时间 0.6s）的线路，由于分支系数的影响，由零序Ⅲ段动作（动作时间 1.8s），使得故障持续时间增长，对电网产生了不良影响。

2. 暴露问题

对于定值开环整定且闭环运行的线路，整定时应考虑分支系数和助增系数对保护的影响，对于 110kV 线路开环整定，且闭环运行的，由于整定时未能考虑分支系数和助增系数对保护的影响，当闭环运行的线路有故障时，对于距离保护，由于助增系数对保护的影响，使得距离保护测量的阻抗增大，保护范围缩短。对于零序过流保护，由于分支系数对保护的影响，使得故障线路的零序电流较小，保护就不满足灵敏度的要求。

3. 防治对策

对于闭环运行线路，应配有光纤纵差速动保护，这样可以大大增强保护的速动性和可靠性。整定闭环运行的线路，应采用专业的整定软件，这样可以减少大量计算工作。

2.1.5 某110kV变电站定值整定错误造成全停

1. 事故经过

2017年3月23日9:33，35kV线路1A相接地，10.3s后35kV线路2（电缆线路约200m）对侧电缆头击穿三相短路，2.9s后，#1、#2主变高压侧过流Ⅵ段保护、中压侧过流Ⅰ段保护动作跳闸，跳开#1主变031开关、#2主变032开关、35kV母联512开关，某电厂#2、#3机组带35kV变电站1、变电站2脱网运行，随后#2、#3机组记忆过流保护动作跳闸，造成某110kV变电站35kV母线、10kV母线失压，35kV变电站1、2及并网电站全停。

2. 暴露问题

现场调查发现，2017年1月5日4:49，35kV线路2发出光纤差动保护通道异常告警信息，保护闭锁。3月23日，线路2发生故障，光纤差动保护不能动作，故障无法瞬时切除。线路2后备过流保护与#1、#2主变高中压侧过流保护定值整定计算错误，时限配合不当，造成#1、#2主变后备保护抢先动作，跳开031、032、512开关。

事件直接原因：35kV线路1 A相接地，引起35kV线路2对侧电缆头击穿三相短路。

事件扩大原因：35kV线路2光纤差动保护因通道异常闭锁，线路故障不能瞬时切除，同时线路后备保护与主变高中压侧后备保护定值配合不当，#1、#2主变高压侧过流Ⅵ段保护抢先出口，跳开主变高压侧开关，扩大停电范围。

（1）设备运维管理不到位。35kV线路2光纤差动保护装置2017年1月5日就发出了通道异常告警信息，但现场一直没有发现，长期无人处置，二次设备和保护装置巡视检查不严不细。35kV双回线投运以来没有接入自动化系

统，调度人员不能实时掌握运行信息，设备运行隐患长期存在，隐患排查治理不到位。

（2）继电保护管理不严格。保护定值计算、校核、审批全过程存在管理薄弱环节，保护定值单审批把关不严，校核工作不到位，未能及时发现保护定值配合错误。保护装置定检工作开展不力，现场无#1、#2 主变，35kV 线路等相关保护装置检验工作记录。

（3）安全技术培训不到位。变电运维人员工作责任心不强，设备运行巡视检查流于形式。继电保护、调度运行等岗位人员安全技术培训不到位，业务技能欠缺，保护定值整定、定值现场核查、保护装置巡视各环节工作质量差，层层把关不严。

3. 防治对策

一是深刻吸取教训，认真反思暴露的问题，全面查找运维管理、继电保护管理、安全技术培训等工作存在的薄弱环节，制定防范措施和整改计划，坚决堵塞安全漏洞，按照“四不放过”原则严肃追究责任。加强各级人员安全思想教育，提升安全责任意识，培育安全职业素养，认真做好本职工作。

二是切实加强设备运行巡视检查，公司各单位要严格执行“两票三制”，建立健全设备运行维护管理制度和现场运行规程，落实设备巡视、试验标准化管理要求，严格开展设备巡视检查，确保设备巡视无死角，记录真实可靠，设备隐患及时发现和处置。定期开展设备试验，强化重要联络线路、重要断面线路的运维管理和维护消缺，及时发现处理缺陷隐患。

三是加强继电保护和二次设备管理：

（1）全面开展保护定值核查，确保装置安全运行。对管辖范围内现场继电保护装置定值和状态进行全面核查，确保继电保护装置定值、控制字、压板等整定正确。

（2）严格落实整定规范，合理优化定值整定。对所辖各级保护定值配合关系情况进行全面核查，确保整定原则符合规范，配合合理，避免发生保护无选择性动作。

（3）加强整定流程管理，提高风险管控水平。对本单位继电保护定值通知单编制、校查及审批等各个环节工作流程和标准执行情况进行梳理，保证各环节人员配置和技术水平满足要求，强化安全责任落实，确保各级风险管控落到实处，杜绝继电保护误整定责任事故。

2.1.6 整定计算没有考虑零序互感的影响

近些年同塔双回或多回并架输电线路的广泛应用，给线路保护运行和整定带来了新的问题，同杆线路对保护的影响主要体现在零序互感对保护的影响以及跨线故障对保护的影响。其中由于零序互感的影响，在同塔线路发生接地故障时，会在邻线上出现零序感应电势，并产生零序电流，直接影响零序电流保护、接地距离保护以及纵联距离保护的判断，其影响程度受到系统方式安排、线路运行方式变更等多项因素的影响。

1. 事故经过

2008 年 7 月 27 日，在 AB 乙线发生接地故障时，AB 甲线 B 侧零序 1 段保护超越动作。当时电网结构为 110kV B 站由 220kV A 站通过 110kV 甲线供电，110kV 乙线在充电状态（注：110kV 甲、乙两回线为同塔架设线路，线路右侧 110kV 母线也接有电源）。

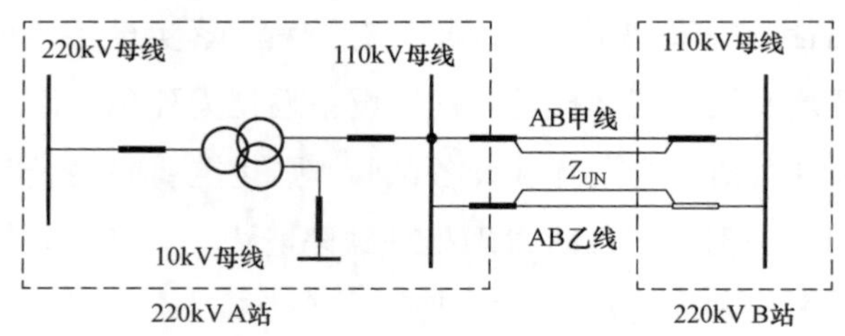

图 2-5　电网接线图

2. 暴露问题

为了验证 110kV 双回线在并列运行或一回运行另一回在充电状态时，互感对短路电流的影响，针对上图电网结构，对 110kV 甲乙双回线有无互感两种情况进行了短路计算（零序互感按照零序电抗的 70%计算），如图 2-6 所示。图中曲线分别表示在距离 B 站 X%处（X%为故障点距离 B 站的距离占线路全长的百分数），乙线发生 C 相金属性接地故障时甲线 B 站侧零序电流的变化曲线。

由上图分析可知，110kV 双回线在并列运行或一回运行另一回在充电状态时，互感对短路电流的影响是比较明显的，尤其是随着故障点位置越靠近 B 站开关，该故障线路对另外一回线路短路电流的影响越明显。

对于 AB 甲线 B 侧保护零序Ⅰ段的整定，当时仅靠躲过线末故障电流，由图 2-6 计算可知，零序 1 段整定为：1.3×780kA=1014kA，K 为可靠系数，取值为 1.3。

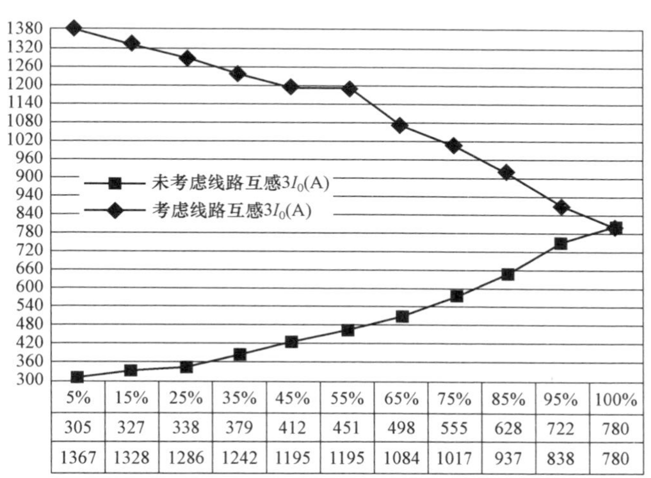

5%	15%	25%	35%	45%	55%	65%	75%	85%	95%	100%
305	327	338	379	412	451	498	555	628	722	780
1367	1328	1286	1242	1195	1195	1084	1017	937	838	780

图 2-6　线路零序互感 $3I_0$

实际上由于受互感影响，区外最大零序电流出现在乙线靠近 B 站侧而不是对侧母线故障，因此在乙线靠近 B 站侧故障时，甲线 B 侧零序Ⅰ段保护可能超越。

考虑互感影响时，零序Ⅰ段计算应考虑可靠躲过区外最大零序电流，零序 1 段应整定为：1.3×1367kA=1777.1kA，K 为可系数，取值为 1.3。

3. 防治对策

原始参数上报时必须描述线路的同塔并架或其他造成较大互感的情况，包括同杆长度、线型及其同名端等，线路参数实测时应考虑互感参数的测试。

整定分析计算软件应具备多重互感的处理能力，分析计算时能计及零序互感的影响。

无延时段零序和距离保护整定时应注意防止保护超越，零序 1 段整定应确保“考虑互感影响时”可靠躲过同塔线路背景下的“区外最大零序电流”，接地距离Ⅰ段整定应采用最小感受阻抗为基准。

有灵敏度要求的后备保护在灵敏度核算时，零序保护的核算基础是“考虑互感影响时”的“最小零序电流”，距离保护的核算基础是保护安装处的最大感受阻抗。

2.1.7 某供电公司××站1号主变差动保护误动作

1. 事故经过

3月22日19:13，××站采用全接线运行方式（1号主变110、35、10kV分别为正母运行）。10kV南15某线用户配电间高压桩头上小动物（猫）引起短路，速断保护动作，重合闸光字牌亮，重合不成功。1号主变差动保护动作跳开三侧开关，造成10kV正母三条出线及35kV正母2条出线停电。于19:36通过冷倒方式对外恢复供电。21:23某线巡线工作结束恢复供电。经查1号主变回路10kV与35kV侧整定匝数错误。

2. 暴露问题

（1）校验人员整定值时未核对查线，差动保护未进行整组校验。

（2）技术管理不到位。

3. 防治对策

（1）按规章制度进行整组校验。

（2）抓好技术管理。

（3）提高操作人员业务水平。

（4）保护的正确动作依赖于定值的正确计算和定值的正确执行，这两个环节稍有差错就会导致保护的不正确动作。因此各个相关部门，专业人员应相互协调与沟通，加强学习和交流，确保定值的正确性。

2.1.8 某电力局220kV××变1号主变差动保护整定接线错误，区外故障引起误动跳闸

1. 事故经过

7月13日16:20，××变上空雷雨交加，16:27，××变主控室监控机报1

号主变三侧开关跳闸，1 号电容器开关跳闸，110、35kV 母线失压。现场检查为 1 号主变 A 套、B 套差动保护均动作出口，故障录波器动作，1 号主变差动保护范围内的一次设备检查无异常。

2. 暴露问题

（1）主变保护程序版本升级准备工作不充分，整定过程中对厂家临时传真的版本升级说明研究不透彻，以致出现了差错。

（2）在版本升级工作结束后的带负荷试验中，只考虑差流的大小，没有注意差流值的变化。

3. 防治对策

（1）增加整定专职一名，把保护整定校对工作落到实处。

（2）带负荷试验工作必须保证足够的负荷，实测差流值必须与历年数据进行对比分析。

2.2　装置本身问题造成的误整定案例

装置本身问题造成的误整定，主要原因为：

（1）工作电源影响。

（2）温湿度影响。

（3）元器件老化影响。

（4）元器件损坏的影响。

2.2.1　元器件损坏直接导致的事故

某 10kV 系统一条出线过流 I 段动作，开关跳闸，微机保护面板显示动作电流 157A（二次值），按此二次电流折算，变比为 600/5 的电流互感器，一次电流达 18840A。而通过计算，当时的运行方式下 10kV 母线最大短路电流为 12000A，因此怀疑保护装置采样存在问题。停电检查，做二次通流试验，发现保护采样回路异常，后经生产厂家试验确认为 ADC（逐次逼近式模数转换）芯片故障。

2.2.2 定值存储器故障案例

某 500kV 主变保护 C 相差动速断动作，主变三侧开关跳闸，查看故障录波发现故障前约 80ms 时，系统有扰动，产生了约 0.195A 的差流。保护故障报告显示差动速断动作，动作相别为 C 相，最大差流值为 0.18A，实际该值远未到动作定值。保护人员打印主变保护差动保护定值进行核对时发现，差动定值数值漂移较大，所有定值项均与定值单有很大出入，其中差动速断电流定值为 1.15A，装置内部实际值为 0.10A。后经检查发现为 CPU 板 E2PROM 定值存储器故障所致。

2.3 试验方法不当造成的误整定案例

继电保护现场工作人员定值输入的误整定：

（1）看错数值；

（2）看错位；

（3）漏整定。

究其原因，主要是工作不仔细，检查手段落后，才会造成事故的发生，因此现场的继电保护的整定必须认真操作，仔细核对，尤其要把握好利用好通电检验定值这一关，才能避免错误的出现。下面我们来看具体的案例。

2.3.1 重合闸整定方式错导致重合闸失败

2021 年 7 月 15 日 16:53:39，220kV××4C48 线路发生 B 相接地故障，××厂侧两套保护均动作，RCS－902GV B 相开关单跳，RCS－931GMV B 相故障三相跳闸。对侧××变 B 相单相接地故障重合闸成功。

1. 事故经过

（1）第一套保护装置 RCS－902GV 保护启动时间 2021 年 7 月 15 日 16:53:39:635，相对时间 8ms 工频变化量阻抗动作，B 相跳闸；15ms 距离Ⅰ段动作，B 相跳闸；25ms 纵联距离动作、纵联零序方向动作，B 相跳闸；故障

相电压 41.74V，故障相电流 2.14A，最大零序电流 2.35A，故障测距 32.3kM，故障相别 B 相。

（2）第二套保护装置 RCS－931GMV 保护启动时间 2021 年 7 月 15 日 16:53:39:634，相对时间 8ms 工频变化量阻抗动作，三相跳闸；15ms 电流差动保护动作、距离Ⅰ段动作，三相跳闸；故障相电压 41.76V，故障相电流 2.16A，最大零序电流 2.36A，最大差动电流 3.40A，故障测距 30.9kM，故障相别 B 相。如图 2－7、图 2－8 所示。

RCS-931GMV 超高压线路电流差动保护—动作报告

被保护设备：RCS-931　装置地址：00040　打印时间：2021-07-20　11:17:25

程序时间：2013-8-20　13:41　程序版本：R6.20　校验码：A1A4　SUBQ:00327074　生产厂家：南瑞继保

报告序号	启动时间	相对时间	动作相别	动 作 元 件
100	2021-7-15　16:53:39:634	00000ms		保护启动
		00008ms	ABC	工频变化量阻抗
		00015ms	ABC ABC	电流差动保护 距离Ⅰ段动作
故障相别			B	
故障测距结果			0030.9　km	
故障相电流			002.16　A	
零序电流			002.36　A	
差动电流			003.40　A	
故障相电压			041.76　V	

图 2－7　事故动作报告（一）

RCS-902GV 超高压线路纵联距离保护—动作报告

被保护设备：南瑞继保国网标准　装置地址：00044　打印时间：2021-07-15　17:17:38

程序时间：2010-11-18　09:53　程序版本：R5.00　校验码：9C85　SUBQ:00087417

报告序号	启动时间	相对时间	动作相别	动 作 元 件
081	2021-7-15　16:53:39:635	00000ms		保护启动
		00008ms	B	工频变化量阻抗
		00015ms	B	距离Ⅰ段动作
		00025ms	B B	纵联距离动作 纵联零序方向
故障相别			B	
故障测距结果			0032.3　km	
故障相电流			002.14　A	
零序电流			002.35　A	
故障相电压			041.74　V	

图 2－8　事故动作报告（二）

2. 暴露问题

经查，第二套保护装置报“重合闸方式整定错”，表明现场装置重合闸方式整定错误。按照定值单，如图 2－9 所示，正常运行时，仅使用 RCS－902GV 的单相重合闸功能，RCS－931GMV 应投入相关单相重合闸功能压板及控制字，同时退出重合闸出口硬压板。站内 RCS－902GV 单相重合闸功能正确投入，退出另一套重合闸功能时，投入功能压板，但单相重合闸控制字置 0，导致装置报重合闸方式整定错，发生单相接地故障时 RCS－931GMV 三跳，最终导致重合失败。

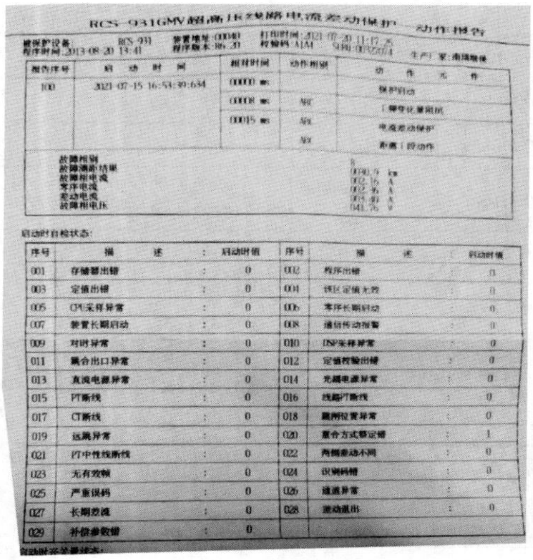

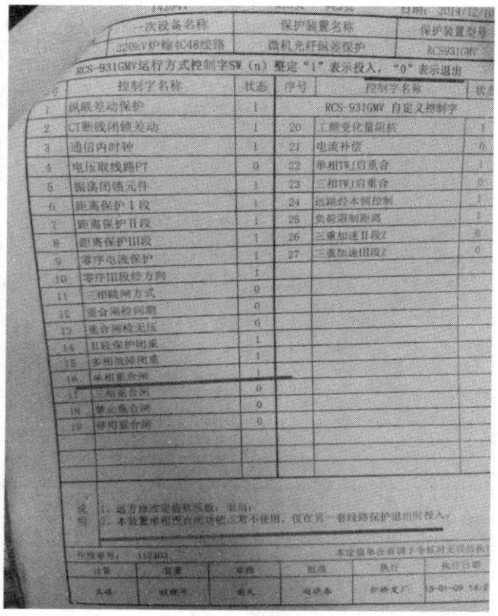

图 2－9　装置定值

2.3.2　系统运行方式改变，保护定值未修改造成保护误动

1. 事故经过

（1）故障前方式。

××5293 线由××线 5031 单开关供电运行，××/× 5032 开关检修。

（2）保护动作情况。

2005 年 4 月 20 日 16:36，××5293 线短引线 1、2 保护动作出口，××线

5031 开关三相跳闸。

（3）现场检查情况。

1 侧××5293 线短引线保护动作时区外发生故障，本线有穿越的故障电流，其中 C 相电流达到了 0.535A，超过短引线保护动作定值（0.5A），5031 与 5032 开关间的短引线保护异常动作出口，跳开了 5031 开关。

现场仔细检查保护装置后发现。

5031 与 5032 开关间的短引线保护装置 RXHL 菜单里的输入设置如下：

Configuration—Binnput：（逻辑配置——开关量输入）

表 2-6　　逻辑配置——开关量输入

BinInp（开关量输入）	1	2
ResetLED（信号灯复归）	—	√
ChActGrp（改变定值组）	—	—
Block I>（相过流）	—	—
Block I>（相速断）	√	—
Block In>（中性点过流）	√	—
Block In>（中性点速断）	√	—

从中可以看出 BinInput1（第一个开关量输入）在逻辑里没有配置闭锁相过流保护（Block|>），故短线保护一直在投入状态，在电流大于动作值时短线保护动作出口，跳开了 5031 开关。

2. 暴露问题

5293 线路还没有完好，因此在××5293 线路投运前需要将 5031 与 5032 开关间的短引线保护投入，作为线路正式启动前 5031 与 5032 开关间的主保护。但是在执行定值的说明 1“本保护受闸刀辅助接点控制”时，因为出线闸刀处于非正常运行方式，为了使短线保护能可靠地投入，因此按照说明 2 本保护正常时停用，当开关间元件停役而相应开关仍然运行时，用上短线保护的要求进行执行。为了实现这个要求将 BinInput1（第一个开关量输入）在逻辑配置里设置成不闭锁相过流保护（Block|>），这样短引线保护在××5293 线路正式投运前的相当一段时间内就能实现一直投入的状态，不再受出线闸刀辅助接点等外回路的影响。

2004年11月××5293线正式启动投运前，由于停电时间较短，停电期间的工作安排中除了线路保护两侧对调及保护带负荷复校外没有关于短线保护的工作任务，此时没有新的保护整定通知单，再加上定值单中没有涉及逻辑配置方面的定值，值班员能核对到的定值是与定值单相符合的。在启动过程中按照方案要求解除或投入5031与5032开关间的断线闭锁只是通过外回路的临时措施来实现的，也没有涉及短线保护的逻辑配置。在全部试验结束线路正式投运后，根据试验方案的要求恢复了外回路的临时措施，保护投入正常的运行。理论上在××5293 线路正常运行时，短线保护应该受线路出线闸刀合闸状态的影响而自动退出，而实际上短线保护一直处于投入状态，最终造成了本次的异常跳闸。

3. 防治对策

对长期处于临时状态的分部投运的设备应该做好与运行单位的详细的交接和备忘记录，并在调试的后续方案中有所体现。试验单位对生产单位管理流程依赖性较强，试验单位应在积极配合生产单位工作的同时，加强对危险点的分析，在自身的技术流程中加强对关键点的细化控制。

各参建单位在工作中应加强沟通，发现问题应及时向主管及相关部门进行反映，如本次发现的无法正常整定的问题应及时与调度相关部门联系。

为了让基层单位更好地理解和执行调度部门的意图，建议定值整定单能够更加细化，对影响保护关键功能的控制字或逻辑配置的状态应在定值单中有所体现，对保护的内部的所有功能都应有明确的定值。

2.3.3 主变送电前未投入母差保护中间隔投入软压板导致主变充电时母差保护动作

2020年11月13日11:12:46，合上1号主变4801开关时，220kV母线保护A套IA母线差动动作、IB母线差动动作，110kV备自投动作。

1. 事故经过

220kV母线为双母单分段接线，220kV ××－4V99开关运行于220kV ⅠA母，220kV母联4800开关、分段4100开关运行，220kV2号主变4802开关运行于220kVⅡ母，220kV1号主变及4801开关热备用，220kV母线差动保护

A 套、B 套投入。220kV 母线配备 2 套母线保护。

220kV 母线保护 A 套：2020 年 11 月 13 日 11:12:46:263，220kV 母线保护 A 套保护启动，15ms 后ⅠA 母、ⅠB 母差动保护动作。ⅠA 母、ⅠB 母变化量差动跳ⅠA、ⅠB 母线，保护动作相别为 A 相，最大差流为 0.77A（折算成一次为 770A）。保护定值为 0.8A，按照低于保护定值的 0.95 倍（0.76A）装置应可靠不动作，实际差流最大值为 0.77A，大于 0.76A。同时故障时零序电压达到 10V，大于“零序电压闭锁定值”6V，电压闭锁元件开放。

220kV 母线保护 B 套：2020 年 11 月 13 日 11:12:46:265，220kV 母线保护 B 套保护启动，因 B 套保护录波判断故障期间最大差流为 0.773A，属于保护定值的 0.95～1.05 倍动作临界值范围，未动作。该变电站主接线图如图 2－10 所示，保护动作如图 2－11～图 2－15 所示。

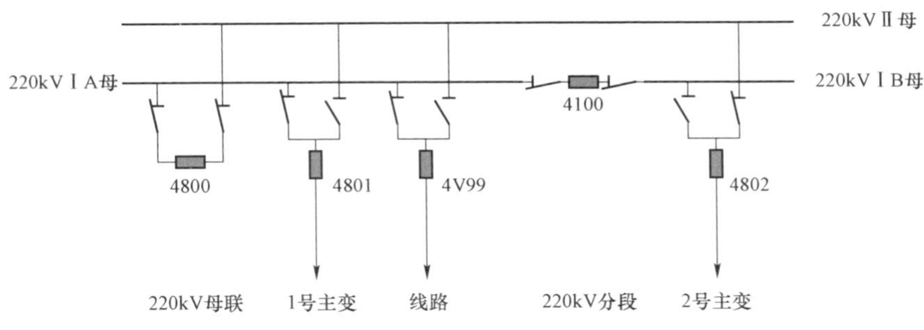

图 2－10　220kV ××变电站主接线图

动作报告 NO.30 +
2020-11-13 11:12:46:263

0000ms		保护启动
0000ms		差动保护启动
0015ms	A	变化量差动跳Ⅰ母
0015ms	A	变化量差动跳Ⅲ母
0015ms		Ⅰ母差动动作
0015ms		Ⅲ母差动动作
0015ms		差动保护跳母联4800 母联4800
0015ms		差动保护跳分段4100 分段4100 消政4V99
0017ms		失灵保护启动

保护动作相别　A
最大差电流　0.77A

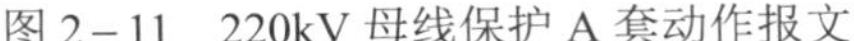

图 2－11　220kV 母线保护 A 套动作报文

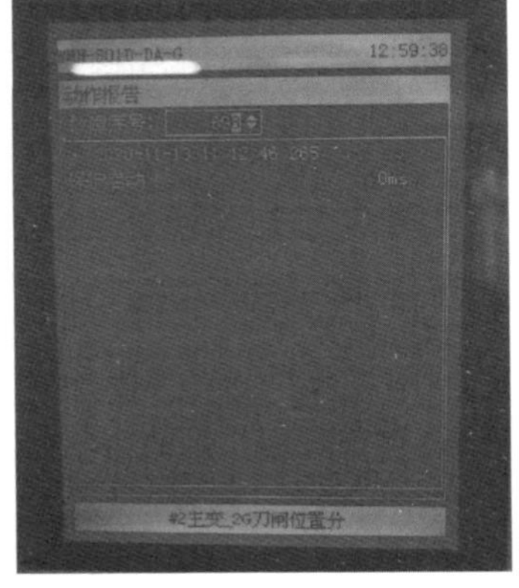

图 2－12　220kV 母线保护 B 套动作报文

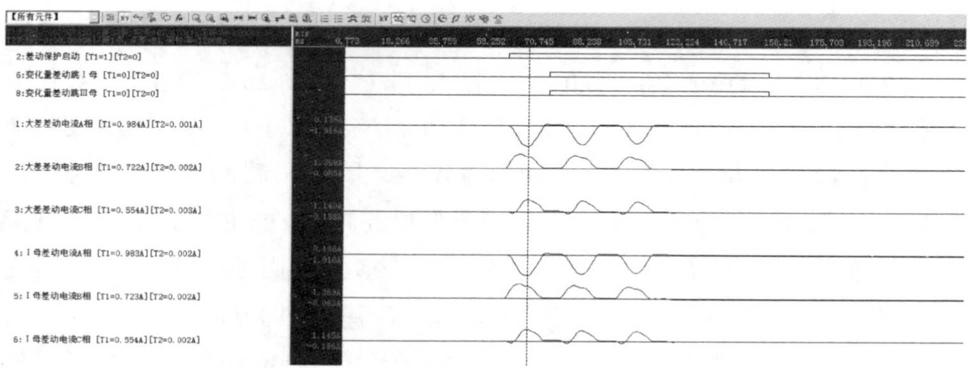

图 2-13　220kV 母线保护 A 波形报告

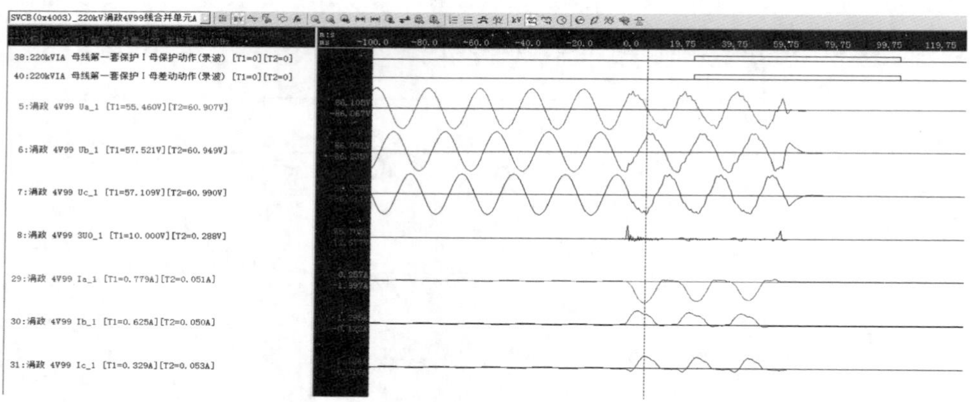

图 2-14　220kV ×× 4V99 合并单元 A 套录波图

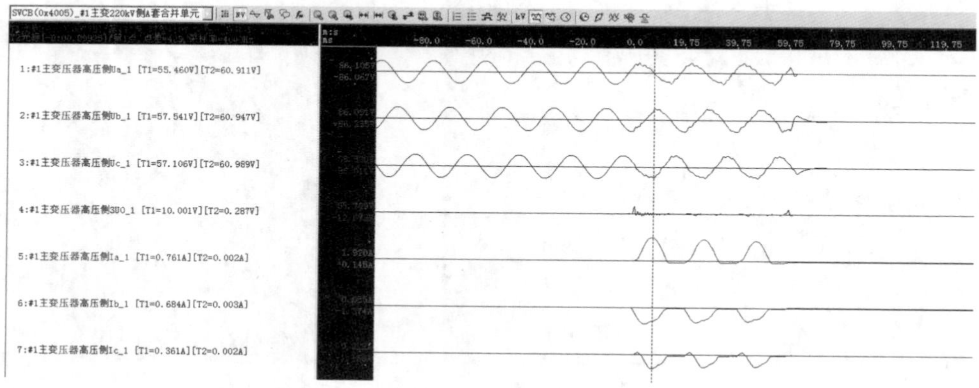

图 2-15　220kV 1 号主变压器 4801 合并单元 A 套录波图

2. 暴露问题

通过故障录波分析，线路与主变高压侧电流大小相等，方向相反，且波形符合主变充电励磁涌流特征，且大差差流与线路间隔电流大小相等方向相同。因送电前母差保护中主变间隔投入软压板未投入，造成差流计算未计入主变间隔电流，导致产生差流引起 A 套母差保护误动作，B 套未达到差流定值仅启动。

3. 防治对策

操作票制度执行不到位。操作中未检查 220kV 母线保护中各间隔投入软压板状态。8 月 21 日 220kV 1 号主变内部故障，在主变返厂拆除过程中将 220kV 母线保护中 1 号主变间隔投入软压板退出。2020 年 11 月 13 日，在进行主变启动过程中，未检查 220kV 母线保护中 1 号主变间隔投入软压板状态，造成 220kV 母线保护动作。

2.3.4　某供电公司 110kV××变 1 号主变 3581 开关“复合电压闭锁过流保护”动作跳闸

1. 事故经过

110kV××变电站事故前运行方式：1 号主变运行，2 号主变热备用，35kV Ⅰ、Ⅱ段母线并列运行。10 月 19 日 14:05，1 号主变后备保护（微机保护）动作，跳开 1 号主变 35kV 侧 3581 开关，35kV Ⅰ、Ⅱ段母线失电。值班员立即拉开仅有的四条出线开关。14:09，试送 3581 开关成功，随后相继合上四路出线开关。

事故发生后，有关人员立即赶往事故现场。经了解，故障点位于 35kV 3584 用户 35kV 母线避雷器爆炸。而 1 号主变后备保护先于 3584 开关保护动作，跳开 3581 开关。经检查发现，3584 开关过流保护时间定值是 1.5s，而 1 号主变后备保护时间定值为 1.3s（应为 1.8s）。故当出线故障时，1 号主变保护先动作于出线保护，跳开 3581 开关。

经分析调查，从目前所掌握的情况，保护定值错误的原因是，保护人员在

2000 年 12 月 6 日处理 1 号主变保护电源板损坏缺陷后重新输入定值时，将时间定值 1.8s 误输入为 1.3s 所致。

2. 暴露问题

（1）继电保护人员工作责任心不强；

（2）继电保护定值管理制度落实不到位。

3. 防治对策

（1）严格执行“继电保护定值管理规定”，从定值管理的各个环节把关，确保继电保护装置的整定与最新的定值单一致。

（2）立即组织一次由保护定值专责人和保护人员参加的定值核查。

（3）切实加强继电保护专业的运行管理工作；认真落实“现场输入定值时，必须有第二人复查”的制度。

2.3.5 某供电公司××变 220kV 2868 线路微机高频闭锁保护动作出口 A 相跳闸

1. 事故经过

2003 年 7 月 5 日 23:42，220kV 2876 线路 A 相瞬时故障，××变 2876 开关微机双高频保护动作，A 相跳闸，重合成功；同时××变 220kV 2868 线路微机高频闭锁保护动作出口，2031、2032 开关 A 相跳闸，重合成功。

事故前运行方式：××变 220kV 六个串开关全部运行，1 号主变运行。

事故经过：2868 线路微机高频闭锁保护中的突变量阻抗保护定值整定为 3Ω（定值单中：一次值为 3Ω），未进行一、二次折算，当区外 2876 线路发生单相故障时，2868 线路突变量阻抗保护误动作出口。

处理情况：事发后 7 月 6 日 00:00，检查出定值有误，立即更改保护定值，并对其他变电所的 220kV 线路保护定值进行了核对。

2. 暴露问题

（1）保护人员工作结束时，未与运行人员核对定值；

（2）运行值班人员未在保护工作结束时和投入运行前打印定值清单进行

核对。

3. 防治对策

（1）立即进行全所保护定值核对检查工作。

（2）严格季度定值核查工作，规范工作票终结验收环节。

（3）严格执行继电保护检修工作结束后的微机保护定值核对制度。

（4）加强人员安全意识和业务技能培训，认真开展危险点分析与预控，有记录可查。

第 3 章　继电保护设备典型误接线案例

误接线是继电保护三误事故之一，误接线引起的保护事故在事故总量中占不小的份额，特别是在新建、改扩建工程中接错线的现象相当普遍。误接线造成的保护事故一般有两种，一种是保护误动，一种是保护拒动。

从现场实际情况来看，一般造成误接线的原因主要有：

（1）基建施工人员不按图施工，凭经验、凭记忆接线造成误接线。

（2）继电保护人员不履行相关手续，擅自修改运行回路二次接线。

（3）继电保护人员在恢复临时拆线时造成的误接线。

（4）二次设备内部错接线。

下面我们来看具体的误接线案例。

3.1　设计原因造成的误接线案例

3.1.1　××变#2、#3 变过励磁保护误动事故分析

1. 事故经过

2006 年 6 月 29 日 16:50，330kV××变#2、#3 主变 PST－1204、WBZ－500H 四套过激磁保护同时动作跳闸，损失负荷 9 万多千瓦，#1 主变瞬时负荷达 38 万 kW。系统主接线如图 3－1 所示。

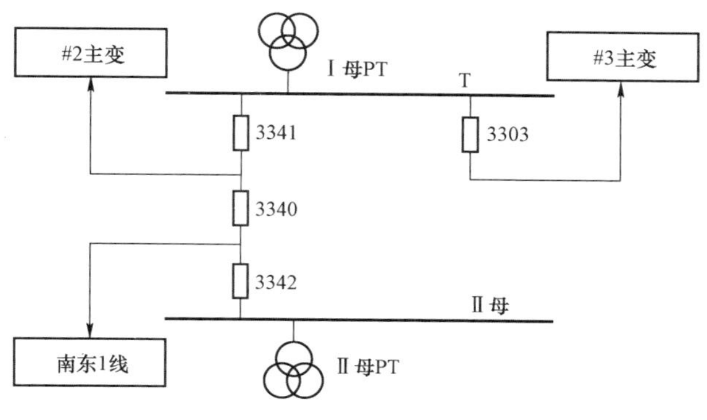

图 3－1　系统主接线

2. 暴露问题

故障录波显示开始 C 相二次电压为 0V，A、B 相二次电压基本正常，经过一段时间 C 相二次电压时有时无，电压升高出现畸变且时间较长，最大值达到 91.7V 左右，满足过激磁保护动作定值。主变跳闸，开关跳开后，C 相电压仍不断波动，断开 PT 二次空开（FK）后，才使电压恢复正常。

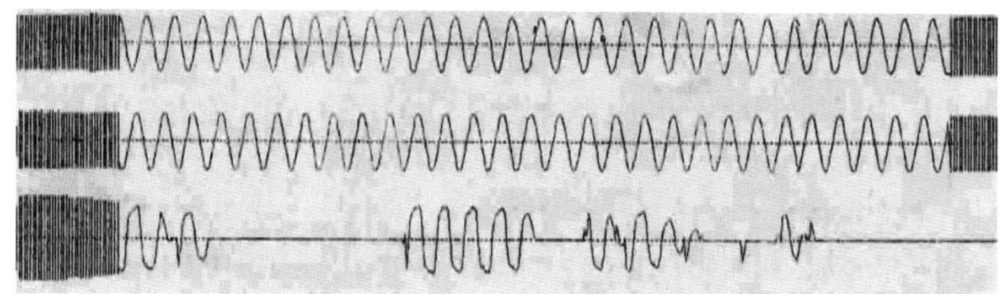

图 3－2　故障录波图

××变 330kV 为一个半开关接线，三台主变中#2、#3 主变保护电压取自 330kV Ⅰ 母 PT，#1 主变取自 30kV Ⅱ 母 PT，母线 PT 只有一个二次绕组。

主变保护装置、两套故障录波装置、母线电压监视仪、电压测量表、在线监测装置、变送器、四套同期装置、接地刀闸闭锁装置等均接于 Ⅰ 母 PT 二次绕组，二次负载较多且回路复杂。本次事故 C 相电压异常升高是 C 相快速开关跳开后，C 相二次电压缺相，A、B 相二次电压通过二次负载传到 C 相，由于负载性质复杂，产生 PT 二次回路谐振，造成 C 相电压波形畸变并异常升高。

事故结论：

根据试验分析及计算得出初步结论如下：

（1）事故时 PT 的 C 相空开动作是由于电压二次回路短路造成，短路时电压为 0；

（2）电压升高是由于阻容式负序电压继电器与电感元件构成串联谐振引起。

本次保护误动是由于 PT 二次电压异常升高并出现畸变，达到保护动作值造成的。

不正确动作责任运行部门继电保护设计接线不合理。

3. 防治对策

运行人员在二次电压异常时按规定临时退出主变过励磁保护，待电压正常后再投入。

××变 PT 二次回路负载较多，对电压回路进行整改，拆除不必要的二次负载。

加强电压二次回路的管理，其他部门和专业要在电压二次回路接入设备，须通知保护部门。同时清查电压二次回路和图纸，确保图实相符。增加主变单元 PT 或专用绕组，简化和规范二次回路。

3.1.2 110kV××线××变侧距离保护近区反向误动事故分析

1. 事故经过

2006 年 8 月 13 日凌晨 3:38:45，小雨天气，××变 17112××甲线 C 相阻波器上方对构架金属横担处放电，造成 C 相接地故障，17112××甲线高频保护及距离 I 段保护出口跳闸，重合成功。但故障的同时，17117××线距离 I 段也动作出口，造成 17117××线跳闸，由于其重合闸未投，故未重合。示意图如图 3－3 所示。

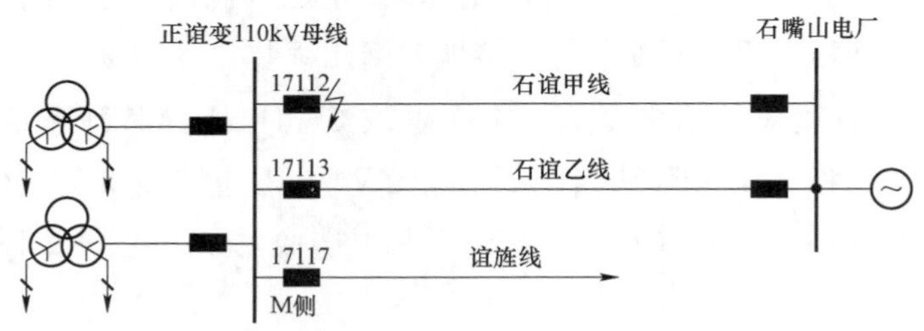

图 3－3　系统接线示意图

（1）保护动作信息：

正谊变：

2006－8－13　　03:38:45

018ms　1ZKJCK　　距离Ⅰ段保护出口

077ms　BHQDCH　　保护启动重合

1078ms　CHCK　　重合出口

CJZK　$X=-0.57$　$R=3.78$　CN　　测距阻抗

CJ　$L=12.87$　CN　　测距

（2）装置信号指示灯及光字牌。

CSL—161B 线路保护装置：保护跳闸。

CSI—101A 断路器保护装置：重合闸动作。

ZYQ—11S 三相操作箱装置：保护跳闸　重合闸动作。

经过调查分析，确认本次保护误动的原因为 CSL 系列线路保护装置在近区反向故障时，闭锁距离保护的逻辑设计存在缺陷。

故障时，由于故障点离母线非常近，几乎可以认为是母线上的故障，母线 C 相电压降的非常低，二次值为 4.7V。而 17117 谊旌线故障前的负荷较大，故障时 C 相二次电流仍有 1.96A，且故障时测量阻抗几乎完全偏于横轴（呈电阻性质）。通过故障报告中的数据基本可以确定故障时 17117××线测量阻抗的位置，如图 3－4 中标识。

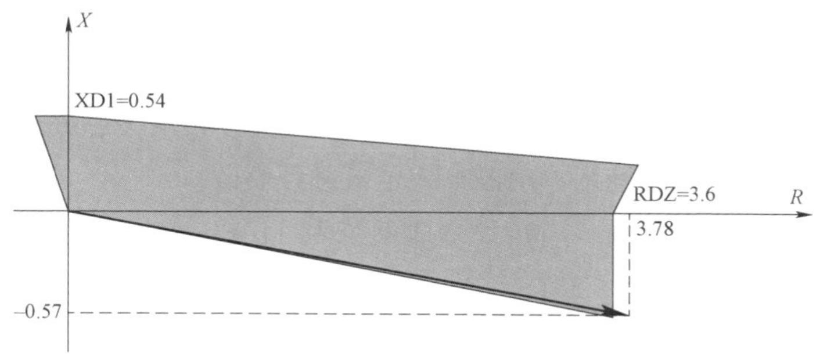

图 3－4　故障时谊旌线测量阻抗

通过录波数据可以看出：

（1）故障时保护装置测量阻抗恰好落在动作边界上；

（2）用故障后电流与一周波前电压进行比相，也是正方向。

因此满足了距离Ⅰ段的动作条件，导致距离Ⅰ段保护动作出口。

2. 暴露问题

CSL161 在符合以下条件时保护装置必然跳闸：

（1）线路对端中性点不接地；

（2）区外故障靠近母线；

（3）线路重负荷。

生产厂家北京四方同时也确认以上判断，认为 CSL161 保护程序设计存在缺陷。

3. 防治措施

（1）现场升级方案

按照电网微机保护软件管理办法，制订整改计划如下：

① 本次整改必须在保证电网安全运行的前提下进行；

② 不允许用现场升级软件的方式来更换程序，必须采用更换硬件（程序芯片或插件）的方法；

③ 各运行单位根据本单位的实际情况做好反措计划和落实工作；

④ 四方公司提前做好升级的前期准备工作，根据停电计划及时安排人员现场服务；

⑤ 现场升级工作完成后对已更换保护装置进行系统的逻辑校验及整组传动。

（2）对于负荷侧不接地且负荷较重（按线路设计容量 75%以上考虑）的线路，2000 年前入网的此系列保护装置将逐步退出使用，可不进行整改；2000 年后入网的此系列保护装置，各单位按照实际情况分轻重缓急进行整改，对停电有困难的线路可结合线路一次停电或定检进行整改。

（3）因发生此类故障，有可能造成系统内 110kV 变电站全停的线路应于 2007 年 6 月前完成整改。

3.1.3 某供电公司××变 500kV 4 号主变跳闸

1. 事故经过

3 月 2 日 10:55，根据省局统一安排对 500kV××变 4 号主变（于 2000 年

4 月 12 日投入运行）事故放油阀处加装“在线监测装置”。当 A 相在线监测装置安装好，约半分钟后，4 号主变 A 相本体重瓦斯动作跳开 500kV 侧 5021、5022、220kV 侧 2804 开关及联跳 220kV 母旁 2820 开关。

跳闸前的运行方式为：500kV 3 号主变运行于 220kV Ⅰ母线，500kV 4 号主变运行于 220kV Ⅱ A 母，2800 开关并列 220kV Ⅰ－Ⅱ B 母，母旁 2820 开关代旁路运行，2200 开关并列 Ⅰ A－Ⅱ B 母运行。当时潮流较小，因此，跳闸后未对电网产生影响且未少送电。

事故发生后即向省局有关部门汇报并组织调查，经现场调查试验，发现跳闸的主要原因是 4 号主变在基建时，施工单位误将 A 相本体瓦斯继电器重瓦斯跳闸回路接入轻瓦斯信号回路。验收时，由于对此型瓦斯继电器（乌克兰）结构不熟悉，未能发现此隐患，在安装在线监测装置时偏信厂家“可以在运行中安装，且在线监测装置有放气孔，不需停用瓦斯保护”，而未细致考虑防范措施，是本次事故的间接原因。母旁 2820 开关跳闸原因是主变保护厂家配线错误，误将跳闸回路接入电流回路，致使跳旁路压板未能有效解除。

2. 暴露问题

（1）基建单位在施工过程中未按照有关规程进行安装调试，造成瓦斯保护接错线。

（2）设备的资料、图纸未及时移交，验收人员不能够及时了解设备，致使验收时未能发现隐患。

（3）过于信赖在线装置厂家的安装规则，未细致考虑防范措施。

（4）主变保护厂家配线错误，造成跳旁路开关回路未能有效断开。

3. 防治对策

（1）基建单位应认真负责，强化自检制度，杜绝误接线。

（2）基建验收应理顺关系，制定验收程序和标准。

（3）选择瓦斯继电器产品，应慎重并要了解其在系统内的使用情况。

（4）今后类似工作不能依赖厂方承诺，应考虑停用瓦斯保护。

（5）同类型主变保护进行核查，以防类似情况发生。

3.1.4 某超高压公司500kV××站直流极Ⅱ停运

1. 事故经过

6月28日7:15，某超高压公司500kV××站在2035旁路开关代2号换流变开关的操作中，当按操作票操作到“拉开极2换流变2002开关”时，2#换流变差动Ⅰ保护动作，极Ⅱ停运。直流控制室中央告警信号：极Ⅱ、02保护、ESOF、极Ⅱ换流变差动保护跳闸。在极2恢复运行前，现场人员进行了以下检查：

（1）2号换流变第一套差动220kV侧流变、2号旁路2035开关第5次级（差动用）流变的连续性。

（2）第一套差动220kV侧流变、2号旁路2035开关第5次级（差动用）流变的伏安特性。

（3）查流变变比报告：二套差动流变均为2500/1。

（4）2号旁路流变绝缘检查：50MΩ。

（5）第一套差动保护定值校验：正确。

（6）值班人员操作票及操作程序正确。

（7）发生跳闸时系统无故障突波。

根据以上检查结果，判断2号换流变差动保护装置及差动流变回路正常。极Ⅱ于当日13:00恢复运行。差动保护Ⅰ于当天18:00由信号改为投跳。由于在上述检查中发现2号换流变差动流变与2号旁路流变的型号不同，流变伏安特性存在较大的差异。检查人员经研究讨论后决定第二天申请2号旁路2035开关改检修后，进一步对2035开关流变进行检查。6月29日检查人员在2035流变端子箱做第5次级（差动用）流变的变比实测时，发现该套流变的极性端及非极性端分别处于短接状态。至此，跳闸直接原因被查明：由于旁路（代极Ⅰ换流变用）的第5套流变三相极性与非极性分别被短接，在旁路代操作中，当拉开2号换流变2002开关后，负荷（电流1100A）全部转移到2035差动流变上，差动保护感受到的不平衡电流要远大于差动保护定值——0.36A（动作一次电流900A左右）。

6-1M
6-2M
一号换流变
二号换流变
EFPH8454
至一号滤波器开关
至一号换流变开关
至二号滤波器开关
至二号换流变开关
阀厅
直流滤波器
母线避雷器
压变
极1
极2
至接地极
BD11
BD12
BD13
BD14
BD15
BD21
BD22
BD23
BD24
BD25
BD31

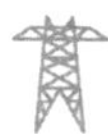

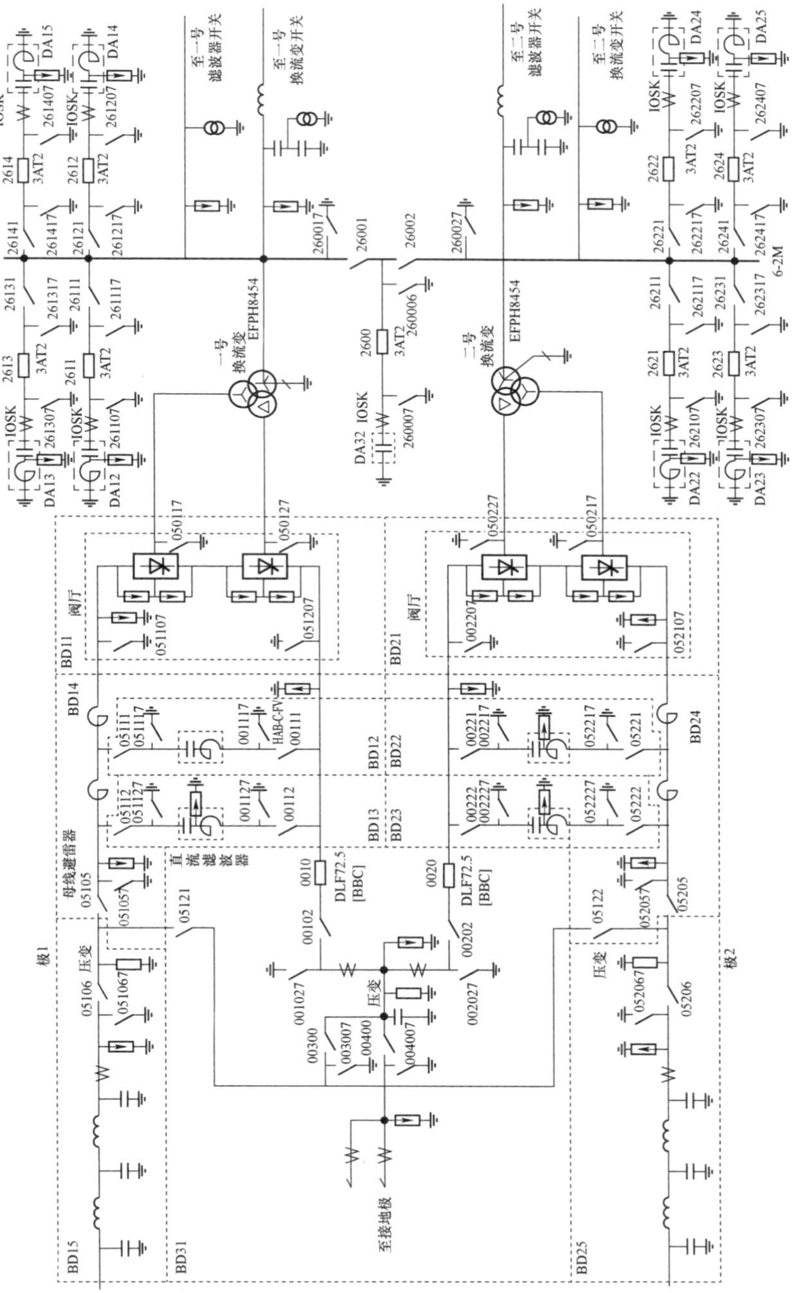

图 3－5　一次系统图

2. 暴露问题

（1）经查 2035 旁路保护于 1987 年 12 月投运，极Ⅱ换流变于 1990 年 8 月 20 日投运。1987 年 2 号旁路投运时，由于要进行旁路代出线方式，所以用于代差动的第五套流变短接正常，但是 1990 年极Ⅱ换流变投运前的流变回路接入时应将短接联片拆除。由于 1991 年前南桥站极Ⅱ换流变的二次继保工作记录、校验报告、保护竣工图等资料不全，从现有的其他资料中至今没有查到极Ⅱ换流变投运时由 2 号旁路代的带负荷试验记录，以致隐患没有及时发现。

（2）极Ⅱ换流变投运时，应进行回路检查及旁路代带负荷试验。从技术角度讲是应该能够发现 2035 第 5 次级（差动用）流变被短接状态的。

3. 防治对策

2 号旁路代 2 号换流变的第 5 次级（差动用）流变的接线已恢复正常，由运行部申请 2 号旁路代 2 号换流变的带负荷试验正确后方可进行旁路代操作。

3.1.5 某超高压公司 500kV××站 3 号联变 5032、5033 开关发生跳闸造成 3 号联变失电

1. 事故经过

3 月 20 日，11:45 某超高压公司 500kV××站 3 号联变 5032、5033 开关发生跳闸，造成 3 号联变失电。当日，在××站进行新装故障录波仪信号回路接入工作的继保校验人员，在核对中央信号屏光字牌的工作中，发生二组信号电源正负短路（F701 与－FM），导致 220kV 二次总直流小开关跳闸，同时发生了 3 号联变 5032、5033 开关跳闸，3 号联变 220kV、35kV 开关跳闸。在合上 220kV 二次总直流小开关后，发生 220kV 2 号母联开关跳闸。

事故前有关主设备结线情况：3 号联变 220kV 侧运行在四母线。5 号联变 220kV 侧运行在一母线。4 号联变因执行 220kV 加装失灵保护的反措而停役。220kV 母差保护因 4 号联变反措工作、联跳试验而停用。220kV 2 号母联、二/四母分段开关处于运行状态。保护动作情况：3 号联变 220kV 距离保护二段动作，220kV 2 号母联解列保护动作。据现场调查，当天继保校验人员在新装故障录波仪信号回路接入的工作中，用信号正电源 F701 点接端子排上相应的信号端子，模拟信号光字牌动作，以确认中央信号屏上光字牌名称与相应的端

子排号。在工作过程中，校验人员不慎造成信号电源正、负短路，造成了220kV二次总直流小开关跳闸。

1988年6月，3号联变基建验收中发现了压变断线距离保护会误动的情况，从当年公司继保缺陷月报上反映已改经1YQJ、2YQJ闭锁，但没有具体记录和报告。从××站竣工技术存档图纸反映，3号变操作屏配置图纸上1YQJ、2YQJ继电器的型号为DZK－115型，该继电器有6副常开接点，无常闭接点，与原理图不符（原理图上的闭锁回路要求是2副常闭接点）。

2002年4月2～6日，3号变曾进行过保护部分校验工作，并对该继电器进行了轮换。据现场校验人员回忆，他们根据原3号联变继电器外壳上的型号和操作屏配置图纸上的型号对该继电器进行了轮换（继电器领料清单记录是2只DZK－115型继电器），但根据常规做法，考虑到母线未停，1YQJ、2YQJ继电器均有电，故未对该闭锁回路进行试验，因此未发现这一隐患。

另外，根据投运以来运行记录反映：1997年到2002年以前3号变曾有8次倒母线的记录，未出现过距离保护闭锁的信号，因此判定在2002年以前该继电器符合原理要求，但可能是由于某种原因，造成基建时该继电器的外壳和芯子型号不对应（芯子是DZK－113型，外壳是DZK－115型）。

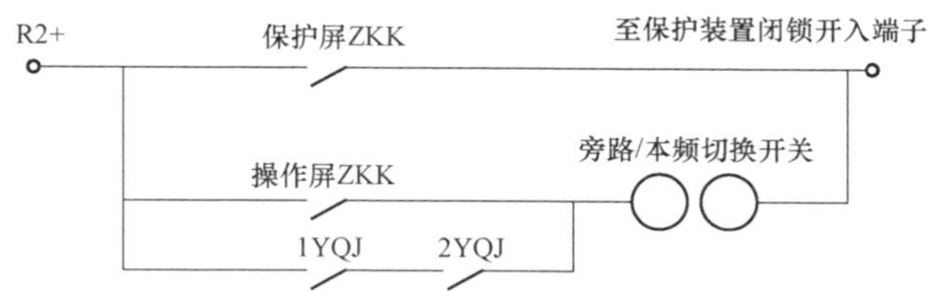

图3－6　电压断线闭锁（本线）原理图

2. 暴露问题

（1）继保校验人员在新装故障录波仪信号回路接入的工作中，不慎造成信号电源正、负短路，造成220kV二次总直流小开关跳闸，是本次事故的起因。

（2）××站3号联变竣工图纸中操作屏装配图纸上1YQJ、2YQJ继电器的型号的错误，客观上导致继电器轮换人员在原拆原装的指导思想下，将继电器换错，是本次事故的主要原因。

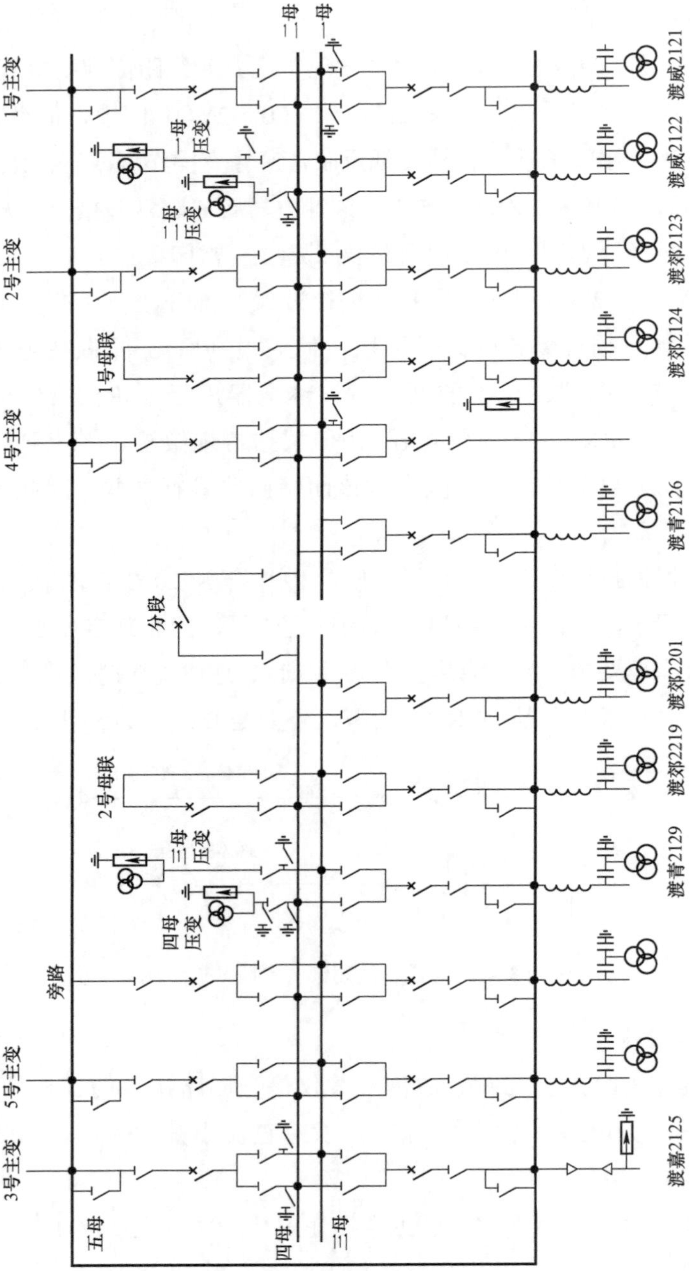

图 3-7 ××站 220kV 一次接线图

（3）历来在继电保护部分校验工作中，管理上未能强调严格按照规定对相关公共闭锁回路做完整的试验，也是造成本次事故的主要原因之一。

3. 防治对策

（1）迎峰度夏前完成对××站竣工图的重新核对，确保安装图和原理图相符；其他各站图纸的核对工作年内完成。同时必须加强基建验收工作的图纸、报告的规范化管理，确保图纸和报告的完整和正确性。

（2）根据有关要求，对保护部分校验相关公共闭锁回路的试验由实业公司在现场作业指导书中明确。继电器的调换后必须重视相应回路的功能性试验，并应将试验结果记录在校验报告中。

（3）××站直流熔丝的配置有上下级不配的问题，应及早予以反措整改。目前先将信号容丝调换为小开关。220kV 保护直流系统双重化配置的反措待总调、市调组织中试所调研后执行。

（4）加强技术培训尤其是保护整体概念及系统要求的培训，提高继电保护人员的技术素质。

（5）补充完善作业指导书，突出回路试验的重要性，并加强继电保护工作人员此方面的教育和培训，并应针对现场不规范作业，加强监督和考察力度。

3.1.6　某电力局 110kV××变在×常 1789 线路遭雷击跳闸重合过程中，1 号主变差动保护误动主变两侧开关跳闸

1. 事故经过

4 月 22 日 2:53，220kV 仙×变侧、仙×1789 线零序、距离Ⅱ段动作开关跳闸重合成功；同时，110kV××变 1 号主变差动保护动作，主变两侧（1785、1 号主变 10kV）开关跳闸（××变故录显示 A、B 相故障，测距 18.0km）。

事故发生后，调度于 6:32 通过辉×变辉×线恢复对天×10kV 母线运行。

检查结果：

（1）1785 线路避雷器动作一次，说明该线路曾遭雷击。后经线路巡查发现：1785 线 8 号杆 A、B 相，1774 线 8 号杆 A 相均遭雷击闪络。

（2）从差动保护的故障报告中发现：主变差动两侧 CT（1785、1 号主变 10kV）均未感受到故障电流，但在停役的 1774 线路 CT 上流过同相位的三相

故障电流，同时，出现了三相差流。且在主变两侧开关跳开后该差流还未消失，特别是 B（IB－IC）、C（IC－IA）两相，一直持续到××变侧 1789 线保护Ⅱ动作跳闸。显然，引起差动保护动作的差流来自已停役的 1774 线路 CT。

原因分析：因天×变主接线为内桥接线，两路 110kV 线路为同杆架设，又因 1774 线路接地闸刀接于线路套管 CT 内侧，当同杆架设的线路遭受雷击构成雷电波通道，使得三相导线流过同相雷击电流，差动保护感受到故障电流而引起误动跳闸。当日 19:06，将 1 号主变差动保护 CT 改接至主变套管，1774 线路套管差动 CT 二次短接，连接于 1 号主变差动 CT 回路接线拆开，1 号主变差动做带负荷试验情况正常，至此 110kV 天×变恢复正常运行方式。

2. 暴露问题

线路 CT 没有按常规接法接在线路开关内侧，而是接于线路闸刀线路侧（进线穿墙套管上）；内桥开关没有安装电流互感器，本应接于桥 CT 上的差动保护电流回路接在了 1774 线路 CT 上；1774 线路开口在变电所侧接地。当同杆架设的线路遭受雷击，1785 线路故障电流的感应叠加，使得三相导线流过同相雷击电流，主变差动保护感受到故障电流而引起误动跳闸。

3. 防治对策

（1）增加主变差动保护高压侧 CT 二次回路切换连接片，当线路改检修时能退出该差动 CT 二次回路。

（2）建议设计单位在今后的设计中，应尽量完善一次接线，避免类似事故的发生。

3.1.7 某超高压公司 500kV××变过载切荷装置因电流回路设计不合理导致 25K 旁代泉×Ⅱ路时过载动作远方切 220kV 官×变负荷

1. 事故经过

（1）事故前运行方式：500kV ××变 220kV 25K 旁代 220kV 泉×Ⅱ路运行

（2）经过及处理情况：4 月 17 日 13:47，220kV 泉×线过载切荷装置第一轮动作，远方切 220kV 官×变 110kV×龙、×厝线，损失负荷 9 万千瓦。14:45，官×变 110kV×龙线、×厝线两条线路恢复运行。

事故发生后，省公司组织有关专家进行调查，发现 220kV 泉×线过载切荷装置接入旁路 25K 开关的电流回路，设计时串接在 LFCB 保护专用变流器二次侧，中间变流器变比为 2/3:1，当 25K 旁代泉×Ⅱ回运行时，计算潮流由实际 336MW 变成 507MW，导致泉×线过载切荷装置动作切官×变负荷。

改接前：

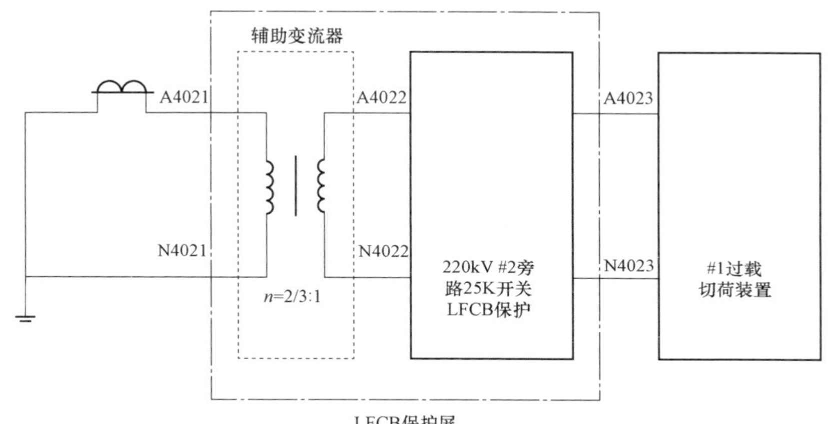

图 3－8　改接前示意图

改接后：

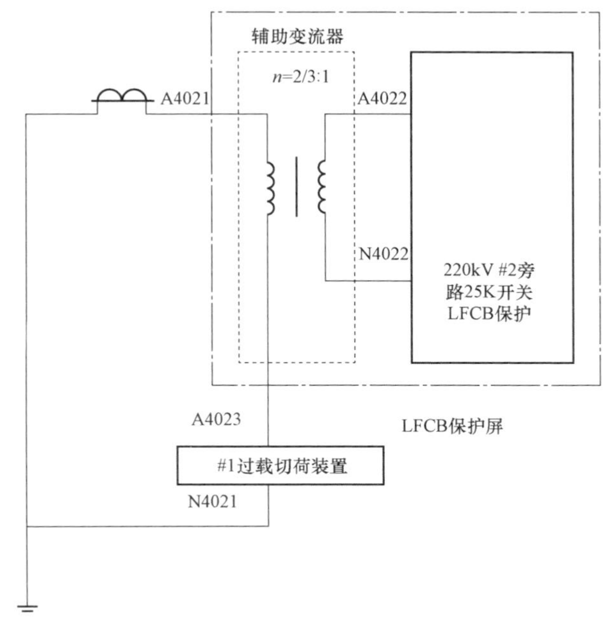

图 3－9　改接后示意图

2. 暴露问题

（1）设计环节，过载切荷装置电流回路串接在线路差动保护辅助变流器二次侧的设计不合理，在故障电流下可能影响差动保护正常工作；在设计图上没有明确标明25K电流串接在辅助变流器二次侧，为事故埋下隐患。

（2）调试单位（电研院），没有对切荷装置回路方式进行带负荷测试，未能发现回路实际变比与整定变比不符。

（3）验收过程对试验报告缺25K带负荷测试项目未提出整改意见。

3. 防治对策

（1）220kV官×一、二线及2号旁路接入1号过载切荷装置电流回路原串接在LFCB保护变流器二次侧，应改串在变流器一次侧后，由设计院出设计更改通知单。

（2）220kV官×一、二线及2号旁路接入1号过载切荷装置电流回路原串接在LFCB保护变流器二次侧，应改串在变流器一次侧后。

3.1.8 某110kV变电站甲站误接线案例

1. 事故经过

一次接线图如图3－10所示。某年某月某日，某110kV变电站甲站进行主变压器启动投运工作，先合上乙站侧断路器，再合上甲站侧断路器，甲站乙甲线线路保护于10:12:30.268差动保护动作，动作值为3.8A；乙站乙甲线线路保护于10:12:31.825差动保护动作，动作值为3.8A；乙甲线两侧差动保护定值为2A。

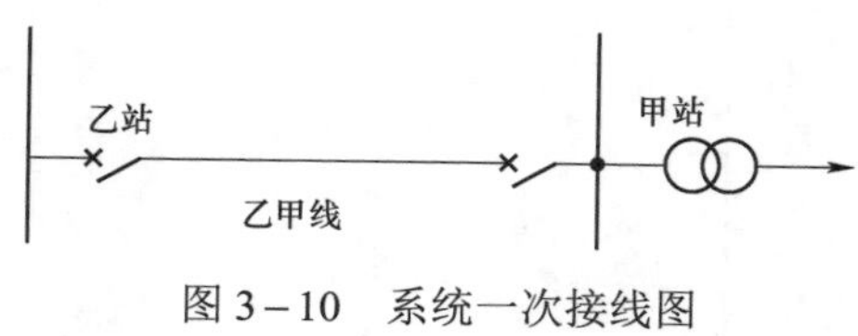

图3－10　系统一次接线图

（1）分别在甲、乙站侧的保护小室的乙甲线保护屏前检查保护跳闸信号指示灯点亮、查看并打印保护动作报告，检查操作箱上跳闸动作指示灯点亮，合闸位置指示灯不亮，分闸位置指示灯点亮；

（2）分别在甲、乙站侧乙甲线保护屏打印定值单，并核对定值单无误；

（3）分别在甲、乙站侧的保护小室110kV线路故障录波器屏打印乙甲线的保护动作报告；

（4）现场检查该线路间隔汇控柜、开关端子箱、保护屏内的所有继电器运行正常，二次回路无寄生回路，无潮湿现象；

（5）对甲、乙站侧波形报告进行分析，发现甲站侧电流波形有畸变，如图 3－11 所示；

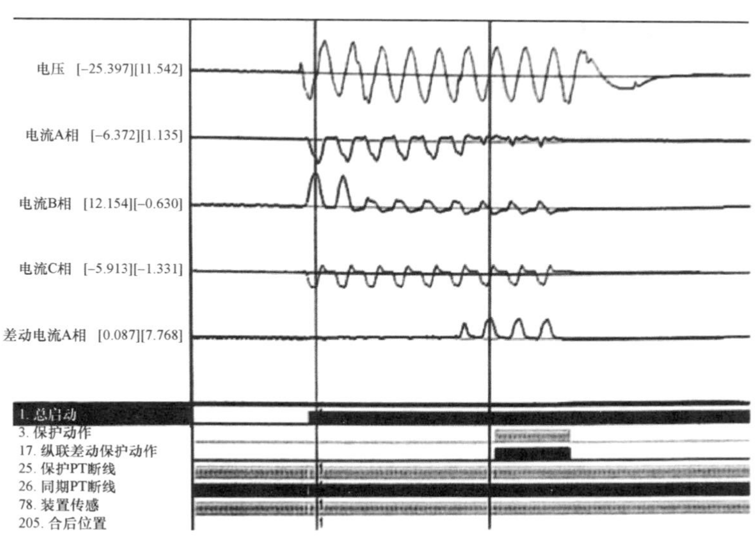

图 3－11　甲站侧乙甲线保护装置电流波形

（6）对甲站侧电流互感器绕组进行励磁试验，试验结果如图 3－12 所示；

（7）试验结果显示该侧电流未取自电流互感器绕组保护绕组，而是取自测量绕组。

2. 暴露问题

通过检查分析得知，该案例是由于电流互感器绕组选用错误导致的，属于典型的继电保护“三误”中的“误接线”案例。

互感器又称为仪用变压器，包括电流互感器（TA）和电压互感器（TV）两大类。互感器的主要功能：① 将高电压或大电流按比例变换成标准低电压（100V）或标准小电流（5A 或 1A），以便实现测量仪表、保护设备及自动控制设备的标准化、小型化；② 将处于低电压的测量仪表和继电保护装置与高电压部分相隔离开，并且互感器二次侧均接地，从而可以保证人员和设备的安全。

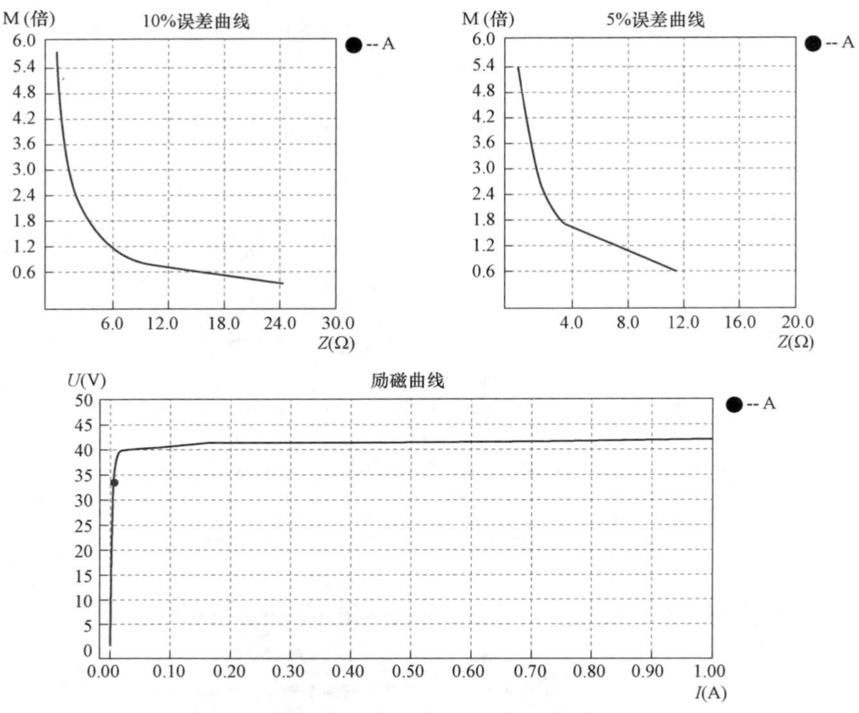

图 3－12　电流互感器绕组励磁试验曲线图

（1）电流互感器的准确度级。

由于使用场合不同，对电流测量的误差要求也不同，因此电流互感器有不同的准确度级如表 3－1 所示。电流互感器的准确度级是指在规定二次负荷范围内，一次电流为额定值时的最大误差。

表 3－1　　电流互感器测量型准确度级和误差限值

准确度级	一次电流为额定电流的百分数（%）	误差限值		二次负荷变化范围
		电流误差（±%）	相位误差（±）	
0.2	10	0.5	20	$(0.25\sim1)S_{2N}$
	20	0.35	15	
	100～120	0.2	10	
0.5	10	1	60	
	20	0.75	45	
	100～120	0.5	30	

续表

准确度级	一次电流为额定电流的百分数（%）	误差限值		二次负荷变化范围
		电流误差（±%）	相位误差（±）	
1	10	2	120	$(0.25\sim1)S_{2N}$
	20	1.5	90	
	100～120	1	60	
3	50～120	3	不规定	$(0.5\sim1)S_{2N}$

电流互感器测量型准确度级和误差限值如表 3－1 所示。由表中可看出，0.1 级以上电流互感器主要用于试验，进行精密测量或者作为标准用来校验低等级的互感器，也可与标准仪表配合用来校验仪表，常被称为标准电流互感器；0.2 级和 0.5 级常用来连接电气计量仪表；3 级及以下等级电流互感器主要连接某些继电保护装置和控制设备。

另外，电流互感器带 S（special 特殊）和不带 S 都是表示测量电流互感器精度等级。电力工程中计量常用的等级有 0.2、0.5、0.2S、0.5S 等。如 0.2 级或 0.2S 级均为测量用电流互感器，但其最大的区别是在小负荷时，0.2S 级比 0.2 级有更高的测量精度。

保护用电流互感器与测量用电流互感器是不同的。前者主要工作在系统短路情况下，因此在额定一次电流范围内准确度级不如测量用电流互感器高；而后者是要求在正常工作范围内有较高的准确度，当有故障电流通过时，则希望电流互感器较早的饱和，以使其不受短路电流损坏。电流互感器保护型准确度级和误差限值如表 3－2 所示。根据用途可将保护用电流互感器划分为 P 级（稳态保护用）和 TPY（暂态保护用）级两类，常用的准确度级有 5P 和 10P。

表 3－2　　电流互感器保护型准确度级和误差限值

准确度级	额定一次电流下的误差限值		额定准确限值一次电流下的复合误差（%）
	电流误差（±%）	相位误差（±）	
5P	1	60	5
10P	3	—	10

保护用电流互感器的准确度级是以额定准确限值一次电流（即一次电流为额定一次电流的倍数）下的误差标称的。例 10P20 代表的含义是当一次电流是额定一次电流的 20 倍时，该绕组的复合误差不超过±10%。

（2） 电流互感器的极性与接线方式。

电流互感器的接线遵循串联的原则，即一次绕组与被测电路串联，二次绕组与所有仪表负载串联。为便于正确接线，在电流互感器的一次绕组和二次绕组的引出端子上加注特殊标志，如图 3－13 所示。

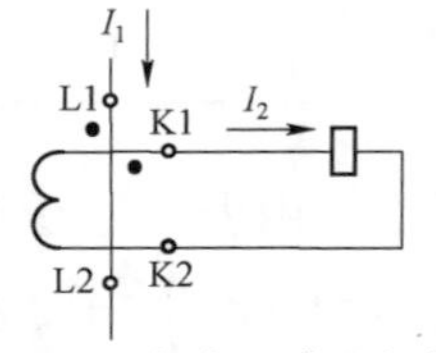

图 3－13　电流互感器极性图

其中 L1、L2 分别为一次绕组的首端和尾端，K1、K2 分别为二次绕组的首端和尾端。我们称 L1 和 K1、L2 和 K2 分别是同极性端，通常用“●”符号来标记。

电流互感器的极性是指其一次电流和二次电流方向的关系。目前，电力系统中电流互感器都是采用的减极性的接法，即当一次电流由首端 L1 流入，从尾端 L2 流出，感应的二次电流从首端 K1 流出，从尾端 K2 流入，它们在铁芯中产生的磁通方向相同，这时电流互感器为减极性。

电流互感器的接线方式指的是二次接线方式，具体是指电流互感器二次绕组与电流继电器的接线方式。根据使用目的不同，电流互感器二次接线方式主要有如图 3－14 所示形式。

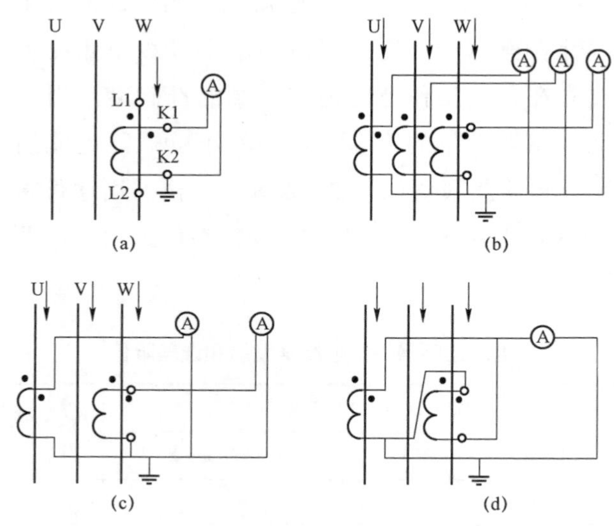

图 3－14　电流互感器二次接线图

（a）单相接线；（b）三相完全星形接线；（c）两相不完全星形接线；（d）两相电流差接线

图 3－14（a）所示为单相接线，因此只能反映单相电流的情况，适用于测量对称三相负荷电路中的一相电流。图 3－14（b）所示为三相完全星形接线，三相电流互感器能够实时测量三相电流，可以及时准确了解三相负荷的变化情况，适用于各种电压等级，但由于需要使用的电流互感器数量多，投资比较大。图 3－14（c）所示为两相不完全星形接线，该接线方式在实际工作中用得最多，常用于小电流接地系统馈线上。根据三相矢量和为零的原理，利用 U、W 两相的电流算出 V 相电流 $-\dot{I}_V=\dot{I}_U+\dot{I}_W$，即流过公共线上的电流。这种接线的优点是不但节省一块电流互感器，而且也可以反映三相电路中的各种相间短路故障，即用最少的继电器完成三相过电流保护，节省投资。图 3－14（d）所示为两相电流差接线，这种接线方式虽然可以节约投资，但 V 相短路不能反映，故只能作为相间短路保护适用于 10kV 以下小接地电流系统中。

3. 防治对策

（1）电流互感器、电压互感器的选型应满足保护装置及二次设备使用的需要，满足继电保护反措要求。

（2）电流互感器二次各个次级的配备，误差要求、变比选择、准确级限值系数的选择，必要时需在审查时通过计算复核。

（3）加强人员业务技能培训，提高继电保护人员的专业技术水平。

3.2　人员施工造成的误接线案例

3.2.1　500kV 变电站 110kVⅡ母跳闸事故

1. 事故经过

2022 年 6 月 22 日 20:23:15:496，110kV××线线路保护启动，510ms 纵差保护动作、511ms 接地距离Ⅰ段动作、514ms 零序过流Ⅰ段动作。20:23:15:525、528ms 110kV 1、2 号母线保护差动动作。110kV××Ⅰ线 044、××线 046、Ⅰ－Ⅱ母母联 012、#2 主变中压侧 032 断路器跳闸，110kVⅡ母失电如图 3－15 所示。跳闸事件发生时站内为小雨，现场无工作。分布式故障诊断装置显示

110kV××线 C 相于 6 月 22 日 20:23:15:547 发生雷击故障，故障点靠近#72 塔，距离线路#1 塔 25.62km。

西藏省_昌都_无_110_芒盐线

参数设置　定位最大电流　查询已完成.

序号	时间	电流	回击	距离	最近杆塔	线路两端测距	站数	参与定位的探测站	雷电波形
5	2022-06-22 20:23:15.547	-49.6	主放电(含1次	3,398	93~94	前侧35.1,后侧49.7	3	江达,察雅,左贡	查看波形
6	2022-06-22 20:23:15.556	-31.3	后续第1次回	1,479	79~80	前侧29.3,后侧55.5	3	江达,察雅,左贡	查看波形
7	2022-06-22 20:25:02.189	-6.1	单次回击	332	1	前侧0,后侧84.8	2	左贡,芒康	查看波形
8	2022-06-22 20:26:34.163	-15.8	单次回击	1,253	1	前侧0,后侧84.8	2	江达,芒康	查看波形

10　第 1 页,共1页　显示1到9行,共9条记录

图 3－15　××线雷击记录

2. 暴露问题

现场对一次设备经检查试验均合格。二次检修人员对装置定值进行核查，定值执行无误。对现场对 110kV 所有汇控柜二次回路检查，发现 110kV××线汇控柜内绕组接线端子排存在多余短接片，造成至母线保护的 TA3、TA4 绕组 S2、S3 短接，致使实际变比与母线保护整定变比不一致。110kV××汇控柜母差绕组电流回路接线如图 3－16 所示。

图 3－16　110kV××线汇控柜母差绕组电流回路接线图

经过对全站所有间隔排查，发现 110kV××线汇控柜内绕组接线端子排 TA1、TA2 绕组存在同样问题，目前已整改完毕。110kV××线汇控柜电流互感器铭牌如图 3－17 所示。

采用故障状态实测变比进行母差保护差动和制动特性分析，其中，保护装置 A、B 相仍满足动作条件，判断为二次接线方式影响××线 CT 传变特性造

成差流。

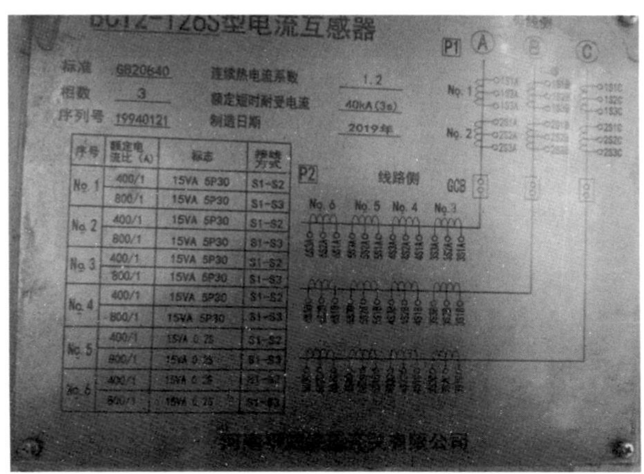

图 3－17　110kV ××线汇控柜电流互感器铭牌

按照××区调下达的××站 110kV 母线保护定值，××线支路 CT 变比为 800/1。由于××变建设阶段现场施工人员未按工程设计图施工，未拆除 110kV ××线汇控柜端子排 TA3、TA 的两处 S2 绕组的预装短接片，S2、S3 绕组被短接，造成实际接入两套 110kV 母线保护的芒盐线支路 CT 变比为 939/1，与保护定值单要求的 800/1 不一致，导致母线保护差动计算不平衡形成母线差流。自 2020 年 6 月 25 日 110kV××线投运至今，线路电流最大没有超过 16A，负荷电流小，母差保护计算差流值小，未达到差流越限告警定值，母线保护无法报出差流越限告警信号。2022 年 6 月 22 日 110kV××线发生 C 相接地故障时，A、B 相电流随 C 相短路电流增大，两套 110kV 母线保护计算出不平衡电流，A 相电流差动计算值达到保护动作值，母线差动保护动作跳闸。

事故主要原因总结如下：

（1）施工管理不到位。设计单位编制的“110kV××线路 GIS 汇控柜端子排图 1”中，明确标注端子排 TA3、TA4 绕组两处 S2 端子无短接措施，现场施工人员不按图施工，未取下汇控柜厂家预安装的绕组短接片，施工质量失管失控，竣工前自查自验流于形式，施工班组负责人、施工项目部对现场施工质量管理有漏洞、履责不到位，造成严重安全隐患遗留。

（2）竣工验收不严格。××线电流互感器竣工验收试验方案编制不合理，一、二次设备采用物理方式隔离，分别进行通流试验，导致试验单位未能发现

××线接入母差保护的实际变比与定值单不对应问题。运维单位参与验收人员虽发现了实际接线与施工图不一致情况，但在得到汇控柜厂家人员“无问题”口头答复后，未深入研究分析回路原理，验收把关不严不实，未守住工程建设“最后一道关”。

（3）二次人员技能不足。启动投运阶段，运检单位二次专业人员在带负荷测试时，对两套 110kV 母线保护中××线支路电流异常情况不敏感，仅以仪器测量误差错误处理，测试工作负责人、运检单位分管负责人专业技能不足，未能发现并指出带负荷试验报告中“电流互感器变比正确”的错误结论。××线正式运行后，运检单位每月开展继电保护专业巡检，但受限于巡检人员经验不足、能力不够等原因，仍未能发现××线汇控柜 TA3、TA4 绕组两处 S2 端子存在短接片的异常情况。

（4）监理履责不到位。监理单位对现场施工质量把关不严，在旁站监理过程中未能及时发现并制止施工人员不按图施工的不规范行为，导致现场人员随意变更工程设计，造成工程建设过程中遗留严重隐患。专业监理作用发挥不足，未指出电流互感器竣工验收试验方案的不合理性，竣工验收把关工作未落到实处，到岗履职不力。

3. 防治对策

（1）严肃事件处理追责。某公司要按照“四不放过”原则，进一步认定事件责任，依规对责任单位和人员进行追责，并深入分析专业管理和队伍建设等方面存在的问题，切实补齐安全责任、专业管理、专业队伍、验收标准、技术措施等方面的漏洞短板，坚决杜绝同类事件再次发生。

（2）严格验收试验管理。结合公司安全生产专项整治、安全隐患大排查大整治、安全生产大检查，对在建工程开展二次设备短接片隐患专项排查治理，严防遗留问题隐患。针对二次专业性强、隐蔽性高、业务高度依赖厂家等特点，进一步加强作业负责人和一线人员的技术交底、技能培训，规范执行试验验收等规程规定和技术标准，切实发挥出调试验收、检修预试、专业巡检等的把关作用，对于问题疑问要“打破砂锅问到底”，有效发现并消除二次设备隐患。

（3）加强队伍能力建设。落实公司全业务核心班组建设要求，统筹考虑员工技能水平、工作环境、职业发展等因素，做实做强继电保护、变电运检、高压试验等核心生产班组，配齐配优检修、试验等生产工器具。加强一线人员尤

其是新上岗人员安全意识教育和专业技能培训，加大援疆援藏力度，持续提升基层一线技术监督、验收调试等专业技术水平巡检等的把关作用，对于问题疑问要“打破砂锅问到底”，有效发现并消除二次设备隐患。

（4）加强队伍能力建设。落实公司全业务核心班组建设要求，统筹考虑员工技能水平、工作环境、职业发展等因素，做实做强继电保护、变电运检、高压试验等核心生产班组，配齐配优检修、试验等生产工器具。加强一线人员尤其是新上岗人员安全意识教育和专业技能培训，加大援疆援藏力度，持续提升基层一线技术监督、验收调试等专业技术水平。

3.2.2　220kV××站 110kV××Ⅱ线 PT 断线信号缺陷

1. 事故经过

2017 年 1 月 9 日 20:00 许，220kV××站 110kV××二线新扩建间隔进行送电，送电完毕后发现遥信系统中有 PT 断线信号，不能复归。当时此线挂Ⅱ母运行，开关在合位，经过如下仔细检查，用万应表测量图中的保护屏 955、端子无任何电位存在，测量图中的保护屏 955 端子有 110kV 正电位存在，初步判断问题发生在开关机构箱内及到结构箱的电缆上，可能存在如图中红线所示的正电短接在机构箱内 955 端子上，形成 PT 失压信号。如图 3－18 所示。

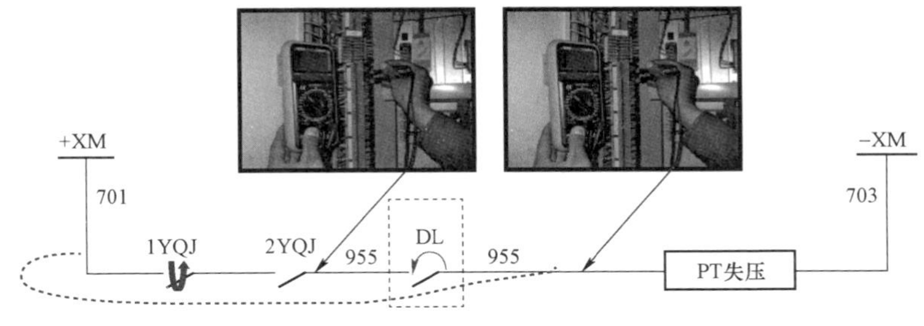

图 3－18　事故接线示意图

2. 暴露问题

在开关机构箱内仔细检查，保护屏处往下接入的 955 电缆与开关常开辅助接点一端连接，另一端在开关机构内厂家误连接到正电 701 上；而保护屏处往下接入的 955′电缆与开关常闭辅助接点一端连接，开关常闭辅助接点另一端

悬空。如图 3－19 所示，形成开关合位时发 PT 失压信号，测量 955 回路有正电，955 无正电的根本原因。

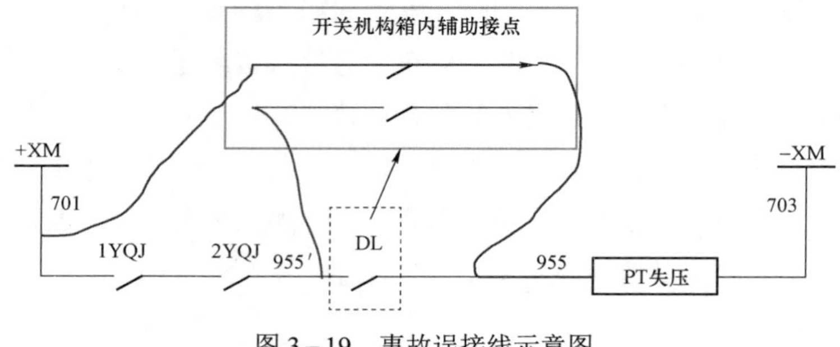

图 3－19　事故误接线示意图

因此最终事故结论为：厂家在开关机构内误接线造成的。

3. 防治对策

（1）根据接线图将厂家误短接的 701 正电位线头取消，再将常开辅助接点引到 955 的端子上，即可。

（2）在 PT 失压信号验收时，必须合上开关，分别切换Ⅰ、Ⅱ母进行检查应无此信号，若不切换时有此信号属正常。

（3）在审图时审查此回路是否设计有串入开关常开辅助接点。

3.2.3　××电厂 22A××变差动保护动作情况分析

1. 事故经过

2022 年 2 月 20 日 05:27 22A××变第一套、第二套保护装置差动速断保护动作，跳开 2703、2704 断路器，2701 断路器随即跳闸。经查，3C 母线备用进线 3CS 开关上口 PT 处发生故障。

（1）22A 跳闸分析。

第一套保护装置保护启动时间 2022 年 2 月 20 日 5:26:21:761，相对时间 21ms 电流差动保护动作，相对时间 22ms 差动速断保护动作出口跳 2703、2704 三相，故障电流 402A（一次值），故障差流 451A（一次值）。2703、2704 断路器保护跟跳，正确动作。

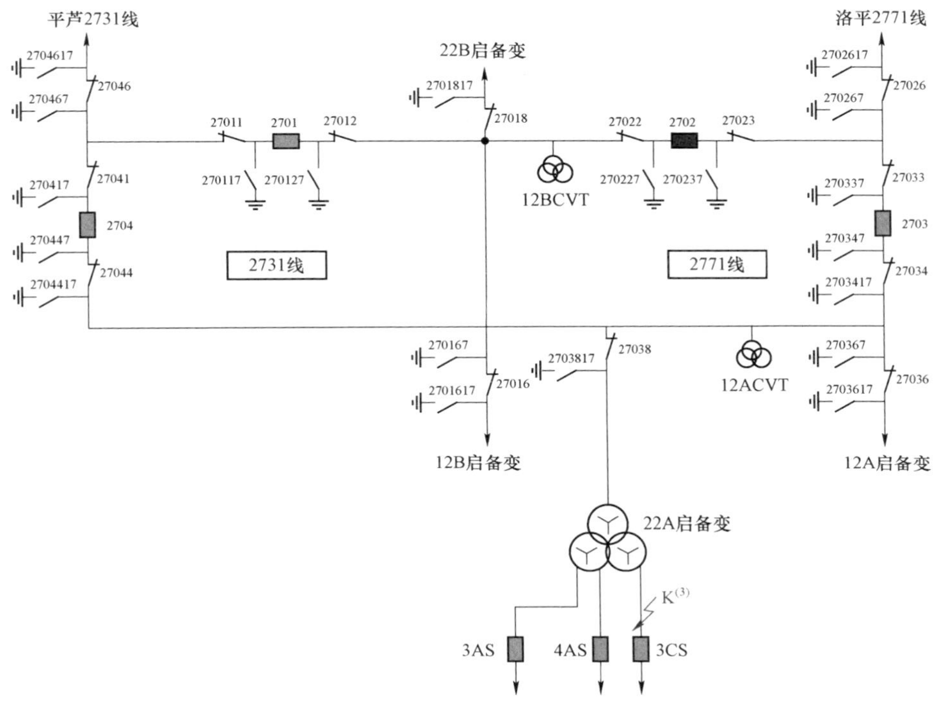

图 3－20　电气一次接线图（事故后状态）保护动作情况

第二套保护装置保护启动时间 2022 年 2 月 20 日 5:27:33:235，相对时间 21ms 电流差动保护动作，相对时间 22ms 差动速断保护动作出口跳 2703、2704 三相，故障电流 497A（一次值），故障差流 538A（一次值）。2703、2704 断路器保护跟跳，正确动作。

现场实际检查发现#3 机 6kV 3C 母线备用进线 3CS 开关上口 PT 间隔存在烧损痕迹，22A××变差动保护范围内一次设备存在短路故障。保护动作情况如图 3－20 所示。

（2）2701 断路器跳闸分析。

2701 断路器操作箱 TC2 动作跳闸，经检查，启动 2701 操作箱 TC2 的有：① 2731 线线路保护 2；② 12B/22B××变短引线保护 2；③ 12B××变保护 2；④ 22B××变保护 2；⑤ 2702 失灵保护；⑥ 2704 失灵保护；⑦ 2701 开关保护。对各装置及回路检查确认，上述保护均未动作，无跳闸信号至 2701

操作箱 TC2。除上述启动 TC2 跳闸回路外，发现一寄生回路，经检查确认为 2704 断路器跟跳动作启动 2701 操作箱 TC2 跳闸。

故障发生时，2701 断路器重合闸方式为不投入，故平芦 2731 线线路保护 2 三跳 2701 断路器压板（图 3－21 中 2731 线线路保护 2 及 2704 断路器保护柜：3FMS⑲－⑳）投入。22A××变差动速断动作跳开 2704 断路器，跟跳回路导通，造成 2701 断路器跳闸。故障录波图跳闸时序符合上述判断。

2. 暴露问题

220kV 线路为单重方式，平芦 2731 线正常运行时 2704 断路器投重合闸，2701 断路器不投重合闸。从功能上看，该回路设计为满足 2731 线路单相故障时，保证 2704 断路器单跳单重，2701 断路器三跳不重合，但实际上 2731 线路保护设计有启动 2701 断路器三跳的回路（与寄生回路并接的跳闸回路）。

由于寄生回路与平芦 2731 线线路保护 2 跳 2701 断路器回路并接，当 2731 线线路保护传动试验时，该寄生回路启动 2701 断路器跳闸前，线路保护已三跳 2701 断路器，无法发现该回路。而在 22A××变保护传动试验时，由于 2704

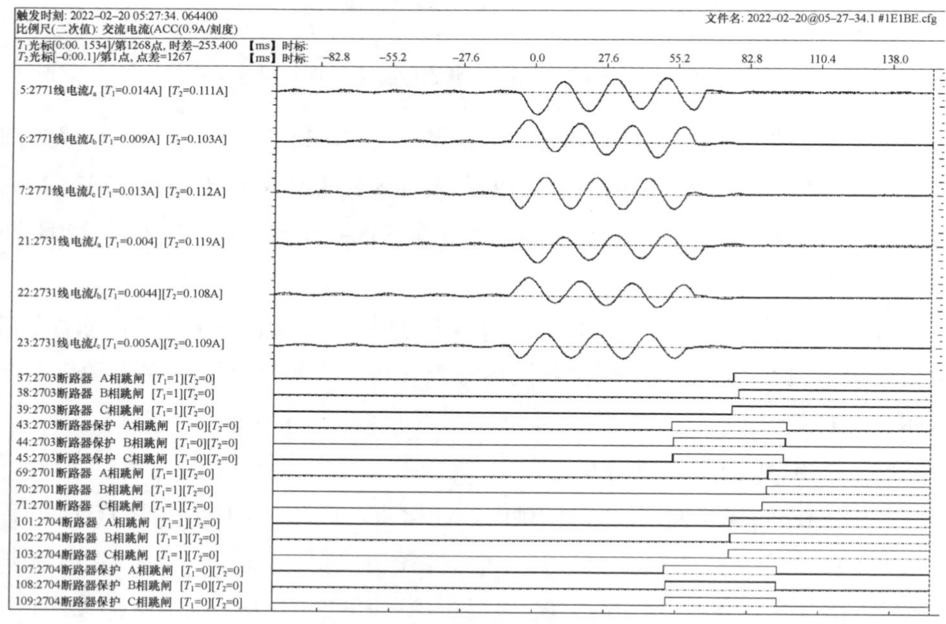

图 3－21　220kV 系统故障录波器录波

断路器检修，2701 断路器投重合闸，平芦 2731 线线路保护 2 三跳 2701 断路器压板解除，2704 断路器跳闸时该寄生回路无法出口，也无法发现该回路。二次回路核查时，对照图纸重点梳理外部电缆的连接情况，对内部接线核查不够细致，未能发现并接在线路保护三跳回路上的寄生回路。

经电厂内核实，设计院相关图纸均正确，除 2704 断路器跟跳回路外，现场各出口回路与图纸保持一致。推断该寄生回路为改造施工时施工单位擅自更改二次回路，属于误接线。

3. 防治对策

（1）梳理同类型断路器回路。

已对 220kV 升压站其他断路器分闸回路进行梳理和核对，未发现异常。后续结合设备检修，对升压站全部断路器分合闸回路的功能进行梳理和核对，消除可能的隐患。

（2）完善保护传动试验方法。

组织分析线路/变压器共用断路器的检修规程，对传动试验的条件进行核对，梳理与实际运行状态的差异，完善传动试验的方式方法。

（3）全面核对保护装置二次回路。

在保护装置校验时，安排对二次回路进行全面核对，对照图纸梳理保护屏柜内外部接线，确保现场实际回路与图纸一致。

3.2.4　某电力局线路故障，保护拒动，220kV××变 110kV 母线失电

1. 事故经过

220kV××变 1 号主变 220kV 零序方向过流Ⅱ、Ⅲ（同一出口）段保护动作，1 号主变 110kV 开关跳闸，2 号主变 220kV 零序方向过流Ⅲ段跳 2 号主变 110kV 开关，110kV 正、副母线失电。造成 3 座 110kV 变电站停电。

检查发现：有人使用漆包线（遗留物中查到）将风筝放入同杆架设 110kV1237 线与 1238 线 22～23 号塔间，致 1237B（顶）相与架空地线短路故障后造成三相故障，架空地线灼断坠地，110kV××变侧该线接地距离Ⅰ段动作跳闸，220kV××变（电源）侧因该线保护及主变 110kV 侧保护拒动而由

220kV 侧后备保护动作跳闸。1237 线 B 相导线故障处在 10m 范围内有 8 处放弧烧灼痕迹，经绑扎处理后于次日 15:10 工作结束。1237 线保护拒动的原因待厂家进一步查明。1、2 号主变 110kV 零序方向后备保护拒动的原因系继保修试人员在该保护带负荷试验时，对数据结论判断失误，致错误的动作方向认为动作正确留下事故隐患造成。

2. 暴露问题

（1）继保修试人员在主变零序方向保护带负荷校验时，对数据结论判断错误，业务技术素质低，留下事故隐患导致事故扩大是造成 1、2 号主变 110kV 零序方向后备保护拒动的直接原因，对本次事故负主要责任。继保修试人员要抽时间加强业务技术培训，提高业务素质水平。

（2）继保人员在管理上还存有疏漏之处，对继保修试人员业务培训工作未能及时跟上，在管理上负有一定责任。

（3）对职工的技术培训工作未能及时抓好。

3. 防治对策

（1）即对其余 220kV 各变同类型保护重行一次校验，对结论再次复核确认，防止类似事故再发生。

（2）带负荷核相试验拟制定规范性的试验方案标准，并按标准执行。

3.2.5 某电力局 110kV××变发生差动 CT 极性错误造成 1 号主变差动误动两侧开关跳闸

1. 事故经过

4 月 20 日××变运行方式：1753 线带 1 号主变及两侧开关运行，1 号主变 10kV 送 10kVⅠ、Ⅱ段母线运行；110kV 母分（桥开关）运行，1760 线路运行（开关热备用）。8:20，运行人员在执行调度正令：“1760 开关由热备用改运行（合环）”操作中，出现 1 号主变比率差动保护动作，1753 开关、110kV 母分（桥开关）、1 号主变 10kV 开关跳闸，操作人员当即将情况汇报区调。随后，调度采取了应急措施，于 8:33，合上 110kV 母分（桥开关）、1 号主变 10kV 开关，及时恢复送电（事故造成少送电量 846kWh）。

9:57 有关人员对事故展开了调查，对 1 号主变差动保护进行检查，现场

RCS－9671 装置面板上跳闸灯亮，后台机显示 8:20:21，1 号主变比率差动动作。根据当时运行方式 1760 线经 110kV 母分（桥开关）送 1 号主变负荷核对定值、查看差动保护差流及有关电流情况，未发现疑问。查屏后接线，图实相符，测量 110kV 母分二次电流显示与潮流不符，从而认为 110kV 母分开关 CT 回路有问题。经对 110kV 母分（桥开关）控制箱中电流端子查实，发现图纸与实物不符。110kV 母分（桥开关）差动电流回路 A471、B471 从 S1 引出与接地点有连接片，A471 尾与 B471 尾短接引至 C471 的头，从而造成 A471、B471、C471 均与地形成分流；同时发现：110kV 母分开关及仪表 CT 极性接反。更改接线处理后，作带负荷试验情况正常，于 15:31，1 号主变差动投入运行。

2. 暴露问题

根据事故现场分析，导致 1 号主变差动误动作的主要原因：属 110kV 母分（桥开关）二次电流回路接线错误引起。××输变电工程分两个阶段投产，在 4 月初和中旬进行，于 2002 年 4 月启动投产，由于“1760 备用电源线路”在第一阶段不具备投产条件。第二阶段 1760 线改线工程完成后投产，在合环操作中发生主变差动误动。

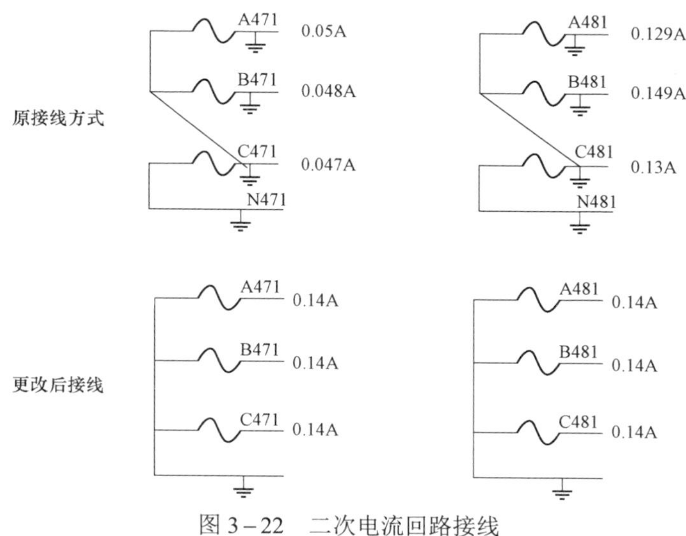

图 3－22　二次电流回路接线

事故暴露的主要问题有：① 现场施工人员对业务不够熟悉，特别是对新使用的设备了解不够，缺乏应有的工作责任心。因 110kV 母分（桥开关）开关出厂时与现场实际安装的相序相反，在二次接线做相应的改动时，工作人员按习惯在CT二次端子排外侧进行更改，又因该CT端子排短接片处于内侧（较隐蔽位置），发生110kV母分（桥开关）CT二次极性端接地及接线错误；② 施工、试验程序不规范。110kV母分（桥开关）在经过大电流试验后，更改CT接线未再次经大电流试验确认改线工作的正确性，导致CT接线更改错误未能及时发现；③ 施工管理工作不够细致，技术管理层次不完整，没有形成严格的技术管理程序，对在施工中接线更改施工图的管理，还没有形成一套完整的管理闭环体系。

3. 防治对策

（1）根据事故“三不放过”的原则，认真做进一步的分析，查找事故原因，举一反三，防范类似事故发生。

（2）对××变工程的投产调试项目进行全面检查，完善试验记录，补全未投产项目有详细记录。加强员工队伍的综合教育、培训工作，提高员工素质，改变工作作风，提高工作人员的责任心。

（3）加强现场施工的安全和技术管理。建立、健全一套行之有效的施工技术、安全管理程序，对涉及图实不符或需要对实际接线进行更改的，应及时向有关部门提出并出具联系单，根据联系单进行更改，凡涉及更改工作的项目各级必须组织专项验收。切实规范施工作业行为，确保施工质量。

3.2.6 供电公司220kV××变电所因CT电缆破损短路，造成两点接地，2号主变差动保护动作，三侧开关跳闸

1. 事故经过

2003年5月14日，220kV××变电站2811、2812开关经分段2800开关与庐安2841开关并列运行，2802开关带Ⅰ号主变运行，1号主变及三侧开关热备用。8:08，2号主变差动保护动作，三侧开关跳闸。

经查，2802开关A相流变二次电缆接线盒进口处一根差动回路的电缆芯（回路编号X411）外绝缘破损露铜，导体与流变外壳接触，加上长期阴雨天气，空气湿度大，造成差动回路两点接地。从××变220kV 2811、2812、2841开关保护起动发信报告中发现，此时系统发生C相接地故障，导致差动保护动

作，开关跳闸。8:35 将Ⅰ号主变及三侧开关由热备用转运行带全所负荷。20:10 将Ⅱ号主变转运行，1 号主变转热备用。

2. 暴露问题

此次 2 号主变差动保护动作跳闸，再次暴露出××变二期基建施工存在以下严重问题：

（1）二次电缆质量存在严重问题。曾于 2002 年 7 月以文件形式向省公司反映，施工单位曾对 2 号主变二次回路控制电缆进行部分更换，但本次发生绝缘破损的电缆属未更换的电缆。

（2）施工工艺存在严重问题。一是二次电缆芯未穿保护用的塑料管，二是二次电缆的电缆头在 CT 二次接线盒入口下方，电缆的卡子直接固定在电缆芯线上，易受外力破坏，使电缆芯绝缘层破损；三是在剥电缆时电缆芯绝缘层受伤。

3. 防治对策

（1）对原送变电公司安装的 3 个 220kV 基建工程同类设备进行检查，防止类似事故发生。

（2）要求省送变电公司改进正在建设中的 220kV 变电所二次电缆施工工艺，防止类似事故发生。

（3）今后安装时电缆头应放在接线盒内，固定电缆的卡子固定在电缆头下方。

（4）年检、预试时加强对交流回路的测试。

3.3　试验方法不当造成的误接线案例

3.3.1　××变电站#1 主变保护零序方向过流Ⅰ段拒动事故分析

1. 事故经过

2005 年 2 月 17 日 20:57，××变电站 110kV××线进入橡胶厂区的#29 铁塔户外电缆终端头发生 C 相接地转 B、C 相两相永久性接地故障，110kV 线路开关跳闸。重合不成功后，110kV 线路接地距离和零序Ⅱ段保护后加速动作。第二次跳闸时，开关拒动，造成该站#1 主变三侧开关、#2 主变高压侧开关越级跳闸。之后，与××变电站通过 110kV××线相连的××110kV 变电站内的#1 主变、#2 主变间隙过压保护跳闸。

事故分析：

故障前××变电站#1、#2 主变并列运行，220、110kV 中性点均在#1 主变接地，220kV 母线并列运行，110kV 母线并列运行。故障前××变主接线示意图如图 3－23 所示。

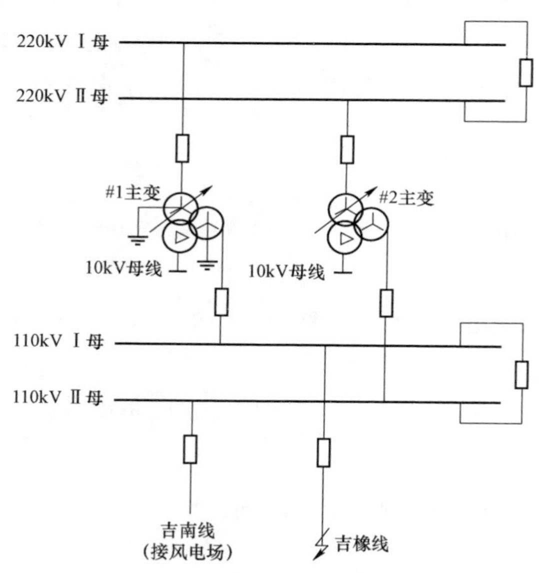

图 3－23　故障前系统接线示意简图

110kV 线路发生永久接地故障，开关拒动后，按保护配合原则，#1 主变 110kV 侧零序方向过流Ⅰ段保护应动作，但#1 主变零序方向元件接反，将正向故障判为反向，导致#1 主变零序方向过流Ⅰ段保护拒动（4.5A 1.5s 跳母联 2.0s 跳本侧），110kV 母联开关和#1 主变 110kV 侧开关未跳闸，当故障持续 4s 后，由不带方向的零序过电流保护动作，跳开#1 主变三侧。#1 主变三侧跳开后，该变电站 110kV 系统变为不接地系统，当时 110kV 线路故障依然存在，中性点不接地的变压器在中性点产生过电压，因此与该站通过 110kV××线路

相连的××110kV 变电站（为一风电电源点）内的#1 主变、#2 主变间隙过电压保护达到动作定值而跳闸。

由于××变电站 110kV 母联未设专用母联保护，在此种情况下无法跳闸，使得#2 主变与故障点无法隔离，此时故障进一步转换为 BC 相永久性接地故障，#2 主变通过高压侧复压过流保护动作，#2 主变高压侧跳闸。该站 110kV 母线全部失压。

2. 暴露问题

造成××变电站 110kV 母线全部失压的原因是#1 主变零序方向元件接反。不正确责任为运行部门继电保护误接线。

3. 防治措施

现场保护人员应按具体的规程规范的要求，认真做好继电保护定期校验工作，对各类继电保护装置方向元件的正确性要认真复核，并对装置进行带开关传动，确保装置正确动作。

保护人员在装置说明书不够详细的情况下，应主动与保护生产厂家沟通，对有疑问的地方要求厂家以书面的形式交代清楚。

在今后基建、更改项目中，为避免方向接反，主变零序后备保护的方向元件不宜接中性点 CT，其方向元件应通过保护装置自产 $3U_0$、$3I_0$ 实现。

对带有重要负荷的双母线接线方式的变电站，母联断路器应装设专用的母联保护。

3.3.2　某 220kV 甲变电站 Ⅰ 母线母联失灵延时整定错误案例

1. 事故经过

某年某月某日 10:14:35，220kV 甲变电站 Ⅰ 母线发生故障，第一套、第二套母差保护动作跳 Ⅰ 母，26ms 后母联失灵保护动作跳 Ⅰ、Ⅱ 母。系统一次接线如图 3－24 所示。

（1）在甲站的保护小室的母线保护屏前检查保护跳闸信号指示灯点亮、查看并打印保护动作报告，检查操作箱上跳闸动作指示灯点亮，合闸位置指示灯不亮，分闸位置指示灯点亮。

（2）在甲站母线保护屏打印定值单，并核对定值单，发现母联失灵延时整定错误，原始定值单上是 0.2S，但现场母线保护装置上整定为 0.02S。

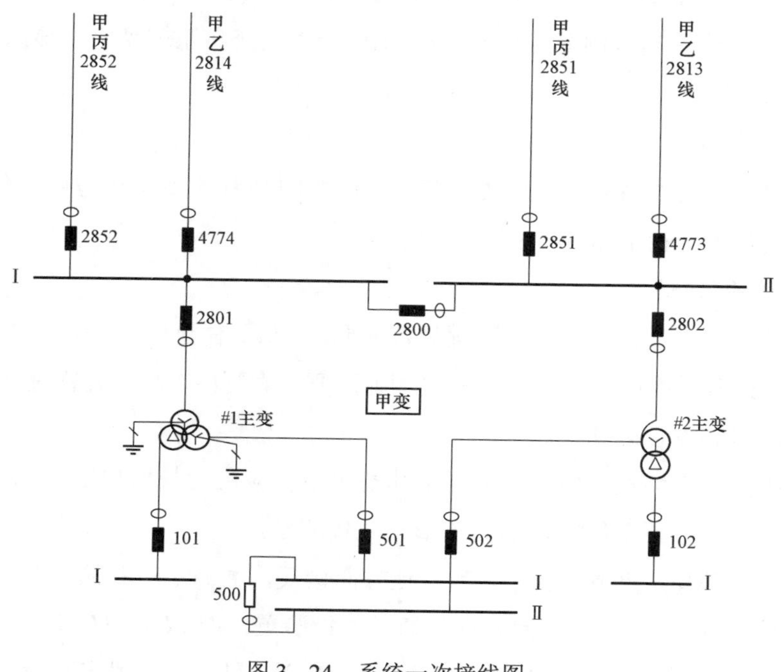

图 3－24　系统一次接线图

2. 暴露问题

通过检查分析得知，该案例是由于母联失灵延时整定错误导致的，属于典型的继电保护“三误”中的“误整定”案例。

（1）规程要求。

《国家电网有限公司十八项电网重大反事故措施》中关于定值管理应注意的问题规定：依据电网结构和继电保护配置情况，按相关规定进行继电保护的整定计算。

DL/T 559—2007《220～750kV 电网继电保护装置运行整定规程》规定：220～750kV 电网的继电保护的整定，必须满足可靠性、速动性、选择性及灵敏性的基本要求。可靠性由继电保护装置的合理配置、本身的技术性能和质量

以及正常的运行维护来保证；速动性由配置的全线速动保护、相间和接地故障的速断段保护以及电流速断保护取得保证；通过继电保护运行整定，实现选择性和灵敏性的要求，并处理运行中对快速切除故障的特殊要求。

《微机继电保护装置运行管理规程》规定：定值变更后，由现场运行人员与上级调度人员按调度运行规程的相关规定核对无误后方可投入运行。调度人员和现场人员应在各自的定值通知单上签字和注明执行时间。

（2）断路器失灵保护。

当系统发生故障以后，若断路器失灵而又没采取措施，将会造成严重的后果，因此需要设置断路器失灵保护。断路器失灵保护作为一种后备保护，需要与其他保护相配合。对于输电线路而言，当断路器失灵保护动作后，应闭锁相关线路的重合闸。对于 3/2 接线方式，当边断路器或中间断路器失灵保护动作后除闭锁重合闸外还应启动远方跳闸装置。

断路器失灵保护经相电流判别的动作时间（从启动失灵保护算起）应在保证断路器失灵保护动作选择性的前提下尽量缩短，应大于断路器动作时间和保护返回时间之和，再考虑一定的时间裕度。

双母线接线方式下，以较短时限（约 0.25～0.35s）动作于断开母联或分段断路器，以较长时限（约 0.5s）动作于断开与拒动断路器连接在同一母线上的所有断路器。

3. 防治对策

强化安全意识、加强风险管控，筑牢安全防线、提升安全水平。通过建立健全安全制度、抓好定期和不定期的安全教育，不断强化从业人员的安全意识，是避免安全事故发生的重要基石。

（1）制度保障：为规范现场人员作业行为，防止发生人身伤亡、设备损坏和继电保护“三误”事故，保证电力系统一、二次设备的安全运行，国家电网公司出台了 Q/GDW 267—2016《继电保护和电网安全自动装置现场工作保安规定》《国家电网有限公司十八项电网重大反事故措施》、DL/T 587—2016《继电保护和安全自动装置运行管理规程》等一系列规程规范。从业人员要严格执行继电保护现场标准化作业指导书，规范现场安全措施，防止继电保护“三误”

事故。

（2）技术措施：继电保护组屏设计应充分考虑运行和检修时的安全性，确保能够采取有效的防继电保护“三误”措施。当双重化配置的两套保护装置不能实施确保运行和检修安全的技术措施时，应安装在各自保护柜内。

（3）人员方面：定期开展作业人员安全规程、制度、技术、风险辨识等培训、考试，使其熟练掌握有关规定、风险因素、安全措施，提高安全防护、风险辨识的能力。

第 4 章　继电保护设备典型误碰案例

继电保护工作人员及运行管理人员担负着生产、基建、大修、技改、反措等一系列的工作，支撑着庞大而复杂的电力系统，工作任务艰巨而繁忙。尽管每一个人都想把工作做好，但是在现场由于安全措施的不得力，由于对设备的不熟悉，由于违章违规行为的存在，误碰事故并没有杜绝。

4.1　工器具使用不正确造成的误碰案例

4.1.1　某供电公司 110kV××变电所 2 号主变差动保护误动造成对外停电

1. 事故经过

3 月 18 日 9:55，变电运行工区运行人员清扫 2 号主变端子箱时，由于使用的清洗剂型号不对，使得二次回路绝缘下降，重瓦斯误动，跳开 702、102 开关。10:01 恢复对外供电（当时主变备自投因为改定值而停用）。

2. 暴露问题

对清扫二次设备使用的清洗剂无明确规定。

3. 防治对策

（1）停止使用该型号清洗剂。

（2）将用该型号清洗剂清洗过的二次端子重新处理。

4.2 现场施工不规范造成的误碰案例

4.2.1 某变电站7521、7520断路器跳闸事件

2023年3月14日10:26，某超高压公司在750kV ××变电站开展××Ⅰ线间隔SF_6密度继电器通讯线电缆敷设期间，因原有二次电缆穿越电缆沟时未敷设钢管、电缆孔洞过小无法敷设新电缆，作业人员违规进行扩孔作业，误伤昭湖Ⅰ线二次电缆，导致CT两点接地产生零序电流，造成线路保护零序过流Ⅲ段动作，××变电站7521、7520断路器、750kV昭湖Ⅰ线跳闸。

1. 事故经过

××变电站750kV系统采用3/2接线方式，750kV ××Ⅰ线与750kV ××Ⅱ线配串运行，见图4－1。

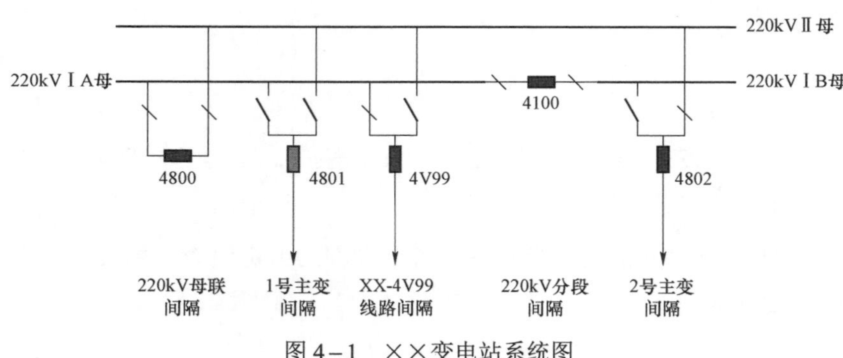

图4－1 ××变电站系统图

××变电站 SF_6 密度继电器远传系统改造工作由某超高压公司与 A 公司签订电商化采购框架协议（含施工），开展项目实施。

2023 年 1 月 25 日，××超高压公司变电检修中心人员会同 A 公司技术人员完成××变电站 SF_6 密度继电器远传系统改造现场勘察。2 月 1 日，某超高压公司变电检修中心完成现场施工方案编制并逐级审批，按照作业风险库定级为五级作业风险。

3 月 13 日，某超高压公司变电检修中心办理变电站第二种工作票，安排工作负责人王某、专责监护人马某和 A 公司 9 名施工人员开展现场作业。3 月 14 日，作业人员在对 7521 断路器 B 相本体密度继电器敷设远传通讯电缆过程中，发现编号为 CT1－4B 的二次电缆穿越电缆沟时未敷设钢管，因电缆孔洞过小新增远传通讯电缆无法敷设，作业人员在未采取任何安全防护措施的情况下进行扩孔作业，误伤××Ⅰ线第二套线路保护电流电缆（编号 CT1－4B），电缆破损时导致 B 相 CT 两点接地，产生零序电流，达到零序过流Ⅲ段保护动作定值，线路后备保护动作，××变电站 7521、7520 断路器、750kV××Ⅰ线跳闸。

图 4－2　SF_6 表计功能完善现场

图 4－3　扩充电缆孔洞口所用工具

图 4－4　电缆孔洞口处误伤二次电缆情况

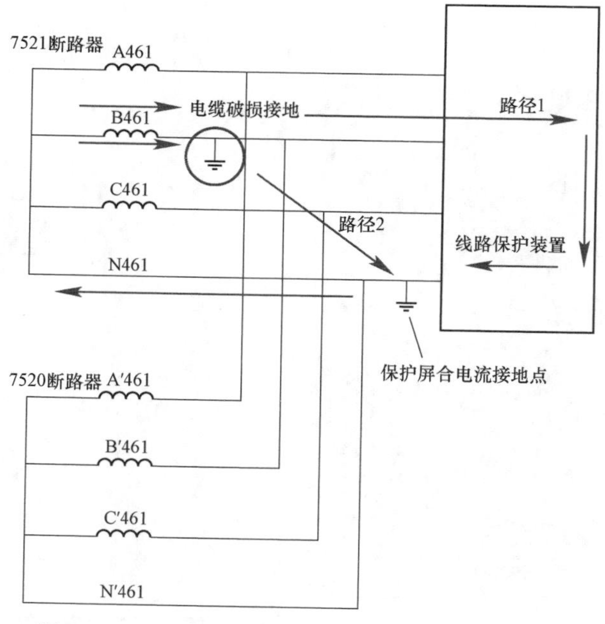

图 4－5　PCS－931 线路保护产生零序电流示意图

2. 暴露问题

一是现场安全风险管控不到位。此次事件反映出现场作业“五级五控”风险防控要求未有效落实，外包作业人员未执行标准化作业，未落实施工方案中“敷设电缆时禁止使用尖锐工器具施工”的措施，在设备在运行情况下使用尖锐物品野蛮作业，误伤运行中的二次电缆。工作负责人没有严格履行作业安全管理责任，未及时发现违规作业工具和人员违章行为。相关管理人员对高电压、小现场不重视，没有把差异化管控要求落实到位。

二是现场勘察和方案编审不细不实。作业前未逐一对不同间隔电缆穿管情况仔细进行现场勘察，未发现部分间隔无电缆穿管的情况，未有效辨识电缆沟内电缆穿管情况不一带来的施工风险，未制定针对性的施工技术措施和安全管控措施。设备管理单位和相关管理人员对施工方案、工作票审核把关不严，未能有效管控临近运行二次电缆作业的安全风险。

三是建设阶段验收把关不严。××Ⅰ线电流互感器本体至汇控柜的电缆穿越电缆沟时，未在建设阶段采用钢管敷设，二次电缆未采取任何防护措施直接穿入电缆沟，不满足十八项电网重大反措 15.6.2.8 条要求，留下安全隐患。反映出建设投运验收把关不严，投运后历次运维检修也未能及时开展隐患排查整治，致使隐患长期存在。

3. 防治对策

一是加强二次设备作业管控。各单位要立即开展一次站内二次电缆专项隐患排查整治，全面检查二次电缆穿管、封堵情况，结合 2019 年重庆张家坝变电站、2021 年江西梦山变电站等事件暴露的问题一并排查电缆混沟、防火隔离等情况，建立隐患台账清册，及时整治销号。要严格临近二次电缆作业风险管控，对涉及在运二次电缆、屏柜、端子箱、保护盘的作业施工方案严格审查，对需要进行开凿、切割、拖拽的采取可靠完备的保护措施。

二是要严格外来人员安全管理，加强安全和技术交底，严格现场监护、施工工艺、作业机具管理，坚决杜绝野蛮施工、随意作业。

三是源头强化设备安全管控。树立基建为运行安全服务的理念，严格执行十八项电网重大反措要求，加强设计、施工源头把关，落实二次电缆穿管要求，避免基建阶段遗留安全隐患。要健全制度规定，针对在运变电站（换流站）加装设备监测装置、工业视频等辅助设备作业，明确设计、安装、验收等各环节管理要求和安全措施，保证运行设备安全。

4.2.2 330kV 某变电站全停事件

2014 年 10 月 19 日，某电力 330kV 永×变电站 330kV 永武一线发生异物短路 A 相接地故障，永武一线两套保护闭锁，引起故障扩大，造成永×变全停。

1. 事故经过

330kV 永×变 330kV Ⅰ、Ⅱ母，第 1、3、4 串合环运行，330kV 永武一线、永武二线及 1、3 号主变运行，3320、3322 开关及 2 号主变检修。永×变 330kV 系统接线见图 4－6。

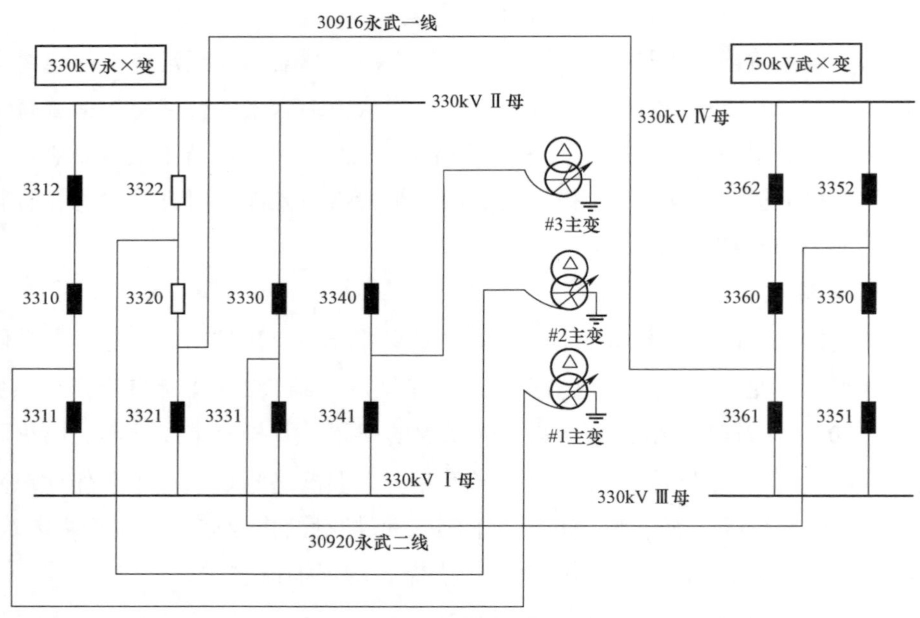

图 4－6 ××变 330kV 系统接线图

10 月 19 日 3:59，330kV××变永武一线 11 号塔发生异物短路，永武一线 330kV 永×变侧保护因 3320 断路器合并单元“装置检修”压板投入，线路双套保护闭锁。1、3 号主变高压侧后备保护动作，跳开三侧开关，750kV 武×变永武二线××侧××二线零序Ⅱ段保护动作，330kV 永×变及所带 110kV 华

×寺、蓝×硅、中×、祁×、屯××、满×、大×等 8 座变电站、110kV 侯××牵引变和 1 座 110kV 水电站失压，损失负荷 17.8 万 kW。

2. 暴露问题

现场工作情况：10 月 13～27 日，某电力检修公司实施永×变 2 号主变及三侧设备智能化改造工作。10 月 15 日，现场运维人员根据工作票所列安全措施内容，投入 3320 开关汇控柜智能合并单元 A、B 套“装置检修”压板后，发现永×一线 A 套保护装置（南瑞继保设备，型号 PCS－931G－D）“告警”灯亮，面板显示“3320A 套合并单元 SV 检修投入报警”；永×一线 B 套保护装置（许继电气设备，型号 WXH－803B）“告警”灯亮，面板显示“中 CT 检修不一致”。

保护动作情况：10 月 19 日 3:39，永武一线线路 A 相接地故障，750kV 武×站侧距离Ⅰ段保护动作，3361、3360 开关跳闸，经 694ms，3361 开关重合动作，又经 83ms，重合后加速保护动作，跳开 3361、3360 开关；永×变侧永武一线保护未动作，1 号、3 号主变高压侧零序后备保护动作，跳开三侧开关；永武二线零序Ⅱ段重合后加速保护动作，跳开 3352、3350 开关。

保护闭锁原因：通过分析南瑞继保 PCS－931G－D 型、许继电气 WXH－803B 型保护装置，其中，PCS－931G－D 保护装置告警信息“SV 检修投入报警”含义为“链路在软压板投入情况下，收到检修报文”，处理方法为“检查检修压板退出是否正确”；WXH－803B 保护装置告警信息“CT 检修不一致”含义为“MU 和装置不一致”，处理方法为“检查 MU 和装置状态投入是否一致”。按照保护装置设计原理（保护原理图见图 4－7），当 3320 合并单元装置检修压板投入时，3320 合并单元采样数据为检修状态，保护电流采样无效，闭锁相关电流保护，只有将保护装置“SV 接收”软压板退出，才能解除保护闭锁（检修状态下电流保护相关逻辑图见图 4－8），现场检修、运维人员均未对以上告警信号进行深入分析并正确处理。

经现场勘察和对保护动作记录等相关资料分析，本次停电事件原因为：

事件直接原因：330kV 永武一线#11 塔 A 相异物短路接地。

事件扩大原因：永×变 3320 合并单元“装置检修”压板投入，未将永武一线两套保护装置中“开关 SV 接收”软压板退出，造成永武一线两套装置保护闭锁，造成故障扩大。

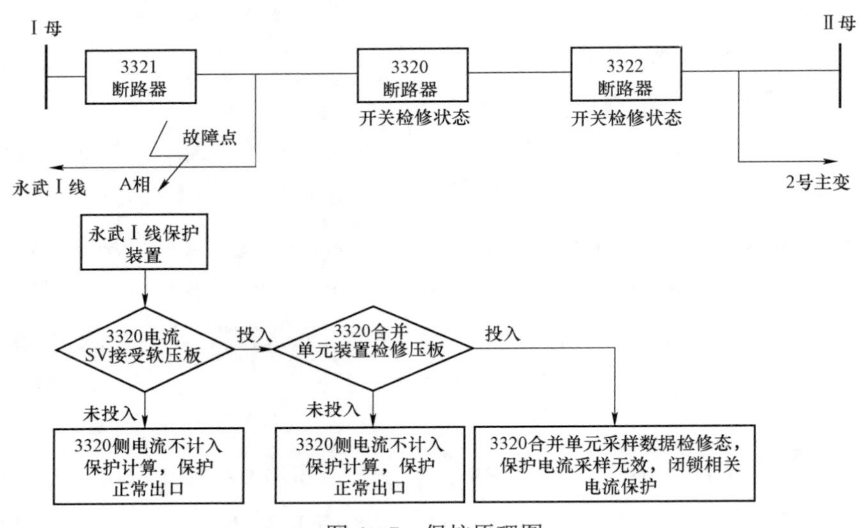

图 4-7　保护原理图

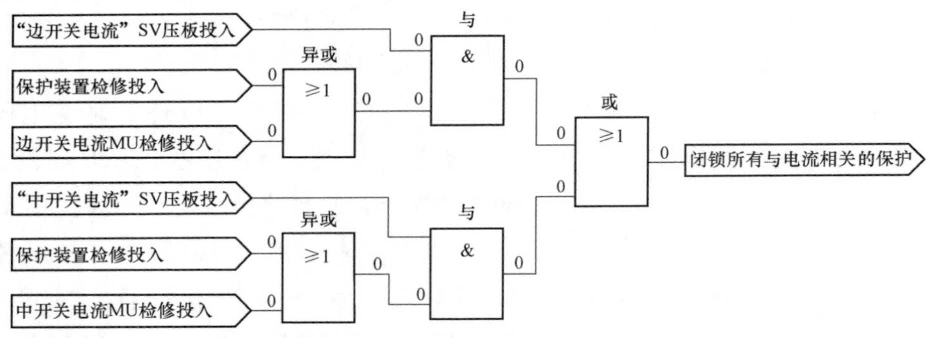

闭锁逻辑：在边开关电流SV（电流采样）压板投入的前提下，保护装置或合并单元有且仅有一个为检修态时，闭锁所有电流相关保护，当保护装置和合并单元都为检修态或都不为检修态时，不闭锁相关电流保护；中开关同理

图 4-8　检修状态下电流保护相关逻辑图

事件暴露出如下问题：

（1）智能站二次系统技术管理薄弱。运维单位对智能变电站设备特别是二次系统技术、运行管理重视不够，对智能站二次设备装置、原理、故障处置没有开展有效的技术培训，没有制定针对性的调试大纲和符合现场实际的典型安措，现场运行规程编制不完善，关键内容没有明确说明，现场检修、运维人员对智能变电站相关技术掌握不足，保护逻辑不清楚，对保护装置异常告警信息

分析不到位，没能做出正确的判断。

（2）改造施工方案编制审核不严格。330kV××变智能化改造工程施工方案没有开展深入的危险点分析，对保护装置可能存在的误动、拒动情况没有制定针对性措施，安全措施不完善。管理人员对施工方案审查不到位，工程组织、审核、批准存在流于形式、审核把关不严等问题。

（3）保护装置说明书及告警信息不准确。南瑞 931、许继 803 线路保护装置说明书、装置告警说明不全面、不准确、不统一，未点明重要告警信息（应点明“保护已闭锁”，现场告警信息为“SV 检修投入报警”“中 CT 检修不一致”），技术交底不充分，容易造成现场故障分析判断和处置失误。

3. 防治对策

（1）该单位立即组织停工整顿。该单位要立即组织停产整顿，对所有变电站改造施工方案进行重新审查，特别针对变电站改造工程启动、调试、运行、故障处置等环节，开展深入的危险点分析，查找薄弱环节，制定预控措施，堵塞安全管理漏洞。要按照“四不放过”原则，严肃追究责任，事故调查处理有关情况报国网安质部。

（2）高度重视智能站设备技术和运维管理。公司有关部门、各单位要深刻吸取教训，高度重视智能变电站设备特别是二次系统的技术和运维管理，结合实际，制定智能站调试、检验大纲，规范智能站改造、验收、定检工作标准，加强继电保护作业指导书的编制和现场使用；编制完善的智能站调度运行规程和现场运行规程，细化智能设备报文、信号、压板等运维检修和异常处置说明；加强继电保护、变电运维等专业技术技能培训，开展智能站设备原理、性能及异常处置等专题性培训。

（3）加强新建和改扩建工程建设组织管理。今年部分电网屡次发生二次设备故障扩大导致变电站全停事件，暴露出工程建设、调试、验收、运维等环节存在安全管理隐患。公司系统各单位要举一反三，进一步落实施工改造项目责任制，认真组织开展现场勘察、风险分析和危险点预控，严格施工方案的编制、审查和批准，落实“谁主管、谁负责，谁签字、谁负责”的要求；召开好施工前安全交底会，施工单位、运维单位、厂家配合人员必须进行充分的技术交底和安全交底；严格变电站现场运行规程修编，确保符合实际，满足现场运行需要。具体请参照附录一：智能站保护压板设置规范。

4.2.3 某供电公司××变 220kV AB 线 2892 开关因人员误碰，造成开关跳闸，全所失电

1. 事故经过

事故前运行方式为：220kV AB 线 2892、2 号主变 2802 运行于Ⅱ母，AC 线 2895、1 号主变 2801 运行于Ⅰ母，母联 2800 开关运行。

3 月 29 日 14:53××变 220kV AB 线 2892 开关跳闸，保护无信号，××变全所失电。调度询问对侧变值班员，回答故障录波器未动作，AB 线 2892 开关无电流。14:57 地调向省调汇报 AB 线 2892 开关跳闸及对侧变异常情况，并拟定试送××变 AB 线 2892 开关、AC 线 2895 开关。经省调同意于 15:09 合上××变 AB 线 2892 开关，15:16 合上 AC 线 2895 开关，××变恢复正常运行。

××变 AB 线 2892 开关跳闸原因为：应省调要求及 A 公司（以下简称厂方）申请，为了完善××变 220kV 母差保护的逻辑功能，曾与厂方对××变 220kV 微机母差保护进行版本升级。3 月 27 日，申请停用了 220kV 微机母差保护。工作前，解下所有出口压板，并用塑料罩罩住。厂方更换插件后，为了校验其逻辑功能，用微机校验仪进行相关的试验，28 日工作未结束，29 日继续进行试验。由于“充电保护投退开关 QK”在投入时，母差保护将退出，而该装置又无任何的信号显示，若运行人员在短时投入充电保护后忘记将此 QK 退出，则母差保护将被闭锁。故此，在此次版本升级工作中将此不足之处加以完善，即在控制屏上增加“充电投入/母差退出”光字牌，提醒运行人员注意。在检查母差保护屏直流电源确已停用后，厂方对充电保护二次回路进行改造，由于厂方所配 QK 接点不够，需更换，于是由本单位提供新的 QK，厂方负责接线。厂方将母差保护屏上的盖板松开，先解下 QK 上的原二次线，线头未做任何处理就悬于屏内；为弄清 QK 上的常开常闭接点情况，在用万用表测量接点过程中，2892 开关发生跳闸。通过各项试验并经现场人员回忆，分析确定

为跳闸原因是QK上确有110V的正电源(来自2800控制回路,图纸中未标明),由于“母差跳 2892”压板就位于 QK 正下方不远处，并且压板上端头为直接出口 5X33，厂方解下的线头就垂在该端头附近，在测量接点时，万用表笔不小心带动了线头，线头正电源碰到“母差跳 2892”压板上端头，从而引起跳闸。

2. 暴露问题

（1）工作前未做好充分准备，没有认真核对现场资料、图纸。

（2）未对现场工作危险点进行详细分析。

（3）工作人员安全思想意识不牢，安全防范意识差。

3. 防治对策

（1）为认真吸取事故教训，结合春检活动进行一次安全教育活动，特别注意对危及系统安全的继电保护及安全自动装置进行认真检查。

（2）加强对继保人员业务培训和思想教育工作，严格考核管理，提高继保人员责任心。

（3）近期通过安规和技术知识考试，对工作负责人采取末位淘汰制，以提高工作人员安全意识和技术水平。

（4）在有外来人员参加保护工作时，要加强对其安全思想教育，并明确双方安全责任和防范措施，认真落实。

（5）要判定类似保护工作中二次停电的可靠措施，对拆下的线头要包好，并做记号。

4.2.4　某供电公司检修人员误拉 220kV××变 220kV AB 线 2671 开关，造成全所失电

1. 事故经过

5 月 20 日 16:17，某市供电局变电检修公司在进行 220kV××变 220kV AC 线 2672 开关间隔保护安装、调试过程中（该工程由某送变电公司承建，某公司监理），继保人员走错间隔，违章操作，误拉相邻运行的 220kV AB 线 2671 开关，造成红光变全所失电，当即将上述情况汇报省调，16:24，省调令合上 220kV AB 线 2671 开关，恢复红光变供电。

2. 暴露问题

（1）工作人员工作责任心不强，安全意识淡薄，违章作业。

（2）在生产建设等诸多工作任务繁重的情况下，没有认真处理好现场的安全与进度、效益的关系。

（3）在承发包工程中，还需进一步理顺安全与责任、考核方面的关系。

3. 防治对策

（1）进行安全工作整顿，组织职工学习上级有关文件、会议精神，针对事故暴露问题，举一反三，吸取事故教训。

（2）组织职工学习《安规》《两票填写规定》等规程规定，提高工作人员安全技能。

（3）进一步落实各级各类人员安全生产责任制，制定可操作性强的责任到位标准。

（4）加强运行检修管理，严格安全生产纪律，深入开展反“三违”活动。

4.2.5 某电力局 220kV××变 AB 线 1433 线正母闸刀误动，造成带地线合闸，110kV 母差保护动作，跳开 110kV 正母上所有运行开关

1. 事故经过

10 月 6 日 14:45，220kV××变大修，修试工区远动班人员在××变 AB 线 1433 线测控屏上进行 AB 线 1433 线正母闸刀遥控合闸试验时，在遥控出口回路压板取下的情况下，由于闸刀遥控回路设计上存在问题，使 AB 线 1433 线正母闸刀误动（开关检修状态），造成带接地线合闸，110kV 母差保护动作，跳开 110kV 正母上所有运行开关。

2. 暴露问题

（1）工程设计有漏洞，基建工程设计的新接线较多，需要较强的专业能力，设计和工程施工人员的业务素质有待加强。

（2）执行不规范、工作不仔细。在施工环节，未能严格按图施工，存在“想当然”的情况，竣工验收环节不严不细。

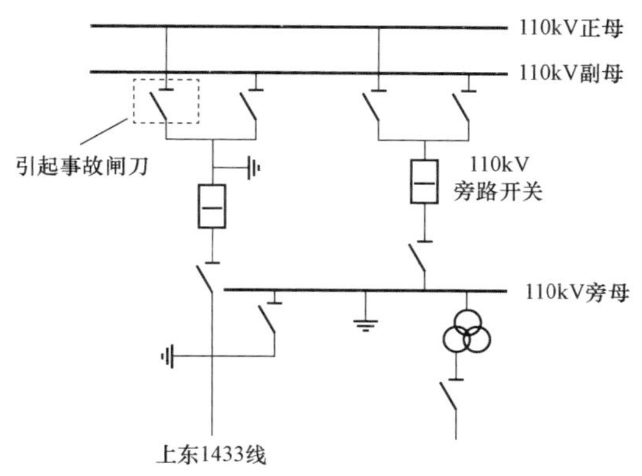

图 4-9　××站事故示意图

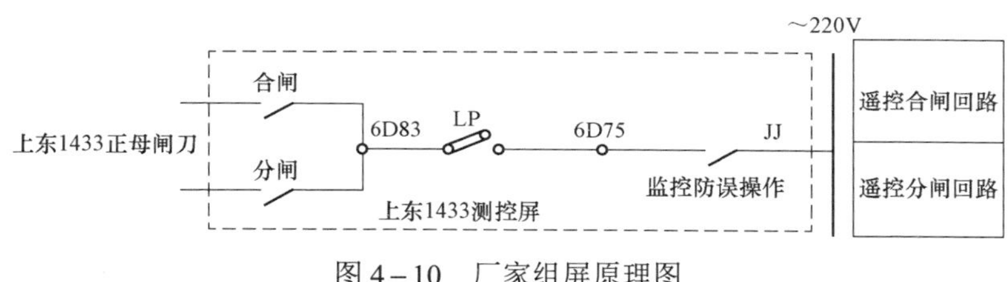

图 4-10　厂家组屏原理图

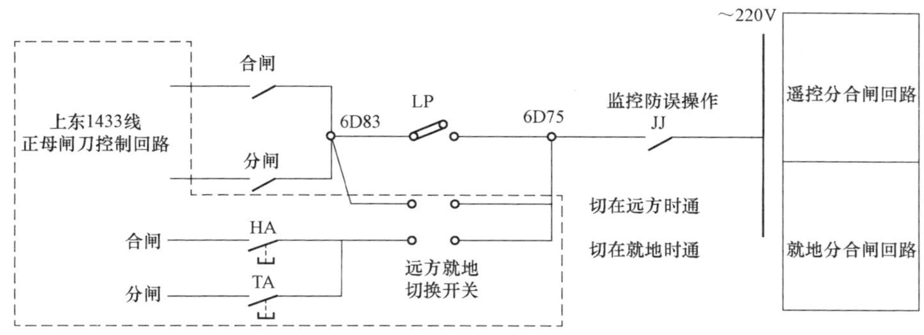

图 4-11　根据设计二次安装图画出的原理图和实际接线图

3. 防治对策

进一步规范基建、技改工程工作程序，完善并细化监控系统、测控装置和二次控制回路验收、调试技术规范，严肃工程三级验收制度，重点加强计算机监控系统控制回路的检测和验收、防止寄生回路存在。

4.2.6 某供电公司安装质量引起110kV××站1号主变差动保护动作，造成站内10kVⅠ/Ⅱ段、35kV正副母短时失电

1. 事故经过

根据 2004 年电力公司下达的技术更新改造项目，某供电分公司对 110kV ××变电站于今年 4 月进行了全站一、二次设备的整体改造。改造工程由某送变电公司负责进行施工安装、调试。

4 月 27 日××站施工结束，启动投运。××站正常运行方式为二线二变终端线供电方式。1131 供 1 号主变，1132 供 2 号主变。当日为配合 220kV 线路施工，要求 110kV××站进行 AB 线 1132 负荷转移至 1131 的操作，22 点调度发令××1132 线路改冷备用状态，1131 供 1、2 号主变。22:47，当××1132 开关拉开后，用 110kV 分段开关充 2 号主变时，1 号主变的差动保护 C 相动作，造成××站失电。23:59 由 2 号主变对 10kVⅠ/Ⅱ段、35kV 正副母恢复供电。

原因分析：主变跳闸后，经对 1 号主变差动继电器检查，发现故障时差动继电器记录的 110kV 分段差动电流 C 相为零，其他三组电流正常；故障录波仪录下的电流电压量中未见故障电流。随后在对 110kV 分段流变回路的检查中，发现 C 相回路电阻偏大，为 57Ω，A、B 两相仅为 1.5Ω。在对回路的检查中，发现 110kV 分段开关端子箱内一根 N431C 相线头松动。处理该线头后三相电阻平衡（1.5Ω），初步判断造成 1 号主变差动误跳的原因是该线头松动引起。

图 4－12　屏后端子排继电保护

2. 暴露问题

虽在记录上反映做过相关试验，但未发现二次接线紧固不到位的问题。继保专业人员责任心不强、工作不严谨细致。

3. 防治对策

（1）整理施工关键部位、校验的项目清单，加强对这些项目的现场质量监控力度。

（2）对于大型基建、更改工程，在合同中加入有关技术要求，来进一步保证施工质量，为安全运行打好基础。

（3）提高继电保护人员技术水平，增强人员责任心，养成细致、谨慎的继电保护工作作风，是避免一切继电保护人员责任事故的根基！

4.2.7　某超高压电公司继保人员误投压板造成源东 2172 开关跳闸

1. 事故经过

5 月 5 日 10:08，某超高压公司 220kV××变电站源东 2172 开关跳闸，主控室源东 2172 控制屏上 2172 出口光示牌亮，无突波及保护动作信号。

经检查，公司继保三班工作负责人孙××，工作班人员乐×、姚××，在进行源东 2171 开关调换后的“母差回路接入及 220kV 母差联跳源东 2171 开关”的联跳试验时，由于工作负责人孙××未认真核对铭牌，在无人监护下，误投了源东 2172 母差跳闸压板，致源东 2172 开关误跳闸。造成东×变电站全停电。经运行人员检查设备后于 10:21 恢复 2172 送电。

2. 暴露问题

（1）进行联跳试验时，使用压板未认真核对铭牌，无人监护。

（2）联跳试验顺序不规范，现场防误跳措施不落实。

（3）习惯性违章，现场作业图快求速。

3. 防治对策

（1）重申执行行之有效的防误措施（将运行出口压板包封等）。

（2）操作压板、熔丝、拆接小线必须有人监护。

（3）开展专项安全教育，提高遵章守纪的自觉性。

4.2.8 某供电公司××变 500kV5042 开关跳闸

1. 事故经过

3 月 16 日××变 500kV5042 开关跳闸前 500kV 系统运行方式为：3 号主变串、4 号主变串、AB5301 线串、BC5302 线串均运行。

3 月 16 日 4:00，××变 500kV 控制室警铃响、“直流接地”光字牌亮，检查直流母线电压正对地 40V、负对地 70V，当即汇报网、省、地调及局有关部门并查找。4:46，AB 线/BC 线 5042 开关（中开关）跳闸，保护无动作信号，经现场检查系 5303 线路保护 TLS 保护 MGM135 插件损坏造成的。同时，发现直流接地系 220kV 场地 2820 开关闸刀电源干扰造成的，隔离后，“直流接地”光字牌消失。经处理后 5042 开关于当日 17:18 恢复运行正常。

通过进一步从现场检查发现：施工单位在 220kV 2816 开关单元改造中，将 28162 闸刀机构拆除后，其电缆就地剪断，其中一根有直流的电缆其端部用卫生纸缠绕后外用一薄塑料袋包扎，打开包扎后发现塑料袋内有积水，卫生纸已湿透且有明显放电烧糊痕迹，其电缆端部也有放电烧糊痕迹；同时也发现母旁 2820 开关带路时闸刀操作控制电源电缆到 2816 开关端子箱后至开关机构箱闸刀操作控制电源电缆剪断，放在电缆沟中，以上工作施工单位没有按规定在需要拆除 2816 开关二次回路时通知运行单位来拆除，而擅自将 2816 开关二次电缆剪断且又未采取可靠措施；此外，在施工工作票中没有安排拆除 2816 开关二次电缆的工作。以至于当天下大雨时，造成被剪断电缆的断面处绝缘不良，致使交流串入直流回路中并造成 5305 线路保护 T LS 保护 MGM135 插件损坏跳 5042 开关。

2. 暴露问题

（1）施工单位擅自扩大工作范围。

（2）将电缆剪断后又未采取可靠的防范措施。

（3）施工单位人员安全意识不强。

（4）运行单位监督不够。

3. 防治对策

（1）施工单位应严格执行工作票制度。

（2）施工中若需要发包方来做的工作应及时联系通知其来协助工作，不得擅自工作。

（3）对电缆使用情况进行检查，并采取有力的反措。

4.2.9　某超高压公司××站旧电缆拆除不慎将 3 号主变差动电缆造成主变跳闸

1. 事故经过

11 月 5 日，由某电力高压实业公司承接的××站二次电缆敷设和废电缆拆除工作。当天工作任务为原 220kV 母差回路过渡废电缆拆除，现场四名施工人员（外来劳务）于当天 8:00 左右进站等候开工，监护人季××于当天 8:35 左右进站，施工人员见监护人员到站后，即进行施工，但此时监护人并未直接到施工现场。至 8:41，施工人员擅自将 3 号主变 35kV 流变二次侧差动电缆剪断，造成 3 号主变第一套差动保护动作，3 号主变 220/110/35kV 开关跳闸，110kV 二/三分段、35kV 母联自切动作成功（未少送电）。调换被剪电缆后于 16:42 恢复 3 号主变送电。

2. 暴露问题

（1）监护人没有加强对外来施工人员的监护。

（2）外来劳务人员严重违章，在未经许可、没有监护的情况下擅自开工，是本次事故的直接原因。

（3）现场监护人对施工人员监管不严，日常教育不够，未能有效控制违章行为发生，是本次事故的次要原因。

3. 防治对策

（1）相关外包队伍停产整顿，二周内上报整改措施。

（2）由电力高压实业公司负责对现场工作负责人进行培训考试。

4.2.10　某供电公司 35kV××站接地网改造施工时不慎将一号主变二次电缆割破，引起主变两侧开关跳闸

1. 事故经过

2003 年 11 月 14 日 16:22，承接 35kV××站接地网改造工程的某防腐有

限公司在外场切割水泥场地时，将 1 号主变二次控制电缆割破，引起 35kV××站 1 号主变下瓦斯动作、上瓦斯、主变温度发信，1 号主变失电。操作人员到达现场抄录现场光字牌并检查一次设备后，于 16:55 合上 10kV 分段开关迅速恢复 10kV 一段母线供电。随即许可抢修工作，新改电缆代替后于 20:20 将 1 号主变送出，恢复正常运行方式。

事后组织调查分析：供电分公司按接地网改造计划对 1976 年设计基建投运的 35kV××变电站进行接地网改造，此项工程的承包方——某防腐有限公司委托某电力设计院设计改造施工图。在收到施工图后，供电分公司与承包方签订好施工合同与安全合同并进行施工交底，由于此站地下 10kV 管线较复杂，所以设备运行部联系电缆管理处进行现场交底。根据交底的情况，施工队伍进行了方案修正。由于此站投运时间早，已有 30 年左右历史，原始资料中无二次控制电缆布置图，而施工现场 10kV 开关室东侧的沟槽中有一些低压电缆，因此误导了施工方，在切割水泥地坪仅 12cm 时就将电缆割坏。

事故发生后挖开 1 号主变下的鹅卵石后发现在离地大于 50cm 处有电缆出口，判定从控制室到 1 号主变端子箱的直流“＋”“下瓦斯”“上瓦斯”“主变温度”四根电缆不在沟槽中，而是无规则处于水泥地坪下，与原接地网交叉直埋，造成施工切割地坪时将电缆割破。

2. 暴露问题

（1）此变电站投运当时由于缺乏有关要求，且投运早、时间长，造成原始资料不齐，二次电缆走向不清。

（2）现场施工危险源分析不够深入，针对性措施不够完整。现场施工交底时对一次电缆走向、站内电缆沟的位置及临近设备带电情况进行了详细交底，但是对二次电布置缺乏图纸、实际走向不明确这一情况重视程度不够，未相应采取安全防范措施。

3. 防治对策

（1）改造原埋于地下的 2 号主变到控制室电缆（作为缺陷处理），在未完成此项工作前停止城西站接地网改造。

（2）对其他建站时间长，需进行接地网改造的老站，结合电缆运行年限，采取先改造控制电缆，后改造接地网的施工方案。

（3）加快实施内桥接线变电站 10kV 加装自切反措工作（城西站此项工作

本已列入今年改造计划），提高 35kV 内桥接线变电站供电可靠性。

（4）吸取城西站接地网改造的教训，对变电站改造（特别是老旧变电站的二次改造）必须清楚掌握现场情况并制订详细的有针对性的技措、安措。

（5）对其他变电站一、二次电缆做一次全面普查，掌握其走向、截面等情况，画出图纸。

4.2.11　某电业局反措不彻底，造成××变 220kV 母联开关跳闸

1. 事故经过

（1）跳闸经过。

2003 年 2 月 4 日 14:35，220kV××变 220kV 母联开关跳闸，无任何保护装置动作信号。幸好当时××变 220kV 正、副母分别供电，没有造成少送电。

（2）跳闸后装置检查。

① 220kV 母差保护装置检查正常。

② 二次回路检查：1 号主变保护屏处跳 220kV 母联开关电缆绝缘胶布脱落在现场，电缆线头裸露。

（3）原因分析。

1 号主变 220kV 方向零序过电流保护第一时间跳 220kV 母联回路在 1995 年执行过反措工作，反措工作内容为取消 1 号主变保护跳 220kV 母联开关回路，当时检修人员只将此跳闸回路在 1 号主变保护屏内拆线完成，端子排上电缆拆除措施为线头简单包扎。而在母联继电器屏上 1、33 端子未拆除。由于时间较长，原包扎的绝缘胶布年久老化脱落，造成 1、33 短路，出口跳闸。

2. 暴露问题

（1）1995 年技反措工作不够仔细，电缆拆除只拆除一端电缆线头，未拆除两端，造成事故隐患存在。

（2）工艺不良，对 1 号主变保护屏内拆除的电缆只做简单包扎。

3. 防治对策

（1）结合大修，对全所屏内老电缆进行核实并确保电缆两端拆除。

（2）对事故责任班组与责任人进行相应处罚。

4.2.12 某超高压公司基建施工工艺不规范，引起××变××双Ⅱ线高抗非电量保护动作跳闸事故经过

1. 事故经过

（1）事故前运行方式：500kV（××莆线）、（××福线）、（××双）Ⅰ线及其高抗、××双Ⅱ线及其高抗、5012/5013、5042/5043、5052/5053、5061/5062开关正常运行。220kV及35kV均以正常方式运行。××双Ⅰ线负荷为256MW，×双Ⅱ线负荷为256MW。

（2）事故经过、扩大、处理情况：2003年3月5日04:37，××变主室事故音响动作，××双Ⅱ线5061、5062断路器开关三相跳闸，重合闸闭锁。事件通知弹出“非电量保护发信号”“非电量保护跳闸”信号及相应的光字牌亮，其余保护正常。此时××双Ⅰ线负荷为512MW。现场检查发现××双Ⅰ线高抗保护C相压力释放告警、跳闸灯亮、5061、5062断路器三相跳闸灯亮，RCS－931C、RCS－901A保护均无告警，查故障录波BEN5000，波形无突变现象。5061、5062断路器及×双线Ⅱ间隔、×双Ⅰ线高抗外观检查无异常。35kV保护小间直流告警灯亮，4:37复归WZJ－1Z装置，无法复归，5:21再次复归正常。6:01检修人员检查发现系福双Ⅱ线高抗C相压力释放保护接点的引出线在中部接头处因包扎不良引起短接，造成非电量保护动作跳闸。6:30，调度下令××双Ⅱ线高抗转检修，经进一步检查，发现××双Ⅱ线高抗A相存在相同的情况。经有关领导研究后决定对××双Ⅱ线高抗A、C两相压力释放阀的接点引出线进行彻底更换，以消除隐患。

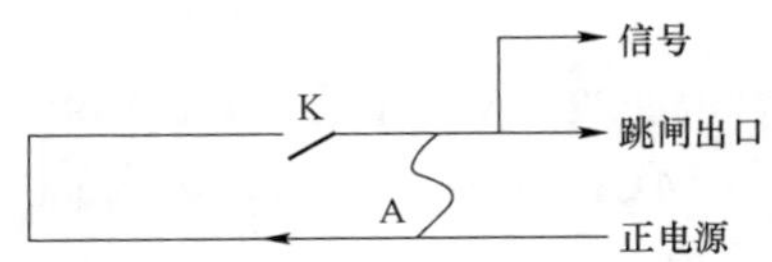

图4－13　压力释放阀二次回路图

备注：K，压力释放阀接点；
A，被蛇皮管短接处。

压力释放阀二次回路图如下：

2. 暴露问题

（1）二次回路施工工艺粗糙。由于厂家提供的压力释放阀二次输出线较短，施工人员安装时用二次电缆进行简单的绞接包扎加长后，引到主变或高抗就地端子箱，电缆接头处很容易因受潮或磨损短路，反映出二次回路的施工工艺粗糙。

（2）没有认真执行《继电保护和安全自动装置技术规程》对二次回路“对控制电缆长度不够时，应用焊接法连接电缆，并在连接处装设连接盒”的有关规定。

3. 防治对策

（1）迅速检查××双Ⅰ线高抗，将可能存在同样故障隐患的压力释放保护退出（经国调同意），并向国调申请××双Ⅰ线高抗转检修，于 3 月 9 日凌晨对××双Ⅰ线高抗对接的电缆进行更换，消除故障隐患。

（2）迅速编制停电计划，对全省 500kV 变电站主变、高抗、低抗等设备轮停检查，发现有类似问题的立即更换电缆进行处理。

（3）加强督促基建施工队伍严格按规定施工，在今后的基建施工中不允许出现类似的粗糙接线。

（4）对新建工程，在主变或高抗订货时就应向厂家提出要求，留足压力释放阀引出线的长度，二次电缆中间不设接头。

4.2.13　某电力局××变在拆旧工作中因处理不当引起××沈 1759 开关跳闸（误碰）

1. 事故经过

9 月 30 日 10:45:15，A 公司在 110kV××变拆旧盘工作中，工作负责人在剪断一根二次电缆（四芯）时，变电站母线瞬时失压，后台监控机报 110、35、10kV 计量电压回路断线、110kV 故障解列低压Ⅰ段动作，××沈 1759 开关跳闸，10:45:25，变电站母线电压恢复正常。

现场检查：××沈 1759 开关在“分”位置，其他无异常。

事故发生后，经局安监处、调度所继保人员现场调查、分析发现：××变 9 月 17～20 日 110kV 母线停电期间，在更换新的 110kV 故障解列装置中，漏拆了原故障解列跳××沈 1759 开关回路的二次电缆接头。工作人员在拆旧盘时，没有进一步核对，当剪断该二次电缆时发生××沈 1759 开关保护正电源 01 与跳闸出口 33 短路，从而跳开××沈 1759 进线开关，110kV 母线失压，故障解列动作。同时对侧备自投 1740 开关自投成功。12:15 拆除该二次电缆，15:48××沈 1759 线路保护投入、××沈 1759 开关由热备用改运行（合环）操作结束，16:00 停用××沈 1759 线路保护、××变恢复正常运行。

2. 暴露问题

（1）继保现场作业，特别是在运行变电所内的保护改造工作流程不规范，在未核对或确认二次电缆两侧均断开的情况下剪断电缆，是造成该次事故的直接原因。

（2）在运行变电所的保护装置改造工作交接点界面不清晰，保护接头的拆除与接入的任务分工不够明确。

（3）施工单位工作中与其他部门人员的沟通、衔接，特别是在安全上相互提醒把关不够。

3. 防治对策

明确工作任务分工，清晰工作界面；工作前认真核对、检查设备情况。究其根本，还是继保工作专业人员的责任心、严谨细致的工作作风问题。

4.2.14 某超高压公司继保人员误剪电缆造成 220kV××站 1 号主变 220kV 零流保护动作开关跳闸 110kV 正母失电

1. 事故经过

2004 年 3 月 12 日，14:05，某超高压公司 220kV××站发生了 1 号主变运行中跳闸事故，1 号主变 220kV 零流保护动作，1 号主变 35kV 自切成功，由于 110kV 旁联自切配合 110kV 二次旧设备小母线改动（110kV 线路保护屏等工作）而停用，造成 110kV 正母失电，××安 1188、××嘉 1186 线失电。

事故前 220kV 运行工况：××嘉 2120 送 1 号主变，1 号主变送 110kV 正母/ 35kV 正母，110kV 旁联热备用状态（110kV 自切继保工作申请停用），35kV 母联热备用状态，××安 1186、××嘉 1188 都在 110kV 正母线运行。

事故经过：2004 年 3 月 12 日，实业公司继保一班至××站进行 110kV 二次旧设备小母线改动工作。同时继保监护班在站内进行退役故障录波器屏的拆除及自动化屏的安装工作。在得到运行许可和进行现场站班会后开始工作。在进行拆除退役屏前，工作监护人陈××要求继保一班校验人员对需拆除屏内端子上的二次回路的隔离情况进行检查，得到确认后，通知施工人员拆除设备，施工人员在拆除屏前又用万用表对端子排进行了交直流电压检查，验证没有电压后用大力剪剪断屏后的电缆。14:05 左右，当剪断原遗留在屏内的一根电流

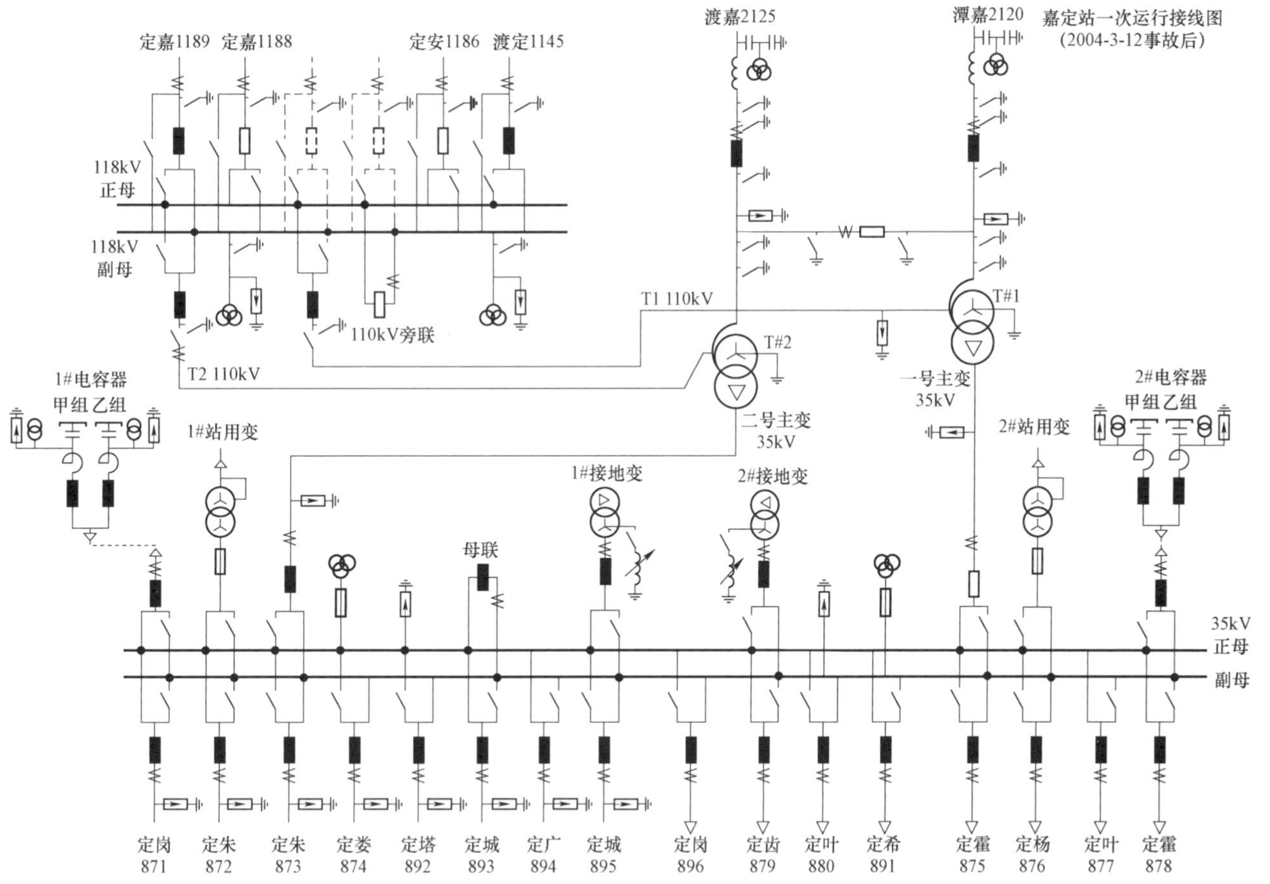

嘉定站一次运行接线图
(2004-3-12事故后)
渡嘉2125
潭嘉2120
定嘉1189
定嘉1188
定安1186
渡定1145
118kV
正母
118kV
副母
110kV旁联
T1 110kV
T2 110kV
T#1
T#2
一号主变
35kV
二号主变
35kV
1#电容器
甲组乙组
2#电容器
甲组乙组
1#站用变
2#站用变
1#接地变
2#接地变
母联
35kV
正母
副母
定岗 871
定朱 872
定朱 873
定娄 874
定塔 892
定城 893
定广 894
定城 895
定岗 896
定齿 879
定叶 880
定希 891
定霍 875
定杨 876
定叶 877
定霍 878

图 4－14 ××站一次接线图

回路的电缆时，发现有火星，立即停止工作，并通知继保班校验人员来检查，在此过程中1号主变220kV零流保护动作，开关跳闸。

2. 暴露问题

事故后经现场检查确认，被剪断的电缆是1号主变220kV电流回路至原PGL－2故障录波器的电缆（本次需拆除的录波器屏）。从站内现有保存的图纸资料，查到剪断电缆是在1991年7月由1号主变保护屏新增至PGL－2故障录波器的220kV电流回路，并且是与1号主变220kV过电流、零电流保护合用的电流回路。1996年7月××站故障录波器改造，新建了WDS－2E故障录波器，原PGL－2录波器上的相应二次回路逐步翻接到了新的WDS－2E录波器，但在此过程中没有利用1号主变停役时将原遗留在屏内的1号主变220kV电流回路拆除，以致留下事故隐患。3月12日，在进行拆屏工作前，继保校验人员对被拆屏内端子上的二次回路隔离情况，未认真核对原录波器图纸，也未进行有效的技术验证，没有能够发现存在的事故隐患，导致施工人员剪断实际运行的流变回路，造成运行1号主变跳闸事故。

3. 防治对策

（1）“3·12”事故是继保长期工作中存在不规范的作业方法，对于退出运行的二次回路未做到及时拆除，本次拆除退役屏的工作时应该有机会发现隐患，但仍由于工作不规范，没有能够发现“地雷”而造成的，要大力宣传、指导、检查、考核现场规范作业和执行安全、技术纪律，对查岗中发现的违章情况要进行严肃地指正和严格的考核。

（2）重申继保工作必须严格执行《继电保护和电网安全自动装置现场工作保安规定》，退出运行的二次回路、没有用的线应及时拆除。

（3）继保拆除二次回路接线前必须由继保校验班工作人员，对所需拆除的二次回路用对应的电压、电流表进行测量无电位、无电流的确认，然后再对所需拆除的回路进行二端核对正确后进行拆除。对退役的二次设备的拆除必须进行上述确认工作后，再行拆屏工作。

（4）实业公司应将第3条的要求按规范作业流程进行细化，补充到继保相应继保作业指导书中（在二周内完成），并对现场执行情况进行检查考核。

（5）请运行部在二周内对目前贴已退役标志的二次设备作一次复查，屏内端子上未全部拆除的，作停用设备处理，并在三周内制订停用设备管理

细则。

（6）对于母差、自切等重要保护停用状态下，继保需进行工作时，运行许可及继保工作要特别仔细，并做好危险点的预控措施。

4.2.15　某供电公司××站因控制屏间扎线未解开，移动时震动引起防跳继电器接点闭合，2 号主变 35kV 开关跳闸

1. 事故经过

4 月 27 日某送变电公司在供电分公司 110kV ××站进行设备改造工作，当天的工作任务是拆除“35kV 线路集中控制屏”（使用第二种工作票）。9:46，施工人员在移动“35kV 线路集中控制屏”时，周浦站事故警铃响，同时 2 号主变控制屏上“35kV 低电压信号”“35kV 跳闸”光字牌亮，经检查发现 2 号主变 35kV 开关跳闸，35kV 副母失电。

原因系送变电公司施工人员在移动“35kV 线路集中控制屏”时，没有对该屏进行全面的检查，致使该屏与“2 号主变控制屏”之间的绑扎线（非电气回路）没有拆除，该绑扎线为原来屏内绑扎电缆用。当硬行移动“35kV 线路集中控制屏”时，拉断与“2 号主变控制屏”之间的绑扎线，并且造成左边的

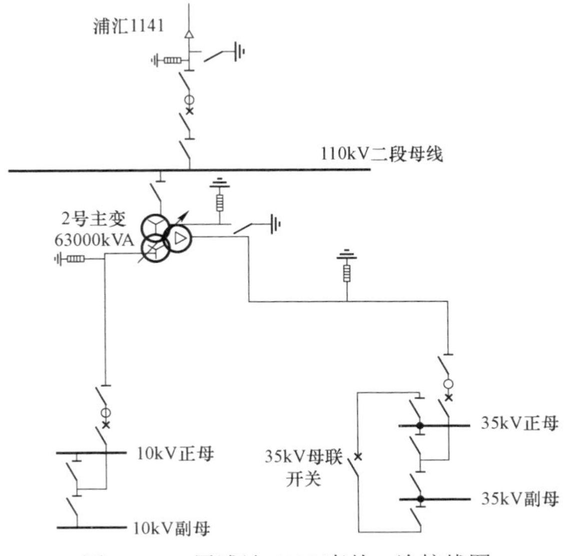

图 4－15　周浦站 4127 事故一次接线图

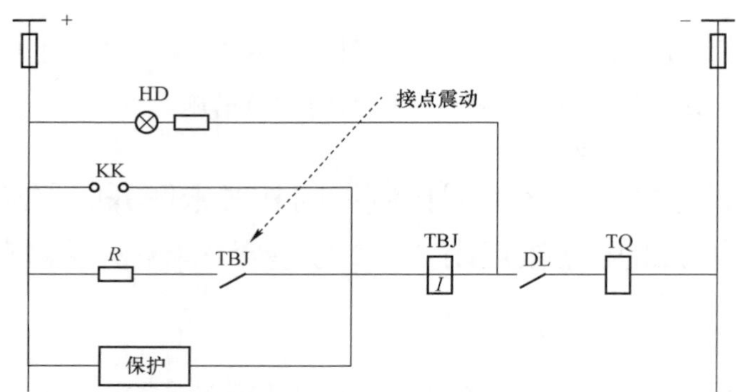

图 4－16　TBJ 防跳继电器庄在 2 号主变控制屏后二次接线图

2 号主变控制屏严重震动，控制屏内防跳继电器 TBJ 常开接点瞬时闭合，接通 2 号主变 35kV 开关跳闸回路，致使 2 号主变 35kV 开关跳闸。

2. 暴露问题

（1）施工单位对施工中可能出现的问题估计不足，没配足够的施工人员。施工人员施工前也未认真检查“35kV 线路集中控制屏”与其他在运行设备之间的所有连接部位是否断开，随意施工，造成运行设备跳闸。

（2）施工过程中，施工单位负责人对施工难度比较高的施工场所监护不力。

3. 防治对策

（1）要求施工技术人员必须在施工前提早认真核对图纸，查看施工现场，提早找出危险源，并且在施工当日向施工人员做好安全技术交代，防止施工中的随意性。

（2）施工期间供电分公司每日配备继保和变检人员各 2 名驻留施工现场，配合解决施工中的技术难题。

（3）在撤换控制屏、保护屏的施工中，必须认真检查并确认各连接部位断开。

（4）对于防跳继电器、电流继电器、电压继电器、差动继电器等震动易造成误动的设备，应做好足够的隔离防震措施。

（5）加强运行值班力度，在施工期间，值班人员须认真监督好施工现场，碰到危险苗头须立即制止。

4.2.16　某超高压公司500kV××泉Ⅰ回技改与××莆Ⅰ回首检工作中因调试不当造成远跳500kV××泉Ⅰ回5041、5042开关

1. 事故经过

事故前运行方式：××变除××莆Ⅰ回线路及500kV高抗及5083、5022、5023开关检修外，其他设备均在运行状态；××变所有设备均在运行状态。

事故经过：11月14日，省电力试验研究院继保人员在××变对××泉Ⅰ回保护回路首检工作中，在恢复5022开关保护启动××泉Ⅰ回远跳回路时，工作监护人李××拿着安全措施票报端子号，操作人蔡××用万用表查5022开关保护（3D47、3D100）端子时启动××泉Ⅰ回远跳回路时误发远跳信号，15:10××变5041、5042开关跳闸。

2. 暴露问题

500kV××泉Ⅰ线与500kV××泉Ⅰ路共用一个中开关5022开关，××泉Ⅰ路保护系刚技改的设备（2004年11月9日刚投运），在此次的500kV泉××Ⅰ路保护首检工作中，××变侧停用了5022开关，而××泉Ⅰ路线路仍在运行中。暴露了工作人员在现场作业过程中安全意识不强，思想麻痹，调试人员对比较复杂500kV的3/2开关二次接线重视不够，对刚技改的设备重视不够，危险点分析不够，造成调试不当，在恢复5022开关保护启动××泉Ⅰ回远跳回路时，造成××泉Ⅰ回开关跳闸。

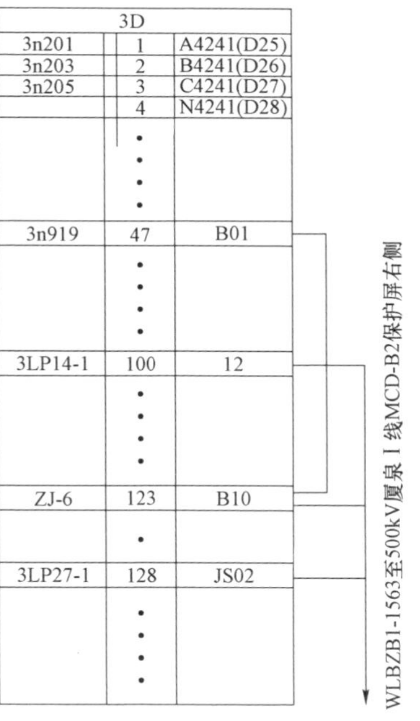

3D
3n201 1 A4241(D25)
3n203 2 B4241(D26)
3n205 3 C4241(D27)
4 N4241(D28)
3n919 47 B01
3LP14-1 100 12
ZJ-6 123 B10
3LP27-1 128 JS02
WLBZB1-1563至500kV厦泉Ⅰ线MCD-B2保护屏右侧

图4－17　5022断路器保护屏后3D端子排图

3. 防治对策

（1）在今后的大修技改工作中，执行项目负责人A、B岗制度，加强对检修技改现场的跟踪监督。

（2）进一步规范检修技改工作“三大措施”的要求和执行规范。

（3）加强对外包施工项目内容的审查，加强对所做工作的危险点进行分析及预控。

（4）加强对人员的安全意识和安全技能及责任心的教育培训。

4.2.17 某供电公司500kV××变电站扩建施工震动导致1号联变跳闸，试送成功

1. 事故经过

3月31日15:28，××站1号联变5022、5023、2021开关跳闸，35kV低抗311、312、313、314开关跳闸，1号联变失电。中央信号屏发“冷却器全停”信号，1号联变RC24屏发“A相冷却器全停”“B相冷却器全停”“C相冷却器全停”信号。

现场检查，发现中央信号发出“冷却器全停”信号，但1号联变跳闸前没有出现站用交流系统异常情况。交流消失冷却器全停跳闸要经过30min的延时，因此现场重点检查了冷却器全停回路，未发现异常，又逐一检查了1号联变保护屏中各套保护的信号继电器，信号继电器动作均正常。于18:43 1号联变恢复正常运行。当时，控制室因××变扩建正在进行墙体改造，加装室外走廊，施工时震动很大。

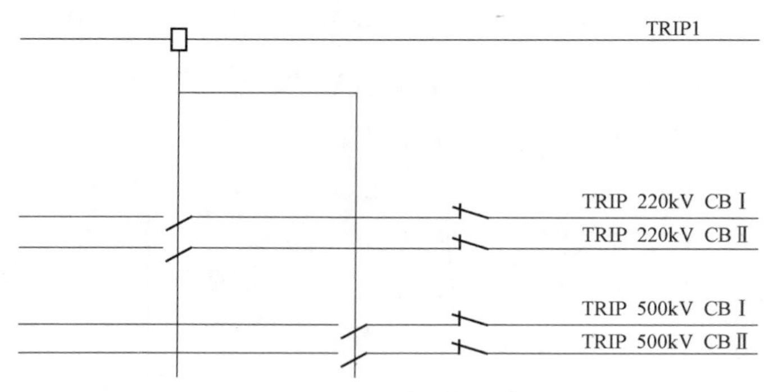

图4－18 ××站1号联变保护出口图

事故前××任4683/4684双线停电检修，××城电厂机组经由××彭4689/4690线路上网，××州电厂发电机组经220kV××任2613、2614线路通过任庄1、2号联变送入系统，其中1号联变上送23.5万kW，2号联变上送

23 万 kW 功率。1 号联变跳闸后，2 号联变送出约 36 万 kW 功率，220kV 外送出力增加，××州地区外送出力没有减少。

经过初步分析认定：1 号联变跳闸原因为控制室扩建，墙体改造施工时巨大的震动而导致出口继电器误动，其接点抖动闭合，直接导致联变出口跳闸。

2. 暴露问题

施工单位，在运行设备区施工方法不当。

3. 防治对策

责成施工单位，改变施工方法，减少震动。

4.2.18　一起直流线芯误碰交流导致开关误跳闸分析

1. 事故经过

某电厂总装机 2400MW，由四台 300MW 机组和两台 600MW 机组组成，分三期建成；其中一期两台 300MW 机组接入 220kV 系统，二期两台 300MW 机组及三期两台 600MW 机组接入 500kV 系统。220kV 系统采用双母带旁路接线方式，有两台机组、三条启动/备用变压器出线、四条线路；500kV 系统采用 3/2 接线，共三串，有四台机组及两条出线。

15:17，网控直流 110V 系统接地报警发出。

15:20，检修人员开始查找直流接地点，排查至 262 开关本体机构箱内发现直流负极电源接地。

15:42，发生 500kV 第二串 5022、5023 开关和 220kV 系统 212 母联开关同时跳闸。

15:46，检查 5022、5023 开关保护无保护动作记录，5022 开关操作继电器箱第一组跳闸继电器出口，5023 开关操作继电器箱两组跳闸继电器均出口。检查 220kV 母线保护无保护动作记录，212 开关操作继电器箱第一组跳闸继电器出口。检查 500kV 故障录波装置有 5022、5023 开关变位动作记录；经调取和分析故障录波装置动作记录，当时无任何故障，5022、5023 开关为同时跳闸。检查 220kV 故障录波装置无动作记录，212 开关跳闸时间与 5022、5023

开关跳闸时间相同。

（1）直流接地判断情况。

制回路串入交流导致开关跳闸的分析结果。检查发现，500kV 第二串中开关 5022 保护开入量变位记录中，有“发变三跳开入”启动，而 5022 开关对应两台机组 34 号发变组和 61 号发变组保护均无动作记录；同时检查发现 500kV 第二串边开关 5023 两路直流操作电源均取自网控直流 110V Ⅰ段馈线屏，致使 5023 开关操作继电器箱两组跳闸继电器均出口，后立即进行了整改，使两路直流电源相互独立。

15:43，运行人员检查一期集控室除“212 母联开关跳闸”和“网控直流Ⅰ组接地”报警外，无任何其他报警；检查二期集控 DCS 除“5022 开关跳闸”“5023 开关跳闸”外无其他报警；15:50，运行人员断开 262 开关直流控制电源，直流接地报警消失。

（2）人员操作情况。

次日，维修人员继续排查 262××西线开关直流控制电源接地故障，发现 262 开关靠Ⅰ母 2621 刀闸辅助触点至一期集控室重动继电器电缆线芯有接地，拆除了故障芯线，用绝缘良好的备用芯代替，排除接地点。

开关 262 机构箱现场端子排如图 4－19 所示。20:50 检查发现 262 开关机构箱内直流负极电源“2I”线号所在 23 号端子，下层空端子为交流电源备用端子，带有交流电压 220V，仔细检查该端子与其下层端子交流电压端子间有连接片，且端子接线处有细小灼痕。21:10，据维修人员回忆，当排查到 262 现场直流接地后，通过在现场端子排上拆除直流接线方式查找接地点，观察接地报警是否消失，在此操作期间，在直流线芯拆除后，因操作人员不小心，“2I”直流线芯曾误触碰过下层交流电源备用端子，从而造成了 220V 交流瞬间串入了直流控制系统。

（3）开关动作原因。

500kV 第二串 5022 和 5023 开关与 220kV 母联 212 开关分属两个不同电压等级系统，唯一关联为同一套直流电源系统给控制回路供电。维修人员在查找直流接地过程中，直流线芯误碰交流端子排，交流电源串入了直流系统。由于 61 号发变组保护与其主变出口 500kV 开关 5022 和 5023 的操作继电器箱之间距离较远，一期 31、32 号机组发变组保护屏距离 220kV 母联 212 开关操作继电器箱之间距离也较远，控制电缆对地电容量较大，给串入直流的交流形成了通路，加之操作继电器箱内跳闸继电器功率远小于 5W，最终导致上述开关同时发生跳闸。

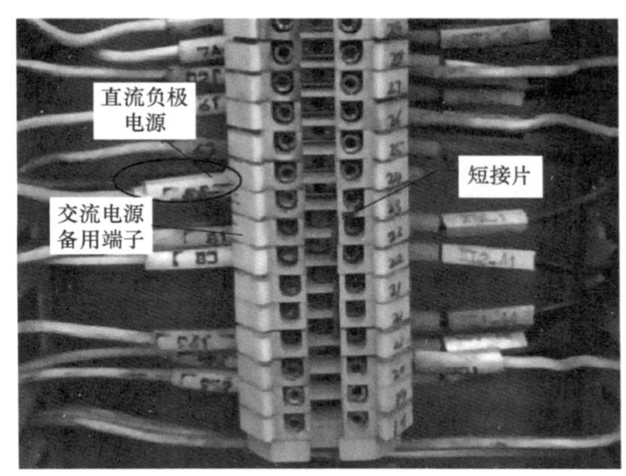

图 4－19　现场端子排示意图

（4）直流回路串入交流电原因。

维修人员在查找直流接地时，拆直流线芯时未握紧，导致该线芯回弹至下一层带交流电的空端子。

2. 暴露问题

（1）人员方面。

① 危险点分析不到位。维修人员在工作前，未对直流接地查找工作的危险点进行深入分析，对查找直流接地过程中可能将交流误引入直流系统的危险性认知不足。

② 操作技能存在欠缺。直流接地采取拆线法判断，是继电保护人员的基本技能，在直流接地查找过程中，未对拆线端子周围的端子进行电压测量，未能及时发现存在交流电危险源并做相应的隔离。

500kV 和 220kV 系统，所有升压站断路器操作继电器箱均为早期产品，内部操作继电器的启动功率均小于 5W，无法抵御外部强干扰和交流成分的串入，易误动。

③ 异常现象汇报不及时。在拆线查找直流接地时，维修人员意识到可能存在线芯滑落回弹情况，但直到 20:50，发现 262 开关机构箱内直流负极电源

“2I”线号所在23号端子下层交流电源备用端子接线处有细小灼痕，维修人员才将这一异常现象进行仔细回忆和详尽汇报，延误了处理时间。

④ 检修人员采用的直流接地查找方法陈旧，未配备目前成熟、先进、可靠的直流接地查找仪器。

⑤ 交代工作任务不清楚。组长在交代工作任务的同时未认真交代相关安全注意事项，未对作业人员现场安全“双述”作要求，未对认真核对查找接地作危险点交代。

⑥ 对220kV××西线路262开关机构箱内存在交、直流回路无隔离问题。

⑦ 工作监护不到位。直流接地查找工作要求两人进行，一人操作，一人监护。一人在直流接地查找拆线过程中，另一名维护人员在一旁监护，两人未做好有效的提醒和对不规范操作行为的制止。

（2）管理方面。

① 培训管理不到位。培训基本靠师带徒模式，未形成直流接地查找标准流程，未开展直流接地查找专项培训，现有经验仅受师傅技能及个人工作习惯影响，排查直流接地故障存在一定的随意性。

② 技术管理不到位。国家能源局于2014年4月15日印发《防止电力生产事故的二十五项重点要求》，该要求针对防止继电保护事故第18.7.8条规定：“对经长电缆跳闸的回路，应采取防止长电缆分布电容影响和防止出口继电器误动的措施。在运行和检修中应严格执行有关规程、规定及反事故措施，严格防止交流电压、电流串入直流回路”。技术管理人员未认真落实该项要求，未及时发现现场设备存在的安全隐患，技术监督人员未落实好监督职责。

③ 隐患排查不够深入。每年多次组织隐患排查，但均未查出线路开关机构箱交、直流端子无隔离的隐患，也未查出500kV系统第二串边开关5023开关两路操作电源均取自同一直流段，排查深度不够和针对性不强。

3. 防治对策

（1）对220kV××西线路262开关机构箱内存在的交、直流回路无隔离问题进行整改，做到可靠隔离并清晰标识，交直流回路进行隔离整改现场如图4－20所示。

（2）对220kV其他线路开关机构箱根据停电预试计划逐一进行整改。

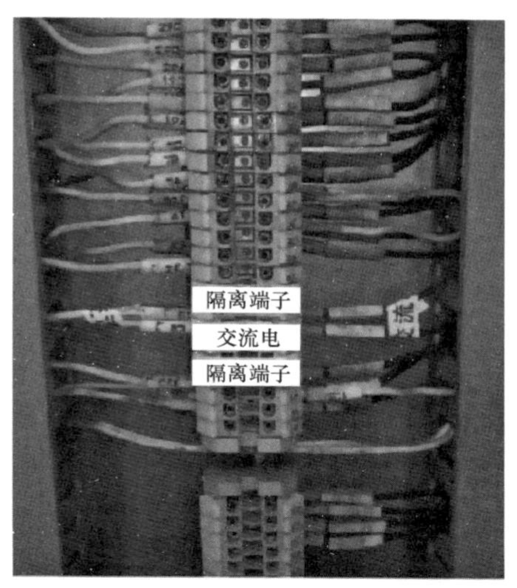

图 4-20　交直流回路隔离现场图

（3）开展全厂范围内“交直流回路隔离”专项排查，以及“直流假双电源”专项排查，并逐项进行整改。

（4）逐年滚动实施升压站断路器操作继电器箱的技改，满足内部操作继电器的启动功率大于 5W。

（5）5023 开关两路直流操作电源均取自网控直流 110V Ⅰ段馈线屏，对线路接线方式立即进行整改，两路电源分别取自不同蓄电池组供电的直流母线段。

（6）编制和执行直流查找标准工艺流程卡，规范直流接地查找工作。

（7）开展直流系统串入交流的危害和直流接地查找规范操作的专项培训。

（8）购买技术先进，性能可靠的直流接地查找仪器。

4.3　安全措施不当造成的误碰案例

4.3.1　某变电站 220kV Ⅱ 母失压事故

2011 年 12 月 28 日，超高压公司进行 750kV 变电站 220kV 保护定检回路传动试验时，未对××Ⅰ线接入母差保护装置的电流二次回路隔离，工作人员在 CT 本体端子盒处紧固螺丝过程中，扳手碰接巴金Ⅰ线保护，造成母差保护电流回路出现两点接地，220kV 母差保护动作，导致 220kVⅡ母失压，造成与主电网解列，电网稳控装置动作，切除负荷 19.68 万 kW。

1. 事故经过

2011 年 12 月 28 日，为配合 220kV ××金Ⅰ线间隔设备预试和保护定检工作，750kV ××州变电站 220kVⅠ母转为检修状态，220kVⅡ母带全站 220kV 负荷，750kV ××吐二线及 2 号主变正常运行方式，66kV 系统正常运行方式。

2011 年 12 月 27 日 9:00 至 2011 年 12 月 28 日 22:00，超高压公司按月度检修计划在 750kV 变电站进行 220kV ××金Ⅰ线间隔设备预试和保护定检等工作。现场办理了第一种工作票和二次作业安全措施票，并制定了标准化作业指导书。现场工作班组有保护班、检修班、试验班 3 个班组。28 日 10:30，工作人员进入现场开展工作，220kV××金Ⅰ线线路保护二次回路接线检查、紧固工作。11:02:09:454，220kV 母线大差后备保护动作，11:02:20:156，220kV ××金Ⅰ线 A 套线路保护动作，跳开 220kVⅡ母上所有断路器，造成 220kVⅡ母失压，某南部电网与主电网解列，电网区域稳控装置动作，切除南部电网负荷 19.68 万 kW。

事故发生时，变电站有两个工作现场，一个是保护人员正在保护室进行 220kV ××金Ⅰ线 A 套线路保护传动试验准备，另一个是工作人员在本间隔开关场 CT 二次侧对二次回路进行接线检查、紧固工作。

2. 暴露问题

（1）现场 CT 二次安全隔离措施不到位。

现场没有对××金Ⅰ线接入母差保护装置的电流二次回路隔离，工作人员在 CT 本体端子盒处紧固螺丝过程中，转动中的扳手将碰接××金Ⅰ线 RCS－931BM 保护用电流 N 回路与 RCS－915GB 母差保护装置用电流二次回路 C 相，造成母差保护电流回路出现两点接地，在地电位的作用下产生差流，由于Ⅰ母上所有元件刀闸已拉开，Ⅰ母小差自动退出，Ⅱ母所连接系统设备无故障，Ⅱ母小差无差流，此时只有大差有差流，并且大差差流值超过差动保护定值，大差后备满足动作条件之一。

（2）RCS－915GB 型 220kV 母线差动保护装置中大差后备保护“判运行

母线”原理不完善。

在 220kV Ⅰ母线已转检修状态下，本应是双母线运行转为单母线运行，但是由于Ⅰ母 A 相二次感应电压较高（6.64V），满足大差后备保护“判运行母线”判据（此判据是满足下列之一条件即可：母线电压互感器二次相电压大于 $0.3U_n$、母线上任一路元件电流互感器二次电流值大于 $0.04I_n$、负序电压大于 4V、零序电压大于 6V）中零、负序判据条件，母差保护装置误将停运检修的Ⅰ母误判别为运行母线，而大差后备跳闸逻辑中闭锁电压使用的是“运行母线电压”对应的复合电压，这样导致大差后备闭锁电压满足要求，大差后备满足动作条件之二，母差保护进入大差后备逻辑。以上两个条件都满足情况下，母差大差后备动作跳闸。

关于大差后备保护相关说明：

① RCS－915GB 后备保护说明：差动保护根据母线上所有连接元件电流采样值计算出大差电流，构成大差比例差动元件，作为差动保护的区内故障判别元件。装置根据各连接元件的刀闸位置开入计算出两条母线的小差电流，构成小差比率差动元件，作为故障母线选择元件。

为防止母线区内故障时因刀闸位置异常影响小差计算，导致大差动作判为区内故障，而各母线小差都不动作无法选择故障母线，造成母差保护拒动。所以当大差满足动作条件，而各母线小差均不动作的情况下，为快速切除母线区内故障而设置了母差后备保护。

当抗饱和母差动作（CT 饱和检测元件检测为母线区内故障），且小差比率差动元件不动作，则经运行母线电压闭锁，250ms 切除母线上所有的元件。

② RCS－915GB 判别母线运行的条件如下：

a. 本母线任一相电压大于 $0.3U_n$，U_n 为 57.7V；

b. 本母线零序电压大于母差零序电压闭锁定值（6V）；

c. 本母线负序电压大于母差负序电压闭锁定值（4V）；

d. 本母线上连接的任一支路电流大于 $0.04I_n$，I_n 为 1A 或 5A。

以上任意一个条件满足，母差保护判母线在运行。

母差后备保护的电压闭锁元件的设置原因：因为各母线小差均不动作，所以母差后备保护动作无法按小差动作相应母线电压闭锁，而是经“运行母线电压闭锁开放”，任一运行母线的复压元件满足，开放母差后备保护，其动作后将切除两条母线上的所有元件。母差后备动作跳母线时也不能经各自母线的电压闭锁跳相应母线，这么设计是为防止刀闸位置错误情况下发生母线故障时，可能导致故障支路所在母线电压闭锁不开放（母线保护接入的刀闸位置与一次系统不对应），造成后备保护无法最终切除故障支路。

③ 没有使用绝缘工具，产生差流。

750kV ××州变电站 220kV 线路保护与母线差动保护电流回路在开关场端子箱处及保护小室分别单点接地，在电流互感器二次接线端子处两个不同的接地端子之间存在 0.43V 的工频电压差，当工作人员进行电流互感器二次接线柱紧固时，无意中将母差回路二次绕组端子 3S1 与在其上方相邻的二次绕组端子 2S3（2S3 接地）短接，致使母差电流回路 3S1 接线端子对地导通，在户内外两个接地点间 0.43V 电势差的作用下，形成了接地点高电势端→母差保护 220kV ××金一线 C 相电流输入回路→接地点低电势端的电流导通回路（如图 4－21 所示），从而使本无电流的母差保护××金一线 C 相支路产生附加电流（0.54A），最终导致母线保护大差电流越限（大差动作定值为 0.4A），母线大差后备保护因误判不能闭锁造成误动作。事故动作机理在现场进行了实地验证。

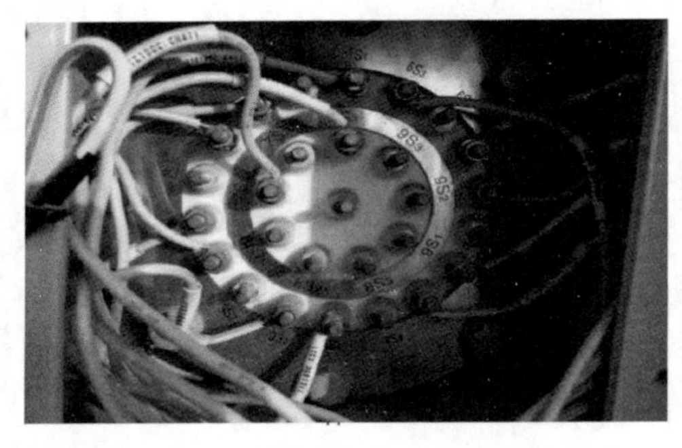

图 4－21　巴金 I 线 CT 二次接线盒图片

这起误碰案例暴露出继电保护管理、二次作业安全措施管理和保护装置原理缺陷等方面问题。

① 工作人员风险意识不强，工作前准备不充分，现场勘查不细致，保护装置原理学习不深入，存在习惯性违章，造成二次技术隔离措施不全，未将××金 I 线与母差回路的电流端子连片断开，是造成母差大差后备保护动作的主要原因。

② 南瑞继保 RCS－915GB 型母线差动保护装置大差后备保护中“判运行母线”判据不完善，当停电的电压互感器二次感应电压较高或电压互感器二次回路串入一定的干扰电压时，母差保护会误将停电检修母线判为运行母线，不能正确识别停电检修母线运行状态，致使大差后备保护具备开放条件。

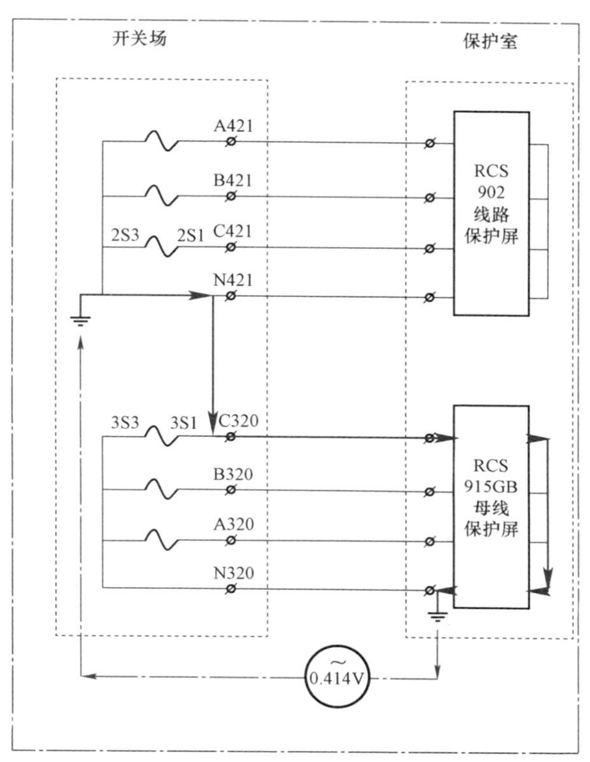

图 4-22　电流回路图

③ 继电保护专业人员对电流互感器二次回路一点接地相关规定不了解，220kV 设备除差动保护所用绕组在保护屏处一点接地外，其余电流二次回路均在户外端子箱一点接地，工作中造成了电流回路二点接地。

3. 防治对策

（1）严格按照有关危险源辨识规定做好危险源辨识，尤其是二次回路工作时，一定要认真分析二次回路上作业时是否会对其他运行设备有影响，制定详细的二次安全隔离措施方案。

（2）某保护厂家完善 RCS-915GB 母差保护装置大差后备中“判运行母线”判据，并进行相关实验验证，确保判据可靠、符合现场设备实际状态，尽快排查升级。同时，某保护厂家对其他型号母差保护装置是否存在同样问题进行排查整改。

（3）利用××州变电站 220kV 母线 PT 停电机会，进一步查明电压互感器停电后 A 相感应电压高的原因，并进行消缺处理。

（4）加强继电保护专业人员培训，尤其是加强《继电保护及安全自动装置现场工作保安规定》和继电保护标准化作业、危险源辨识等相关制度的学习，提高现场人员安全作业能力。具体要求见附录 2：相关《继电保护及安全自动装置现场工作保安规定》。

4.3.2　500kV 某线 5022 开关保护误碰事件

2022 年 5 月 22 日，某电力送变电建设有限公司在 500kV 普提变电站内开展“某 500kV 配套工程 500kV××变电站改造”作业过程中，作业人员执行二次安全措施时，因操作不当导致插接在运行端子上的试验短接线脱落，造成 500kV 榄××二线 5022 开关跳闸。

1. 事故经过

××站 500kV 系统采用 3/2 接线方式，共有 9 回出线，其中 2 回处于检修状态：500kV 榄××一线、普××三线，7 回处于正常运行状态：500kV 百××线、榄××二线、鹤××Ⅲ、Ⅳ线、普××一、二线、普××线；500kVⅡ母处于检修状态，500kVⅠ母正常运行；#1、#2 主变正常运行。

××站 220kV 系统采用双母单分段接线方式，共有 9 回出线，均处于正常运行状态：220kV 美××一、二线、普××一、二线、久××线、联××线、伊××线、黄××线、特××线。

35kV 设备及低压设备运行正常。

2022 年 4 月 12 日，A 送变电公司施工项目部向某超高压公司报送××站基建施工停电计划，涉及一、二次设备改造的 500kVⅡ母、5013、5033、5053、5032 开关、普××三线、榄××一线线路转至检修状态，5023、5043、5062 开关陪停转至冷备用状态。

5 月 18 日，试验作业人员会同××变电站运维人员对耐压试验工作的安措进行复核，发现 5023、5043 开关处于冷备用状态，在耐压试验过程中存在

50232、50432 刀闸被击穿的风险。一旦发生击穿，电流将在 5023、5043 开关 CT 二次侧产生感应电流，导致榄××二线、鹤××Ⅲ线线路保护发生误动，需合上 502327、504327 接地刀闸与试验回路实现一次隔离。

5 月 21 日，为防止耐压试验过程中发生保护误动，建管单位、监理单位、施工单位、运维单位和技术支撑单位共同审核确定了耐压及局放试验补充方案，增加二次回路隔离措施（措施合理性分析见附件 1），将 5023、5043CT 二次回路与榄××二线、鹤××Ⅲ线线路保护隔离，并按照补充方案编写了耐压试验工作票。

5 月 22 日 14:40，运维人员许可耐压试验工作票开工，工作内容为 500kV 榄××一线/普××三线 5032 开关及 CT1、CT2、50322 刀闸、500kV 普××三线 5033 开关及 CT2、50331、50332 刀闸、2 号主变 50532 刀闸、500kVⅡ母母线及 PT、500kV 普××三线出线套管耐压试验。

14:43，在得到工作负责人的开工通知后，作业人员杨某、专责监护人王某某与运维人员共同进入 500kV GIS 室，开始执行二次安全措施票第一项任务“5023 开关汇控柜内至 500kV 榄普二线 2 号线路保护屏 CT 电流二次回路隔离”（现场端子排及回路示意图见图 4－23、图 4－24）。

第 1 步：使用试验短接线（图 4－25）将 5023 开关汇控柜端子排××T16－14

图 4－23　现场端子排图

图 4－24　现场端子排回路示意图

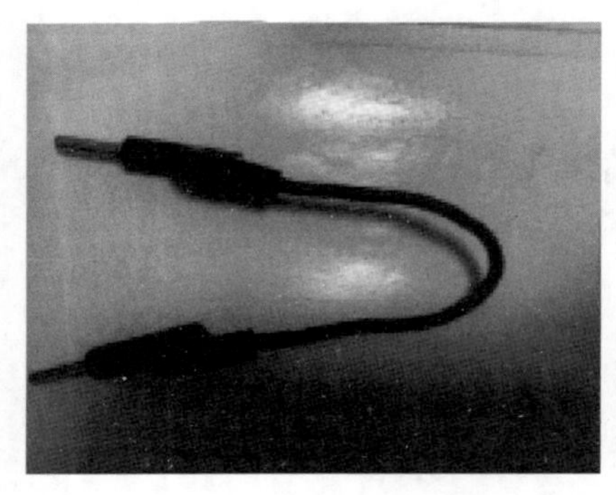
图 4－25　现场所用试验短接线

右侧（运行的 5022 开关 CT 电流回路）与××T16－13 右侧（榄××二线 2 号线路保护）的电流二次回路短接。

第 2 步：解开××T16－13 端子连片（5023 开关 A 相 CT－A 与榄××二线 2 号线路保护连片）。14:56，在执行第 2 步时，作业人员杨某误将第 1 步中的试验短接线碰掉，导致榄××二线 2 号线路保护使用的 5022 开关 A 相电流回路开路（过程示意见图 4－26），2 号线路保护 A 相电流变为 0，二次回路产生三相不平衡零序电流，造成榄××二线 2 号线路保护零序Ⅲ段保护出口跳开 5022 开关。

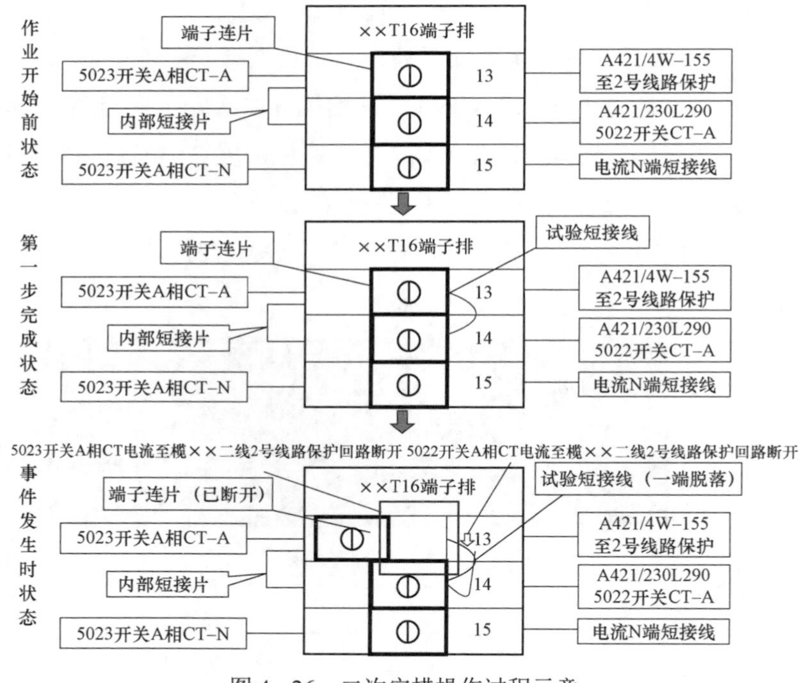

图 4－26　二次安措操作过程示意

5 月 22 日 14:56，500kV 榄××二线 5022 开关跳闸后，杨某、王某某立即停止工作，并退出 500kV 场地。某超高压公司运检人员立即汇报网调，并

对一、二次设备进行检查，发现 500kV 榄××二线 2 号线路保护跳 A、跳 B、跳 C 灯亮，1 号线路保护跳闸灯不亮，5022 开关操作箱第二组跳 A、跳 B、跳 C 灯亮、第一组跳 A、跳 B、跳 C 灯不亮，500kV 5022 开关在分闸位置，一次设备外观无异常。

2. 暴露问题

根据 500kV 榄××二线 2 号线路保护录波图记录，事件发生前，母线电压正常，A 相 0.2A，B、C 相电流 0.18A。5 月 22 日 14:56:45.237，500kV 榄××二线 2 号线路保护出现 A 相差流 0.193A（差动定值 0.2A，未达动作条件），零序保护Ⅲ段启动，1014ms 后，电流变化情况满足 CT 断线判据，CT 断线告警触发。3817ms 后，零序电流满足零序电流Ⅲ段定值（零序电流Ⅲ段定值 0.12A、延时 3.8s），500kV 榄××二线 2 号线路保护零序电流Ⅲ段动作出口，跳开 5022 开关，相关保护动作正确，符合 5022 开关 CT A 相二次回路开路情况下的保护逻辑。

分析现场作业情况，二次安全措施票的安全措施明确要求“短接电流互感器二次绕组时，应用短接片或导线压接”，但作业人员认为 5023 汇控柜内端子排有连片阻挡（该连片为 ABB 早期为 CT 试验设计的二次电流回路短接片）（见图 4－27），操作空间狭小（约 1cm），使用短接片误碰风险较高，加之未携带短接线，决定采用试验短接线（见图 4－28）插接，之后在未对端子插接位置进行紧固的情况下继续作业，导致短接线不可靠，作业时将短接线碰掉，造成 5022 开关 CT A 相二次回路开路。

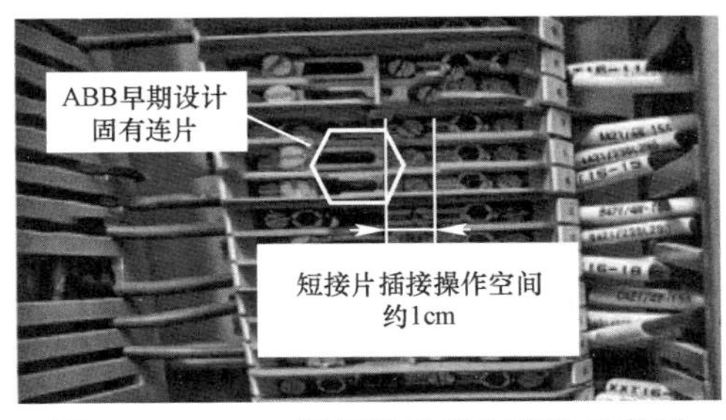

图 4－27　ABB 早期设计固有连片示意图

综上，作业人员现场作业时未严格执行二次安全措施票要求，使用的试验短接线插接不牢固，未按规定进行紧固，作业过程发生误碰掉落，导致 CT 开

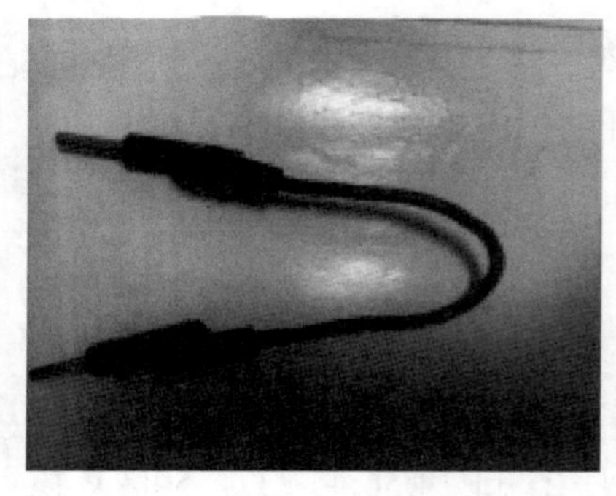
图 4－28　试验短接线

路、保护动作，5022 开关跳闸。

因此，从事件中暴露问题：

（1）停电计划管理不统筹。

建管单位对停电计划申请把关不严，未根据耐压试验所需的安措对作业计划和停电范围进行合理安排；施工项目部管理人员 4 月 12 日提报的停电计划仅将 5023、5043、5062 开关转至冷备用状态，不满足耐压试验要求 DL/T 555—2004《气体绝缘金属封闭开关设备现场耐压及绝缘试验导则》第 3.5 条“GIS 设备耐压时，相邻设备应断电并接地，否则，应考虑突然击穿对原有部分造成的损坏采取措施”）。5 月 18 日，班组复核现场安措发现该问题后，施工单位未按规定流程提交变更设备状态的计划申请，未协调将陪停开关转为检修状态。

（2）施工方案变更不严谨。

现场实际情况不满足专项方案要求时，建管、监理、施工、运维单位以会议方式审核确定耐压及局放试验补充方案，临时确定采用在端子箱隔离 CT 电流二次回路的方式满足试验条件，补充涉及运行回路的二次作业，作业班组由一次专业变更为一、二次专业配合作业，增加了现场作业任务、协调难度和作业风险，但未提出针对有效的管控措施。

（3）作业组织管理有漏洞。

补充方案二次作业安全风险管控不到位，未充分考虑二次回路上的工作风险，未对二次工作失误影响一次运行设备的风险进行管控，未根据二次作业实际严格管控作业方法和工具。工作票中缺少与二次相关工作任务、地点以及防止二次回路误碰等安全措施，工作负责人、工作票签发人、工作许可人均未提出保证二次作业安全的措施，防二次误碰风险点未管控到位。

（4）二次作业管理不到位。

作业时未执行二次安措票“应用短接片或导线压接”的措施，实际使用的试验短接线不符合要求、插接不可靠，也未采取紧固措施，误碰掉落，造成二次回路开路。现场专责监护人未起到监护作用，未检查试验短接线是否牢固，对作业人员不规范行为没有及时制止和纠正。工作负责人作业前未能认识到二

次运行设备作业风险，未进行安全交底。现场仅有一名监理人员到岗到位，未执行公司《输变电工程建设安全管理规定》要求。

（5）运行站作业安全管控不到位。

没有深刻领会安全和工期的关系，重点关注施工进度，对于保安全的措施协调管控力度不足，建管、施工单位提报的计划、编制的方案未考虑作业实际和安全风险，对停电计划中的疏漏未能协调上级单位进行完善，简单采取增加作业任务的方式推进工作、保进度。设备运维单位对在运行设备上执行二次安措的风险认识不足，派出的技术监督人员为一次检修（高压试验）专业人员，二次专业能力不足，不能起到监督把关作用。

对于人员来说，主要存在以下问题：

（1）二次运行设备重要性认识不足。

二次设备直接关系电网安全运行，涉及二次运行设备的作业必须慎之又慎，严格规范执行标准化作业要求。此次事件中送变电公司施工作业人员习惯于基建阶段、不带电设备作业，对运行设备敏感性不强、安全意识不够，执行二次安措不规范；运维单位人员对施工单位临时变更方案新增的二次运行设备风险重视程度不足，对工作票无二次作业内容未提出异议，派出的现场技术监督人员对二次不了解，不能起到把关作用；管理人员对工程各阶段风险未全面统筹，对增加二次运行设备风险的方案议定仓促、审批不严、管控不力，反映出各方面对涉及二次运行设备的作业重要性认识不够，二次专业技能不足。

（2）各级人员安全履责有欠缺。

作业人员未严格遵守安全规章制度，未规范使用作业用具，构成保护“三误”，未履行本人安全工作责任。专责监护人未监督被监护人遵守现场安全措施，未及时纠正被监护人的违章行为，监护责任履行不到位。现场监理对作业人员在运行中的二次设备上作业的风险提示不到位，到岗到位责任落实不到位。

（3）在运变电站建设项目管理存在薄弱环节。

建管单位、施工单位、运维单位、监理单位综合协调不畅，施工方案审核把关不严，作业计划过程管理不力，一、二次设备安全措施统筹不到位，保障安全的技术措施执行不严格，施工现场及在运设备管理、监督、执行安全责任落实均有弱化。运行变电站内的基建施工项目安全在业务管理上存在“堵点、断层”，抓规章制度执行落实和专业安全管理工作不严、不实，专业安全履责的意识和能力需要进一步增强。

3. 防治措施

（1）强化作业风险管控。

坚持“停电计划为作业安全服务”，认真开展作业现场关键风险点辨识，根据作业内容及现场安全管控需求，严格停电计划编制、申请、审批和执行，确保停电申请涉及的停电范围、停电设备满足现场安全、技术要求。坚持“能一次不二次”，强化一、二次配合，优先在一次设备完善安全措施，谨慎增加二次作业，杜绝新增作业风险。坚持“工作组织管理为现场安全服务”，各级管理人员应履职到位，准确掌握作业风险，及时协调解决现场安全存在的问题，从组织、技术、安全、作业条件等方面降低现场作业风险，确保现场安全。

（2）加强在运变电站施工安全管理。

严抓各方安全履责，建管单位要掌握关键风险点，开工准备阶段加强协调，合理安排停电计划和工作任务，避免增加安全风险，作业期间督促监理、施工等各方落实安全管理责任，协同管控风险；施工单位认真落实现场查勘和施工方案编审批制度，严格对照运行设备管理规定组织施工作业，配齐常用作业用具；运维单位落实设备主人职责，认真核查施工方案及作业计划内设备状态及安全措施，方案变更应由熟悉设备的专业人员审核把关，严把运行设备作业安全关。

（3）严格二次作业违章查纠。

按照《国网安委办关于进一步加强反违章工作管理的通知》（国网安委办〔2022〕22 号），将事件暴露的“在执行二次安全措施时，未按要求使用短接片或短接线”问题，追加为Ⅱ类严重违章，在公司印发本期事件通报之日起生效。各级要严查严纠二次作业违章行为，对重复发生的纳入企业负责人业绩考核，从严落实惩处措施。

（4）强化老旧二次设备隐患整治。

对在运老旧二次设备存在的端子插孔孔径增大、端子排操作空间狭小等影响作业安全的风险进行梳理，加强风险警示，指导施工、运维人员落实有效的风险管控措施。针对不具备多路电流输入功能的老旧保护装置，利用技改大修等资金项目，积极推进改造更换，用技术手段减少保护“三误”风险。

（5）加强二次安全措施执行管理。

加强继电保护人员技术、安全培训，树牢安全风险意识，规范短接片、短接线等继电保护专用工具使用，严格二次作业工序工艺控制，确保二次安全措施正确执行。严格《电力安全工作规程》执行，对需要拆断、短接和恢复同运行设备有联系的二次回路工作，规范填用二次安全措施票，将涉及的二次工作地点、主要任务和防止二次误碰的安全措施等纳入工作票，严格履行工作票签发、许可流程，做好安全、技术交底和现场监护，坚决杜绝保护“三误”。详见附件 3：二次隔离措施合理性分析。

4.3.3　某电业局 220kV××变在大修过程中由于安全措施不到位，造成 AB 线 261 开关、内桥Ⅰ26M 开关跳，全站失压

1. 事故经过

220kVⅠ、Ⅱ、Ⅲ段母线由 220kV AB 线 261 供电，经内桥 26K、26M 开关供 2 号主变运行；110kVⅠ、Ⅱ段母线经母联 16M 开关并列运行；1 号主变在检修，中压侧 16A 开关在冷备用，低压侧 66A 在试验；220kV 北南线 263 开关在冷备用。

1 月 17 日 15:47 警铃、喇叭响，220kVⅠ、Ⅱ母线交流电压消失，110kVⅠ、Ⅱ母保护电压消失，220kV 东南线 261 开关、内桥 I26M 开关跳闸，全站失压。查 2 号主变控制屏：110kVⅠ段 PT 断线，220kVⅠ段 PT 断线，110kVⅡ段 PT 断线，10kVⅡ段 PT 断线；220kVAB 线 261 控制屏：第一组出口跳闸，第二组出口跳闸；220kV 内桥Ⅰ26M 控制屏：出口跳闸；查 1 号主变保护屏：调压重瓦斯，本体轻瓦斯，非电量出口灯亮；220kVAB 线 261 保护屏：操作箱 TA、TB、TC 灯亮。

××变 220kV 系统为扩大内桥式接线。由于 AC 线 263 开断施工，2 号主变由 220kVAB 线 261 经内桥 26K、26M 开关供电，属非正常运行方式。

电建二公司工作人员在 1 号主变大修进行有载调压开关加油过程中发生有载调压重瓦动作，跳 261、26M 开关，导致南门变全站失压。

现场检查情况：220kV 东南线、内桥Ⅰ26M 开关外观，压力均正常，2 号主变外观，油位均正常。

处理过程：15:55，2 号主变由运行转热备用；15:57，110kV 母联 16M 开关由运行转热备用。16:05，110kV 母联 16M 开关由热备用转运行，110kV 线路全部恢复运行。17:18，220kVAB 线 261 开关由热备用转充电运行；17:31，220kV 内桥 126M 开关由热备用转充电运行；17:43，2 号主变低压侧 66B，66D 开关均由热备用转运行。

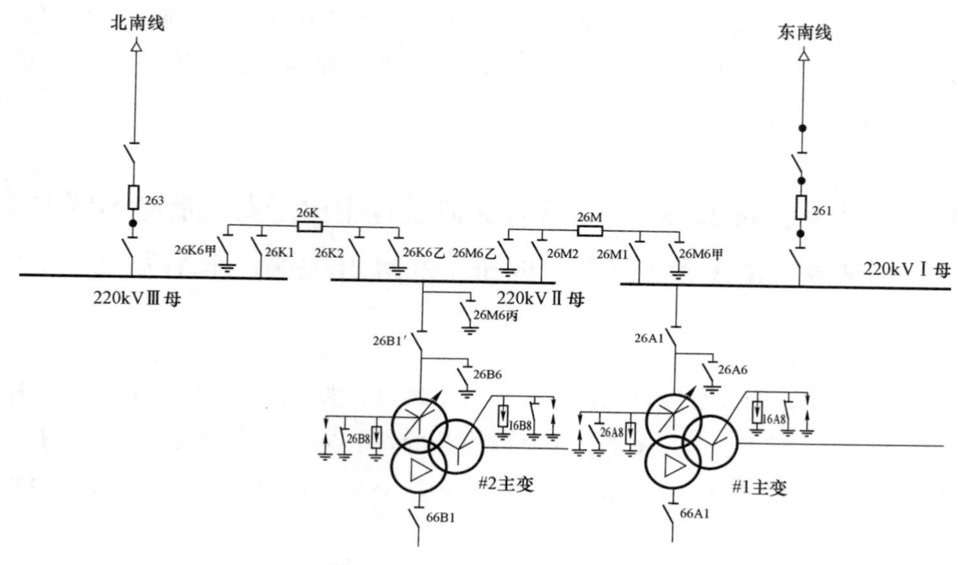

图 4－29　××变一次接线图

2. 暴露问题

（1）省电建公司工作人员在办理工作许可时，未按规定出示也未执行检修部继保专责签发的安措票，使得运行值班人员未按安措票的要求断开 1 号主变保护电源，导致二次部分没有与运行系统隔离。

（2）工作票签发人存在认识上的偏差，认为安措票中已写明二次部分的安全措施，没必要在工作票中再体现；工作负责人、工作许可人对本站特殊的运行方式未引起足够的重视，对主变大修项目没有足够的了解，使得在审票过程中把关不到位，没有补充必要的安全措施。工作票签发人、许可人和工作负责人没有按照《电业安全工作规程》规定的职责要求把关，确保“工作票所载安全措施是否正确完备”。

（3）本次主变大修施工难度大，180MVA 主变在室内吊罩尚属全省首次，且本台主变存在总烃超标的严重缺陷，属提前进行大修。

因此大家都把本次大修的重点放在：① 吊罩施工方案上，并为此进行过多次开会研究、现场勘察。省电建二公司设计人员还详细介绍了吊架的设计原理及使用方法；② 如何消除总烃超标的严重缺陷，为此专门请省中试院、西变厂、省电建二公司及电业局有关人员在大修前对检修方案进行讨论。“三大措施”虽由电建施工人员编写，并经省中试院、西变厂等多方专业人员修改、主管领导审核，但还是考虑不周。

（4）相关部门在这次主变大修现场检查中没有做到有针对性地监督；对危险点预控、分析不够深入，没有在不同层面上有效地开展。

3. 防治对策

（1）进一步规范继电保护安措票管理。完善“继电保护安全措施票管理规定”，做到工作票和安措票能互相制约、互相把关，确保现场安全措施全面、完善。

（2）加强对运行、检修及有关生产技术人员针对现场生产实际的培训，使他们熟悉设备系统的结构原理，增强考虑问题的系统性；加大继电保护专业培训力度，使现场工作人员都能够认识到继电保护的重要性，并根据自身工作需要，熟悉和了解其基本原理。

（3）制订“三大措施”审核、监督管理制度。“三大措施”要做到深入、具体、可操作性，编制要与危险点分析和预控结合起来，要从层层把关上下功夫，对重要的施工项目要采取会审方式；各有关部门要将“三大措施”切实落实到位，使现场工作人员做到心中有数。

（4）加强工作票签发人、许可人和工作负责人对《电业安全工作规程》和现场规程制度的教育，增强安全意识和责任意识，切实履行职责，在安全措施上严格把关，杜绝安全措施上的漏洞。

4.3.4　某电业局 220kV××变运行人员在操作中因漏投 1 号主变 220kV 纵差 CT 连接片，引起 1 号主变纵差动作跳闸，全所失电

1. 事故经过

12 月 12 日 17:41，220kV××变 1 号主变差动保护动作出口跳开主变三侧开关，造成××变全所失电。

经查事故原因及经过为：12 月 12 日 16:41 省调给××变下达操作命令：“AB 线 2479 开关由开关检修改为副母运行，220kV 旁路开关由代 AB 线 2479 开关副母运行改为副母对旁母充电”。16:50××变运行人员（监护人高××、操作人董××）开始操作，当操作至“放上 1 号主变 220kV 纵差 CT 连接片，取下短接片”时，误将 1 号主变保护屏上处于连接位置的“1 号主变 220kV 纵差旁路 CT 端子”当作“1 号主变 220kV 纵差 CT 端子”，在未进行认真确认的情况下即认为“1 号主变 220kV 纵差 CT 端子”已处于连接位置无需操作，并将操作票上该步骤打对勾。17:41，当操作至“放上 1 号主变差动保护投入压板 2XB”时，1 号主变差动保护动作，AB 线 2479 线开关及主变 110kV、35kV 侧开关跳闸，全所失电。

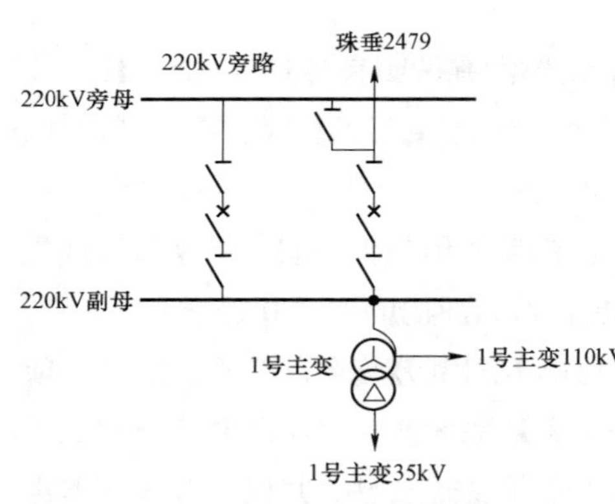

图 4-30　××变一次接线图

2. 暴露问题

当值操作人员工作责任心差、安全意识不强，执行“六要八步”流于形式；设计不合理反措不到位；运行人员技术水平差，变电工区培训管理不到位。

3. 防治对策

（1）加强对全体职工的安全思想教育和岗位技能培训。

（2）加大反措力度，并对已投运变电所内不需操作的差动电流回路的 CT 切换端子（如主变保护屏上的纵差旁路 CT 连接片）从屏后进行短接，屏前做好退出运行的明显标志。

（3）一个月内对全局操作典卡进行一次全面的审查、整改，对于典卡中要求检查差流正常以及压板两端确无电压的应明确具体的合格范围，并记录具体数值。

4.3.5 某电业局带地线合刀闸造成 110kV××变全站停电及 110kVAB 线 123 线路距离段保护动作，开关跳闸

1. 事故经过

9 月 12 日 18:21 110kV××变发生带接地线合刀闸事故。事故引起 220kV

某变 110kV AB 线距离Ⅰ段保护动作，AB 线 123 开关跳闸，造成××变全站停电事故。

××变运行方式：110kV AB 线 123 线路，母联 170 开关运行，174 开关热备用，1、2 号主变运行，10kVⅠ、Ⅱ段母线分段运行，母联手车开关 900、9001 甲手车刀闸在检修状态。110kV××变 10kV 母联 900 开关柜和 9001 甲刀闸柜技改结束，验收中发现 9001 甲手车刀闸接触不到位。

9 月 12 日 18:15 厂家人员赶到现场查看，同运行人员一起对 9001 甲手车刀闸进行试合操作，由于 9001 甲与 9001 乙刀闸之间装设有一组接地线（装在 900 开关柜内），引起 10kV Ⅰ段母线三相接地短路。由于接地线 B 相接触不牢靠产生电弧，B 相金属铜排部分熔化，900 开关柜内充满烟雾及金属粉末，造成 9002 刀闸静触头间空气绝缘降低，三相静触头间击穿，引起 10kV Ⅱ段母线三相短路故障，两段母线的故障电流叠加达到××变 110kV AB 线 123 线路保护距离Ⅰ段保护定值。所以对侧 110kV AB 线 123 线路距离Ⅰ段保护动作，123 开关跳闸，××变全站失压。

2. 暴露问题

接地线未拧紧。

3. 防治对策

加强技能培训，增强运行人员的责任心。

4.3.6　某电业局 220kV××变电站 2 号主变高压侧 27B 因继保人员误碰跳闸，3 座 110kV 电站失压

1. 事故经过

事故发生前 220kV××变电网设备运行方式：1 号主变三侧开关、220kV273、220kV 母联 27M、220kV 旁路 270 冷备用，220kV271、220kV275 接Ⅰ段母线运行；220kV272、220kV274、220kV276 接Ⅱ段母线运行。110kV 母联 17M 运行，110kV171、172、173、175、178 线路接 110kVⅠ段母线运行；174、176、177、179 线路接Ⅱ段母线运行，旁路 170 代 171 开关热备用。2 号主变低压侧 67B、67D 带 10 回 10kV 线路运行。事故发生前 2 号主变所带负荷为 75MW。

事故发生过程：4 月 25 日电业局继保班对××变 220kV 母差保护进行改造，2005 年 4 月 25 日 10:24，继保班吴××（工作负责人）持电气第二种工作票进行 220kV 母差保护改造工作中，在拆除 220kV 母差保护旧屏时，拆开母差跳 220kV273 开关出口端子（136－139 号）接线后，误碰 220kV 母差保护屏Ⅰ上的母差跳 2 号主变高压侧 27B 开关出口端子，造成 27B 开关跳闸。

事故造成××变所带的三个 110kV 变电站全站失压。同时造成空载运行的 171、176、179 失压，其余 220kV 设备正常运行，运行人员随即将 2 号主变 110kV 侧 17B 开关、10kV 侧 67B 开关、67D 开关、110kV 母联 17M 开关及各线路转热备用。

2. 暴露问题

（1）现场继保人员在解除接线时，未逐根可靠包扎，暴露出工作人员不良的工作习惯。

（2）《继电保护安全措施票》和《标准化作业指导书》中对可能导致误动、误碰、误（漏）接线的措施未进行细化，指导性不强。

3. 防治对策

（1）工作负责人切实执行监护职责，确保工作在监护下进行。

（2）切实按照《继电保护安全措施票》的措施开展工作，保证工作可靠。

（3）二次线在核对确认无误后，才可解开并立即进行绝缘包扎。

（4）根据事故教训，结合现场实际，优化《标准化作业指导书》，对可能导致误动、误碰、误（漏）接线的措施进行细化，达到可操作的要求。

（5）《继电保护安全措施票》需加编号，要写明设备名称编号，如××压板，××空开等。

4.3.7 某供电公司 500kV××变值班员在验收保护时发生误拉、误合断路器

1. 事故经过

4 月 20 日，500kV××变主要工作内容：500kVⅠ母线 CVT、避雷器预试，5023 开关及 CT 预试、保护定校，5292 线短线保护定校等工作。11:45，由××变运行专职董××、当值正值阮××对开关保护及短线保护验收，阮××作

为监护人，董××作为操作人，当两人在验收 5023 开关保护联动试验时，由于合上了 5022 开关（其实不用合），董××在无人监护的情况下，私自去拉 5022 开关，由于未认真核对名称、编号，结果误拉了相邻运行中的 5032 开关。阮××、董××二人发现拉错开关后，在未向上级调度员汇报的情况下，又自作主张地合上 5032 开关（未采用同期方式），给 500kV 系统的安全运行构成了很大的威胁。

2. 暴露问题

（1）运行人员的安全意识淡薄，责任心不强，违章操作。

（2）违反《电业安全工作规程》（发电厂和变电所电气部分）规定，未在控制盘处设置正确完备的临时遮栏措施。

（3）未认真执行调度规程，违反《电力系统调度规程》规定，对系统运行有重大影响的操作，均应得到有关调度员的命令或许可才能执行。

3. 防治对策

（1）加强人员安全意识和责任及电网安全重要性的教育。

（2）进一步加强运行管理，严格执行二票三制，把安全管理工作做细做实。

（3）组织运行人员学习安规、调度规程，并进行考试，提高运行人员安全和技术业务水平。

4.3.8　某供电公司××变值班员测量压板电压万用表档位放错，误跳运行中开关

1. 事故经过

2547、1 号主变 2510 开关运行于正母，2542、2549、2 号主变 2502 开关运行于副母，旁联 2520 开关在热备用状态，母线分排运行。

11 月 14 日 6:32，值班员苏××（操作人）、刘××（监护人）执行省调 14378 号任务票，当执行到第三步，值班员采用对地测量方法测量 2542 开关距离Ⅰ、Ⅱ段保护出口跳闸压板两端无电压时，因万用表档位放错（应将万用表置于直流电压 250V 档，而误将档位置于电阻 ×1 档），引起晶体管保护抗干扰电容对保护跳闸继电器放电，造成跳闸继电器动作，使 2542 开关三相跳闸，造成 2 座 220kV 终端变电所失电。

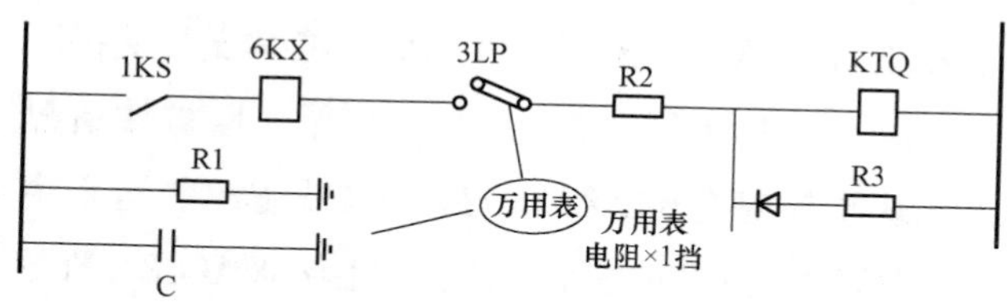

图 4－31 事故示意图

2. 暴露问题

（1）运行人员安全意识淡薄，责任心不强。

（2）未认真执行倒闸操作监护制，未认真核对万用表档位和量程。

（3）运行人员技术水平不够，对万用表结构和晶体管保护性能不够熟悉。

3. 防治对策

（1）加强运行人员安全意识、责任心教育。

（2）严格执行《变电运行条例》及两票三制的规定。

（3）加强技术业务培训。

（4）更换专用高内阻电压表。

4.3.9 某超高压公司××站极Ⅰ、极Ⅱ跳闸

1. 事故经过

8 月 22 日，13:07，某超高压公司××站 2 号主变 35kV 开关发生跳闸。造成 2 号站用变失电，并派生极Ⅰ、极Ⅱ停运事故。当日，继保五十万班工作负责人袁××接 2 号主变 35kV 2、3、4 号低抗保护全部校验工作任务，至××站工作。

到站后，负责人袁××办理了 2 号主变 35kV 2 号低抗保护全部校验工作许可手续，并在工作现场召集工作班人员祁×、刘××开了站班会，然后开始了 2 号低抗保护校验工作。上午工作班组对低抗流变进行了校验，午饭后工作班组开始对 2 号低抗保护装置进行校验。由袁××负责投切 2 号低抗纵差保护压板，由工作班成员刘××负责通二次电流、祁×记录。由于工作负责人在校验方法上和对原理图理解上的误解，在校验 2 号低抗纵差继电器时投入了差动保护压板，（保护原理图没有总出口压板）致使 2 号差动保护出口，2 号主变

35kV 总开关跳闸，2 号站用变失电。

由于事故当时××站站用电系统和极Ⅰ、极Ⅱ直流水冷控制系统处于非正常状态，（1 号主变检修，1 号站用变停电。2、3 号站用变运行结线图见附页）2 号站用变的失电，导致向极Ⅰ、极Ⅱ水泵供电的 1、3、9 三段 380V 母线失电，使主水泵切在 380V 1 段、3 段母线的极Ⅰ停运。极Ⅰ主水泵当时切在 380V 9 段母线，由于极Ⅰ直流水冷控制系统未能实现极Ⅱ主水泵失电后自切到 3 号站用变供电的 380V 7 段母线上，导致最终极Ⅰ和极Ⅱ同时停运事故。

事故后运行人员向调度汇报了事故及设备情况，于 13:20 在调度许可下先后将 2 号主变 35kV 总开关及 2 号站用变恢复运行。13:40 运行人员汇报调度极Ⅰ、极Ⅱ具备投运条件，14:40 极Ⅰ、极Ⅱ恢复运行。

2. 暴露问题

（1）当日继保工作票的工作内容为 2、3、4 号低抗保护全部校验。根据保护全部校验规程要求及低抗保护原理接线图反映低抗保护无出口总跳闸压板的情况，如果要做保护全部校验，2 号主变 35kV 总开关必须申请陪停。从周计划安排上未能申请将 2 号主变 35kV 开关同时陪停，工作票签发未能认真核对现场设备实际运行方式，工作负责人未能认真核对工作票上落实的安全措施是否符合现场工作要求，到现场工作票的许可，均未能及时发现并停止该特殊运行方式下的保护全部校验工作，是事故发生的主要原因。

（2）现场施工无保护校验作业指导书，工作班组现场执行的保安措施票不符合现场实际，在校验前未认真核对整定书、未周密考虑试验方法。对××站 35kV 低抗保护特有的跳闸压板方式在认识上模糊不清，仅凭现场工作负责人的经验执行，校验时误将 2 号低抗纵差保护压板投跳，是造成事故的直接原因。

（3）极Ⅱ直流水冷控制系统的故障自切功能，在 2 号站用变失电时发生故障，故障自切不成功是造成事故扩大的原因。

3. 防治对策

（1）要尽快健全安全保障系统的作用，保证安全组织措施、技术措施的完整性。特别是要尽快建立健全施工作业指导书。目前检修公司在建立健全作业指导书上与电网安全运行的要求存在很大的差距，事故提醒建立健全施工作业指导书刻不容缓，公司要将此列入计划日程。

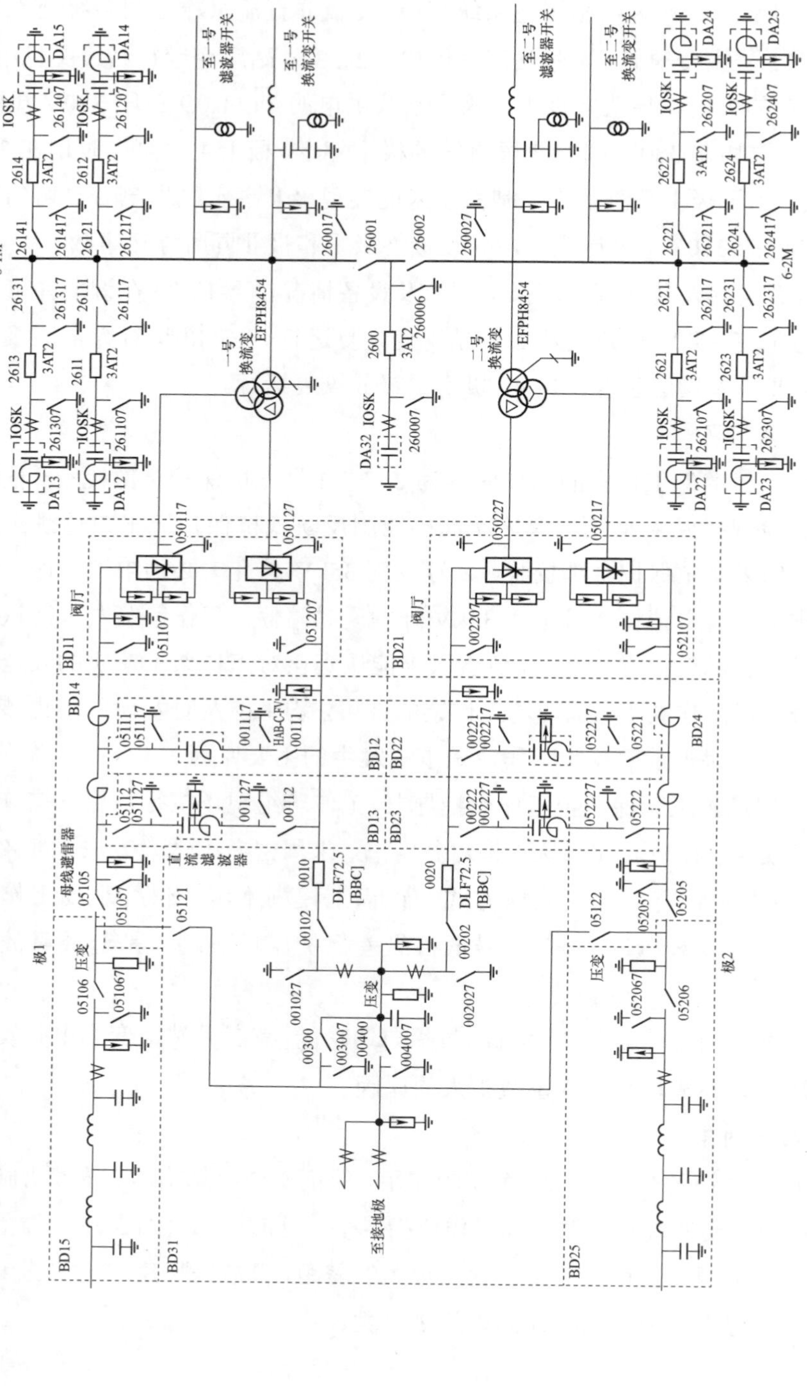
6-1M
6-2M
至一号滤波器开关
至一号换流变开关
至二号滤波器开关
至二号换流变开关
一号换流变
EFPH8454
二号换流变
EFPH8454
IOSK
3AT2
DA12
DA13
DA14
DA15
DA22
DA23
DA24
DA25
DA32
阀厅
BD11
BD12
BD13
BD14
BD15
BD21
BD22
BD23
BD24
BD25
BD31
母线避雷器
直流滤波器
压变
极1
极2
DLF72.5
[BBC]
HAB-C-FV
至接地极

图 4-32　一次系统图

（2）公司应加快继保人员技术培训，特别是 500kV 保护校验人员的培养，尽快改变目前校验人员技术水平上落后的现状。另外也要设法解决 500kV 继保人员严重流失的状况。

（3）运行部在落实防全站停电的措施上，应充分考虑如何降低设备检修时可能造成的扩大事故。在特殊运行方式下，运行人员更应重视落实如何不使事故扩大的运行方式。

（4）应认真做好每日工作中的危险点的分析，不能只落实在口头上、书面上，而应真正落实到所涉及的具体工作上、设备上、措施上，做到每个工作人员真正了解清晰。

（5）南桥站低抗保护加总出口压板的反措，由生技科研究后落实。

（6）加快对直流水冷控制系统的技术改造，争取年内完成。

4.3.10　某超高压公司××站 2 号接地变零差保护误动造成 2 号主变越级跳闸

1. 事故经过

10 月 14 日 13:30，某超高压公司 220kV××站 AB3172/AC3192 线发生单相接地故障。站内 2 号接地变零差保护动作跳 2 号接地变开关，经 4.5s 2 号主变 35kV 零压保护动作，2 号主变 35kV 开关跳闸，35kV 自切成功。

经查××站 2 号接地变于同年 5 月 8 日进行全部校验工作，零差电流是接地变 35kV 开关侧三相电流之和与接地电阻中心流变电流构成差流，由于在工作结束后零差保护中心流变电流端子漏连一片，在发生单相接地故障时，零差保护单侧受电，保护误动。接地变零差整定 2A、0s，35kV 出线零流整定 5A、1s，所以 2 号接地变先于出线动作跳闸，之后由于 35kV 系统失去一个接地点，35kV 出线零流减小而不动作，故障接地点仍存在致使 2 号主变 35kV 零压经过 4.5s 动作跳 35kV 主变开关。经过对相关回路的全面检查和 2 号接地变电气试验合格，一切正常后，于 18:47，35kV 2 号接地变改为运行，2 号主变 35kV 改为运行，用上 35kV 2 号母联自切，恢复正常运行。

2. 暴露问题

（1）继电保护工作人员在工作程序完备、继电保护保安措施齐全情况下，责任心不强，工作贪快求速是事故发生的主要原因。

（2）继电保护工作方法不规范，拆动小线要有记录，恢复时按照记录，工作班成员相互监督验收不够。

（3）运行人员对设备不熟悉，未能有效地执行验收制度。

3. 防治对策

（1）实业公司和运行部应重视加强工作人员安全意识宣传教育，使现场工作人员树立严谨的工作态度，形成良好的工作习惯，严格执行各种制度，杜绝习惯性违章。由生技科组织、安监科监督，举办一次继电保护现场工作人员的保护安全规定考试。

（2）实业公司应在工作安排、教育宣传、检查监督三方面并重，切实提高有效工作时间，确保各项制度在生产现场能有效贯彻落实，保证工作质量和施工安全。

（3）加强人员的培训，特别是运行人员的培训，尽管今年各部门已加强培训意识、培训力度，但必须注重培训质量，提高技术技能和安全意识才是培训的根本目的。

（4）为保证公司的安全生产，结合公司现状，各部门一方面分工明确，另一方面工作界面要有重叠区，保证在现场工作中相互把好关，运行人员要使用验收卡，检修人员使用保护安全措施票。运行部与实业公司将初步制定的验收卡与保护安全措施票交安监科和生技科审核，由这两部门协商后确定验收卡与保护安全措施票的制定原则。

4.3.11 某供电公司××变继保人员误跳 220kV 1 号主变 4501 开关

1. 事故经过

事故前运行方式：××变 1 号主变运行于 220kV Ⅰ母，供 110kV 正母上的 AB 线（711 开关）、AC 线（712 开关）、AD 线（715 开关）。9 月 25 日 14:22，××变 220kV 母差停用。××变值班员许可变电第二种工作票，工作内容为 500kV××变新建 4586 开关 CT 二次回路接入 220kV 母差及联动试验。14:49，××变 220kV 1 号主变 4501 开关跳闸，无保护动作信号，造成 220kV 1 号主变停电，110kV A 变、B 变自投动作，均成功，未损失电量。当时××变 220kV

1 号主变有功 74MW，电流 247A。事后，值班员立即向调度汇报，并对××变设备巡视，发现继保人员在做 4586 开关 CT 二次回路接入 220kV 母差工作时，误碰相邻的 220kV 母差保护跳 4501 开关二次回路，其他设备均正常。

图 4－33　武南站 220kV 母差端子排图

2. 暴露问题

（1）部分职工安全意识不强，工作中未认真执行安措规定。

（2）在组织施工和具体实施中，对危险点未能真正做到在控可控。

3. 防治对策

（1）进一步加强对职工的安全意识教育，加大对安措落实情况的检查。

（2）布置工作必须交代安全，尤其要指出危险点和落实控制措施。

4.3.12　某供电公司误接压板造成 220kV××站 2 号主变差动动作

1. 事故经过

11 月 5～30 日供电公司对 220kV××站进行 1 号主变回路的改造工程，送变电公司负责施工。11 月 7 日进行 2112 开关检修，220kV 一段母线检修，1 号主变开关变压器检修，220kV 分段开关检修；2111 送 2 号主变。10:00 左右，在拆除 220kV 分段流变时，送变电现场技术员临时提出需要对 2 号主变 220kV 分段差动流变电流试验端子和 2 号主变 220kV 分段过流电流试验端子做安全措施。于是，送变电现场技术员和××站值班运行人员到 2 号主变保护盘前，经核对现场设备和图纸后，××站值班运行人员张××开始做安全措施。在此过程中，由于把 2 号主变 220kV 分段差动电流试验端子拆开后短接错作为短接后拆开，10:16 在短接至第三块连片时，2 号主变差动保护动作，造成××站停电。

2. 暴露问题

（1）运行人员安全意识不强，技术素质不过硬，对二次保护接线原理掌握不够。

（2）施工组织不完善，临时增加安全措施，反映出准备工作不够充分，计划性较差。

（3）施工安全措施不严密，未将流变电流实验端子短接注意事项写入现场施工安全指导书中。

（4）施工管理不严格，现场的组织、技术措施针对性不强。

（5）工作票签发不严密，二次部分安全措施未列入。

3. 防治对策

（1）要求类似运行方式的操作列入典型操作，从规程制度上进行完善。

（2）完善施工组织措施、技术措施，要充分分析施工现场的险源和薄弱环节，现场的施工技术措施、组织措施应有针对性，对复杂、重大的工程项目必须履行审核、审批制度。

（3）加强施工现场管理，严肃施工现场安全措施的执行，加强与施工单位的协调，尽量避免临时性工作。

（4）加强运行人员的安全、技术培训，提高员工的技能水平。

（5）对事故“四不放过”，对有关人员严肃处理。

4.3.13 某供电公司 220kV××变因继保人员误碰，造成 220kV 母差保护Ⅱ母失灵动作，2700 开关跳闸

1. 事故经过

6 月 20 日 18:00，××变 220kV 母差保护Ⅰ母失灵动作，“220kV 失灵保护动作”光字牌亮，2700 开关跳闸。经手动信号复归，后经省调命令，于 18:20 合上 2700 开关。当时××变 220kV 双母线并列运行。2851、2855、2859、2703 运行 220kVⅠ母，2852、2856、2858、2702 运行 220kVⅠ母，旁路 2710 冷备

用，2857 开关及线路检修状态，2700 潮流基本为零。当日，××变 2857 线路及开关转检修状态，2857 开关保护正在进行年检工作。事故发生时，保护班工作成员（李××、张××、张××、胡××）正在对 2857 开关 102 保护屏装置进行模拟试验，约 18:00 左右，将 1G（7D48）和 KM+短接，进行电压切换试验。发现 1G 的试验连接线头从端子排处脱落，然后李××将此连接线头拿在手中，准备重新短接至 1G 处，在恢复过程中，误碰到 2YQJ 7D28（此端子到母差失灵启动回路），造成 220kV 母差Ⅰ母失灵启动短延时（0.3s）出口跳开母联 2700 开关。

2. 暴露问题

（1）工作前危险点分析不到位、不细致，没有将联跳回路接线原理分析清楚。

（2）安全措施不完善，2857 至母差失灵启动回路 1YQJ、2YQJ 端子没有从检修的保护屏上解除。

（3）工作过程中监护不到位。

（4）作业现场缺少屏后二次接线图。

3. 防治对策

（1）加强保护工作二次安全措施票执行。

（2）加快保护检验作业指导书的编制与执行（规范：措施、项目、标准、步骤）。

（3）重点做好检修设备与公共设备之间连接回路的分析、隔离处理措施的制定。

（4）加强重要环节的监护，加强实验连接线接线可靠性。

（5）进一步提高专业人员的业务能力。

4.3.14 某发电公司外包工放电缆时，电缆碰到母线刀闸开关侧触头，引起 110kV 副母线差动保护动作，四条出线跳闸

1. 事故经过

8 月 9 日，110kV 系统为双母线带旁路运行，其中××平线 791 开关、××河线 792 开关、××永线 795 开关、××南Ⅱ线 797 开关、9 号主变 709 开

关运行于副母线。15:28，110kV 副母线差动保护动作，791、792、795、797、709 以及母联 710 开关跳闸。当值值长立即向调度汇报，同时派员到现场检查发现，某建筑安装工程公司四分公司在承包基建网控搬迁改造电缆敷设过程中，当电缆从××永线上层副母线平台处向下放置时，被一阵旋风吹碰到天永线正母线刀闸开关侧触头，引起副母线 A 相接地，导致副母线差动保护动作。经隔离故障点后，16:10，用母联 710 开关对副母线充电正常。16:18，分别合上××平线 791 开关、××河线 792 开关、××南Ⅱ线 797 开关、9 号主变 709 开关。16:45，用旁路 720 开关替代××永线 795 开关运行于 110kV 副母线。

2. 暴露问题

（1）事前没有认真做好危险点分析和预控工作，对可能出现的自然现象估计不足。

（2）安全措施不到位，没有采取防止电缆漂动的有效措施。

（3）工作监护人和所使用的外包单位工作人员安全意识差。

3. 防治对策

（1）对危险性较大的作业场所，原则上不得使用临时工和外包工，如确需使用，应由安监部门同意。

（2）加强对临时工和外包工的安全教育和现场管理，必要时增加监护人员。

（3）详细制定施工方案，特别是安全技术措施必须健全。

（4）做好危险点分析预控工作，排查工作过程中可能出现的不安全因素，详细制定防范措施。

（5）施工过程中牢固树立“安全第一，预防为主”的思想，不能因进度、工期等因素影响安全。

4.3.15 某省电试所继保人员误碰 500kV××变 5032 开关失灵保护出口端子造成母差出口跳 500kVⅠ母上所有开关

1. 事故经过

2004 年 11 月 2 日，省电力试验研究所继保人员在 500kV××变进行 1 号主变 5032 开关保护及自动化校验工作，11:03，在做 5032 开关失灵保护整组回路试验时，工作人员在保护屏后端子排处用万用表进行保护接点回路检查，误量至保护屏 CI11、CI12 端子的外侧，导致失灵启动 500kVⅡ母 B 组母差保护总出口，由 500kVⅠ母 B 组母差保护直跳 500kVⅡ母上所有运行开关。

2. 暴露问题

（1）省电力试验研究所工作人员在现场作业过程中安全意识不强；

（2）作业现场危险点分析和预控措施未做到位；

（3）现场作业过程中安全监护不到位。

3. 防治对策

（1）加强对检修试验人员的安全意识和安全技能的教育及培训工作；

（2）进一步加强危险点预控，并将其作为安全措施内容填写在继电保护安全措施票中，试验过程中不得随意变更所做的安全措施；

（3）在复杂或危险性较大的回路上工作应严格执行工作票监护制度；

（4）在开关失灵保护启动母差保护的回路中母差保护屏上增设一块连接片，确保试验过程中与运行设备具备可靠隔离措施。

4.3.16　某水力发电厂继保人员在校验时调试错误，误跳 2 号主变高中压开关

1. 事故经过

事故前运行方式：××站 220kV、110kV 系统按正常方式运行，1、2、3 号主变运行，1、2、3、5、6 号机热备用，4 号机检修，厂用电系统正常方式运行。

10 月 12 日 9:31，梯调上位机发：“×站 2 号主变保护跳闸”“2 号主变 1DL 跳闸Ⅰ、Ⅱ出口”等信号，2 号主变 220kV、110kV 开关跳闸，上述现象立即通知紧站值守人员。经查 2 号主变保护盘 220kV 开关操作箱“TA”灯亮，其他未见异常。向正在进行 4 号机保护校验工作的工作负责人王××了解情况，得知事故当时他们在校验 4 号机复合电压闭锁过电流保护Ⅰ时限出口回路，校验方法为放上 4 号机复合电压闭锁过电流保护Ⅰ时限出口压板 1LP17，在压板之后的端子上测量（这是保护装置新投产时的校验方法，目的是增加压板的对应性检查，而在平时的保护校验中，应在压板之前的端子上测量，故不需放上保护出口压板），引起保护出口跳 2 号主变高中压开关。

上述情况汇报省调、区调及厂有关人员。经进一步核实情况，检查 2 号主变一次设备正常后汇报省调。经省调同意，10:47，2 号主变 220kV 开关恢复“副母运行”，11:36 2 号主变 110kV 开关恢复运行。未对系统造成影响。

引起 2 号主变高、中压开关跳闸的原因为：在 4 号机复合电压闭锁过电流保护Ⅰ时限出口回路校验中，因继保人员调试方法错误投入复合电压闭锁过电流保护Ⅰ时限出口压板 1LP17，造成保护出口跳 2 号主变高中压开关。

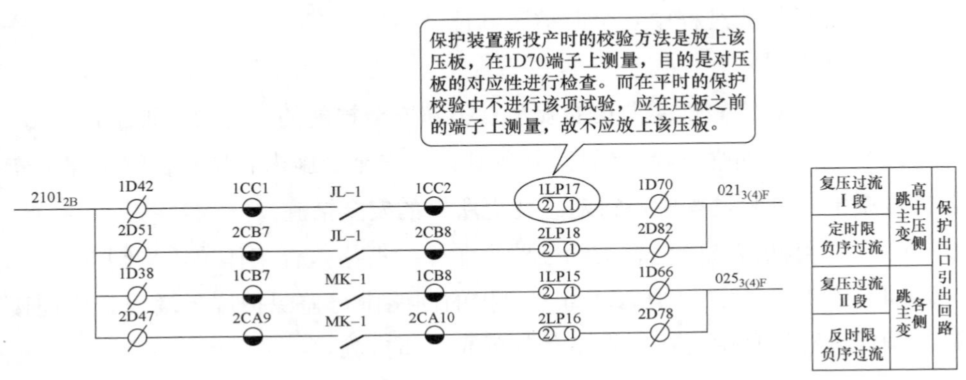

图 4－34　事故前二次接线图

2. 暴露问题

（1）工作负责人严重违章作业。在校验 4 号机复合电压闭锁过电流保护Ⅰ时限出口回路时，工作负责人未能严格执行工作票制度，擅自变更安全措施，且同时违反《继电保护和电网安全自动装置现场工作保安规定》3.2 条的规定，令工作班成员投入 4 号机复合电压闭锁过电流保护Ⅰ时限跳 2 号主变高中压开关出口压板 1LP17，是造成本次事故的直接原因。

（2）工作人员安全意识不强。4 号机保护部校工作计划工作时间自 10 月 10 日 10:10 至 10 月 15 日 15:00，在本次工作开工前，工作负责人和工作班成员均学习过《机组保护校验危险点预控措施卡》，并熟悉其中的第 3 项措施——主变在运行情况下要注意：机组保护连跳主变压板必须打开，跳主变保护端上不可工作。在事故当天即工作的第三天，由于前两天工作进展顺利，遂产生麻痹心理，在工作中忽视了这一措施。工作班成员陶××对工作负责人王××放上出口压板的错误指令未能提出异议，而是无条件去执行，缺乏相互之间的监督和提醒，是造成本次事故的重要原因。

（3）工作人员专业知识欠缺。在本次校验工作中，继保人员按保护装置新投产时的校验项目进行校验，增加了压板的对应性检查，而未针对本次 4 号机保护部校的实际情况，考虑 2 号主变在运行状态，放上复合电压闭锁过电流保护 I 时限跳 2 号主变高中压开关出口压板 1LP17 将会导致 2 号主变高中压开关跳闸的严重后果，是造成本次事故的间接原因。

3. 防治对策

（1）继保班全体人员重新学习工作票制度、《继电保护和电网安全自动装置现场工作保安规定》要求，并组织考试。

（2）4 号机及其他机组跳主变开关出口压板设置明显标记。

（3）加强继保人员专业理论学习和岗位技能培训。

4.3.17　某超高压公司 220kV××站进行 35kV 母差联跳 1 号主变的试验中，发生运行中的 3 号主变跳闸

1. 事故经过

6 月 2 日，高压实业公司继保二班校验人员在××站进行 35kV 母差联跳 1 号主变试验中发生运行中 3 号主变跳闸。

事情经过如下：10:39～10:49 运行人员完成 35kV 母差停役，10:55 工作许可人肖××正式许可继保二班徐××“35kV 母差保护配合 1 号主变保护调换，二次回路接入联跳试验”的工作票许可工作后，继保校验人员进行了 35kV 母差保护安全隔离措施及联跳工作准备，13:51 当张××操作了 35kV 母差屏上有关投切压板，并由工作人员傅××在 1 号主变操作屏短接 3YQJ（正母电压切换继保器）时，发生 3 号主变 220kV、35kV 开关跳闸。14:00，35kV 2 号母联合闸成功，14:23 停用 35kV 2 号母联自切，14:57 恢复 3 号主变正常运行。

事故原因为现场工作人员张××在 1 号主变 35kV 母差正母闭锁及副母出口联跳试验中，误碰 3 号主变出口压板。“35kV 母差保护配合 1 号主变保护调换，二次回路接入联跳试验”的工作票许可工作后，继保校验人员进行了 35kV 母差保护安全隔离措施及联跳工作准备，13:51 当张××操作了 35kV 母差屏上有关投切压板，并由工作人员傅××在 1 号主变操作屏短接 3YQJ（正母电压切换继电器）时，发生 3 号主变 220kV、35kV 开关跳闸。14:00，35kV 2 号

母联合闸成功，14:23 停用 35kV2 号母联自切，14:57 恢复 3 号主变正常运行。

2. 暴露问题

（1）联跳试验工作不规范，作业人员在操作母差联跳的有关压板中失去监护，导致误投 3 号主变跳闸出口压板，是本次事故的直接原因。

（2）现场安全措施落实不到位，工作负责人未能做好母差跳闸压板的防误碰措施和母差启动闭锁自切的隔离措施。

（3）反措执行不力，现场“保安措施票”字迹模糊不清。

（4）工作票制度执行不严格，张××操作 35kV 母差保护屏上有关投切压板事实上是串岗工作。

3. 防治对策

（1）实业公司立即组织全体继保工作负责人召开 3 号主变的误跳事故分析会，将“误碰”教训传达到每一位继电保护工作人员，并组织继保人员重新学习“继电保护和电网安全自动装置现场保安规定”，对照“误碰”“教训”和“保安规定”查找自己工作中存在的问题，作为安全日活动的重要内容。

（2）重申保安措施票的使用规定，严肃工作票制度，加强检查考核力度。

4.3.18 某供电公司 500kV××站 500kV 1 号母线母差保护和××庄 5205、××彭 5206 线启动调试中，因漏项操作，5238 线跳闸

1. 事故经过

5 月 28 日 4:32，5012 开关、5238 线上××侧开关跳闸。5011 开关失灵保护动作，CK13 屏上“5012 开关保护跳闸”信号发出；5011 开关保护屏（RCS－921B）液晶显示：“TST”（延时三跳出口）“TSL”（延时失灵保护动作）“LTST”（三相联跳保护动作）。事故后 5237 线带 500MW 负荷，对外未少送负荷。6:29 5012 开关送电成功。

原因：省电力科学研究院继电保护调试人员在进行 500kV××变第 4、5 串开关、Ⅰ母母差保护××庄 5205 线、××彭 5206 线启动调试中，针对调度实施方案第五部分第 2 项对 5042、5043、5051、5052 开关相关保护带负荷校验，××城安控装置带负荷校验前，在 5011 开关新加装临时过流保护通流传动试验时，安全措施不周，未断开相关失灵保护联跳回路造成。

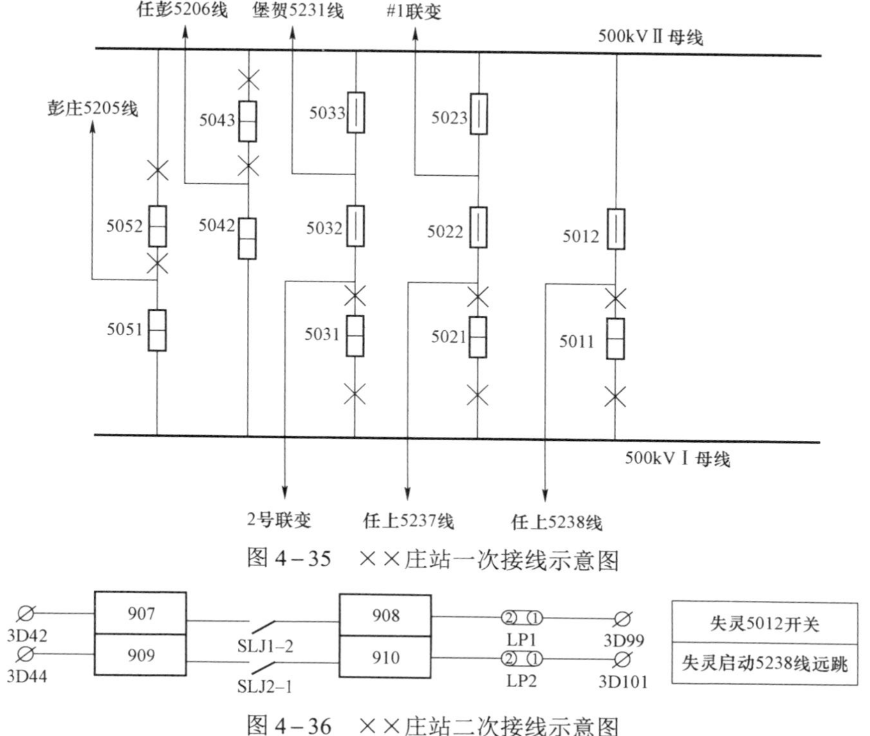

图 4–35　××庄站一次接线示意图

图 4–36　××庄站二次接线示意图

2. 暴露问题

调试人员在新、老设备关联工作中防止运行设备跳闸的安全措施和技术措施考虑不周。

3. 防治对策

（1）加强外单位新设备调试工作的管理，进一步明确调试与建设单位的安全责任。

（2）加强新、老设备关联工作安全措施、技术措施的监督管理。

4.3.19　某电业局 220kV××变 110kV 母联开关在 1 号主变保护改造过程中因工作人员安全措施落实不到位引起跳闸

1. 事故经过

2005 年 9 月 21 日，检修工区负责对 220kV××变进行 1 号主变保护反措改造［将 1 号主变低压侧复合电压过流保护由二时限改为三时限，新增第三时限跳变压器三侧开关（包括旁路开关）]，工作班成员由保护厂家和检修工区继保人员组成，其中保护屏二次线改造接线由保护厂家负责。11:30，110kV 母联开关跳闸引起 110kV 正母失电。

经调查，站内 110kV 一次系统无故障，1 号主变 35kV 后备保护柜右侧二次电缆捆扎处有焊接时掉落的锡渣，110kV 母联出口跳闸 33 线及 110kV 旁路出口跳闸 33 线、GPS 对时线等几条导线绝缘皮均有被焊锡烫伤现象，部分电缆铜芯已裸露。

分析事故原因为：保护厂家工作人员在进行 1 号主变保护改造二次回路焊接线时，未做好电缆、端子排的防烫措施，致使焊锡滴落到导线上，造成二次回路导线绝缘损伤，相互导通，当试验人员进行 1 号主变改造后的传动试验时，正电源经旁路出口跳闸 33 线沟通至母联出口跳闸 33 线，导致 110kV 母联开关出口跳闸。

经查明故障原因并对导线进行绝缘包扎处理后，12:03，110kV 母联开关改运行，同时恢复对 110kV 正母送电。

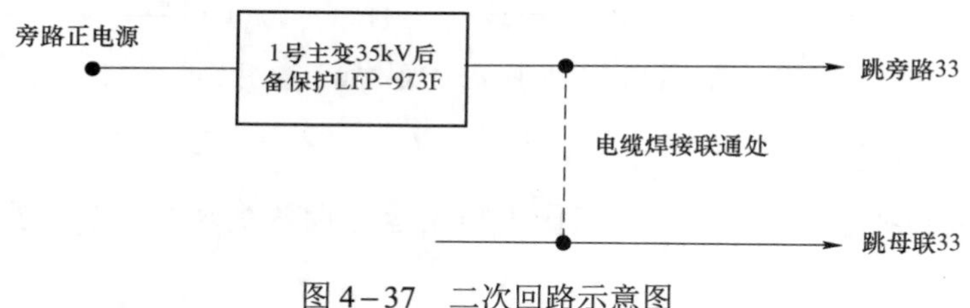

图 4－37　二次回路示意图

2. 暴露问题

（1）保护厂家工作人员对保护屏内的焊接工作，危险点分析不足，现场安全防范措施不完善，没有及时做好电缆、端子排的防烫伤措施，是造成此次事故的直接原因，负主要责任；

（2）检修工区对外来工作人员的安全知识教育、安全措施交底以及工作中监护力度不足，是造成此次事故的间接原因，负一定的管理责任。

3. 防治对策

（1）加强对外来工作人员的安全管理，工作前进行安全知识教育、安全措施交底，工作中加强监护力度；

（2）对保护屏内的焊接、热缩等有高温或明火工作，加强危险点分析，采

取有效措施防止影响运行电缆、端子排等设备的安全运行；

（3）工作结束后，应仔细清理工作现场，消除事故隐患。

4.3.20　某供电公司 220kV××变电站 2 号主变 110kV 侧零序过流保护动作跳主变三侧开关

1. 事故经过

（1）××变运行方式：220kV 1 号主变空载运行，101 开关热备用；2 号主变运行，102 开关运行于 110kV Ⅰ 母线；100 开关并列 110kV 双母线运行，141、142、143、144、145、146 运行于 110kV Ⅰ 母线。

（2）跳闸及处理情况：10 月 12 日 17:50，××变 220kV 2 号主变 110kV 侧零序过流保护动作，跳开 2 号主变三侧开关，220kV 2 号主变保护盘跳 A、跳 B、跳 C 灯均亮。检查 2 号主变本体及三侧开关无异常。因 110kV 系统环网运行，141、142、144、145 线路所带的 110kV 变电站备自投正确动作，35kV 侧仅带站用变及电容器运行，143、146 线路少送电量 1.5 万千瓦时。18:10，恢复××变正常运行方式。

（3）跳闸原因：10 月 12 日下午，220kV××变电站 110kV Ⅱ PT 更换后，自动化所保护二班进行 2 号主变带负荷测 110kV 侧零序方向保护、复合电压方向向量工作。由于 2 号主变 110kV 侧零序过流保护未停用，且它与零序方向保护接于同一绕组，17:50，保护二班在测零序方向向量，短接电流回路时，由于当时负荷电流较大（二次电流达到 2.72A），而零序过流保护定值为 1.5A，2s，因此造成 110kV 侧零序过流保护动作跳开三侧开关。

2. 暴露问题

（1）生产管理不规范，工作申请把关不严，自动化所在报 2 号主变带负荷测向量工作前，未认真组织对工作内容进行分析讨论，不清楚 2 号主变 110kV 侧零序过流保护与零序方向过流保护接于 CT 同一电流绕组。

（2）现场工作前准备不充分，在工作前没有对要检验的 2 号主变保护设备运行状况及保护图纸进行核对，危险点分析不认真，对测向量工作中引起设备安全运行的关键环节危险点，没能分析到位并采取控制措施。

（3）现场作业指导书不规范，作业指导书工作流程简单，关键步骤没有制定详细的工作流程。

（4）现场二次工作安全措施票执行不严，安全措施未按操作步骤详细填写。

（5）自动化所对员工的安全技能培训不够，近几年保护人员流动性大，现场工作负责人上岗时间不长，现场工作经验缺乏。

3. 防治对策

（1）加强工作申请单的管理，自动化所要对设备停电申请管理规定重新修订，进一步明确设备停电申请工作流程及其班组、工区的职责。

（2）建立作业指导书执行定期评价制度，做到不断完善持续改进，不断提高作业指导书可操作性。

（3）严格执行继电保护二次工作安全措施票制度。

（4）加强专业管理，输变电部要根据各变电站主变保护绕组配置情况。尽快明确主变带负荷测向量时需停用的保护，防止类似情况的再次发生。

（5）加强员工岗位技能培训，开展继电保护人员专项培训，让继保人员明确带负荷测向量工作存在的危险点和预控措施。

4.3.21 某220kV变电站某线2718线断路器三相跳闸且无保护动作信号误碰案例

1. 事故经过

某年某月某日9:06，某220kV变电站某线2718线断路器三相跳闸且无保护动作信号，监控后台报文显示：某线2718线测控：非全相运行；2718线断路器三相TWJ同时由0变为1，断路器跳开后故障录波文件中三相电流同时突变为零。

（1）在保护小室某线2718保护屏前检查保护跳闸信号指示灯未点亮、保护无动作报告，操作箱上跳闸动作指示灯未点亮，合闸位置指示灯不亮，分闸位置指示灯点亮。

（2）在保护小室220kV线路故障录波器屏打开某线2718线断路器变位时刻的录波报告，检查某线2718线电流、电压在断路器变位前三相均正常，变位后三相电流同时变为零。

（3）现场检查该线路间隔汇控柜、开关端子箱、保护屏内的所有继电器运行正常，二次回路无寄生回路，无潮湿现象。

（4）经过以上检查，确认该线路间隔为无故障三相跳闸。

（5）对现场运行人员进行调查，确认断路器跳闸时刻现场有工作人员误碰如图4－38所示2KA中间继电器试验按钮。

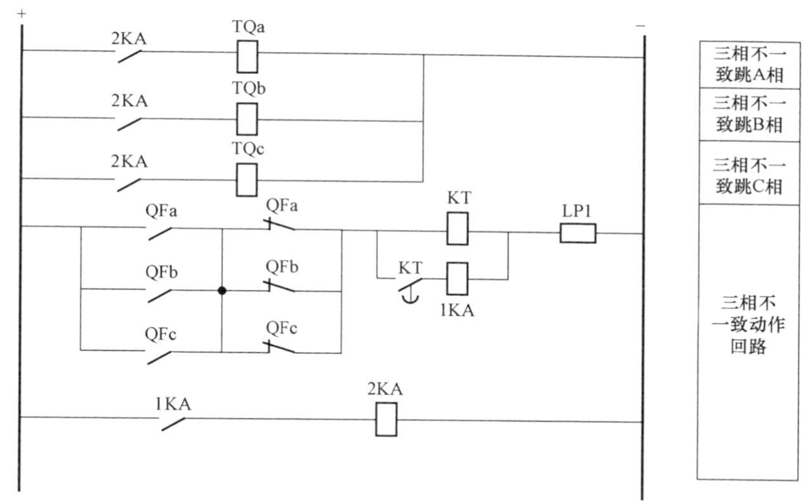

图4－38 三相不一致动作跳闸回路

2. 暴露问题

通过检查分析得知，该案例是由于误碰中间继电器试验按钮 2KA，导致三相不一致保护动作，跳开2718线断路器，属于典型的继电保护“三误”中的“误碰”案例。

电力系统在运行时，由于各种原因造成断路器三相可能断开一相或两相的情况，称为非全相运行。

虽然说非全相运行不会产生过电压，也不会产生大电流，当电力系统发生非全相运行时，会产生零序分量和负序分量。当大型发变组高压侧断路器出现非全相，将导致发电机非全相运行，从而在发电机定子绕组中产生较高的负序电流，负序电流会造成发电机转子过热和绝缘损坏，因此要确保发电机发生非全相运行时应以较短的时限将发电机与系统解列。当输电线路出现非全相运行时，其零序电流相当于负荷电流，但随着负荷电流的增大，零序电流也增大，甚至大于零序后备保护的定值，则可能造成继电保护装置的误动。

因此，为确保电力系统安全稳定运行，需装设非全相保护。

非全相保护又称为三相不一致保护，主要有两种实现方式。一种是由微机保护装置实现，一种是由断路器本体实现。目前，采用比较多的是通过断路器本体的非全相保护实现的。从图中可看出三相不一致动作回路是由断路器的三相常开触点、常闭触点分别并联后再串联一起。具体动作过程是：若由于断路器某一相或两相偷跳，则常开和常闭回路中至少有一条回路导通，启动三相不一致继电器 KT→延时触点 KT 闭合→继电器 1KA 带电→1KA 触点闭合→继电器 2KA 带电→2KA 触点闭合→三相跳闸回路导通。监控后台会收到相应断路器 TWJ 翻转置 1 报文，并报“断路器非全相运行”，并且偷跳的一相或两相电流则突变为零，最后经过三相不一致动作延时后跳开断路器三相。

3. 防治对策

（1）认真吸取事故教训，进行一次安全教育活动，特别注意对危及系统安全的继电保护及安全自动装置进行认真检查。

（2）加强对继保人员业务培训和思想教育工作，严格考核管理，提高继保人员责任心。

（3）近期通过安规和技术知识考试，对工作负责人采取末位淘汰制，以提高工作人员安全意识和技术水平。

（4）进一步落实各级各类人员安全生产责任制，制定可操作性强的责任到位标准。

（5）为确保电力系统安全稳定运行，必要时需装设非全相保护。

4.4　设备本身缺陷造成的误碰案例

4.4.1　500kV 主变差动保护异常动作

某 500kV 变电所 2 号主变按计划停运检修，运行人员将 2 号主变三侧所有开关转冷备用后，在开关端子箱处对主变三侧流变二次回路进行打开并短接操作。在操作 2 号主变中压侧开关 4702 流变二次回路过程中，2 号主变第一套、第二套差动保护先后动作。

1. 事故经过

2 号主变保护使用的是南瑞继保生产的 RCS－978C 变压器保护装置，现场查看 2 号主变差动保护动作及录波报告。

（1）第一套差动保护。

动作报告为：19ms 零序比率差动动作，21ms 工频变化量差动动作，22ms 比率差动动作。高压侧第一支路、第二支路以及低压侧（套管流变）均无电流，中压侧第一支路三相均有差动调整后电流（中压侧无第二支路），且为标准的正弦波。其中 A 相差流为 $0.85I_e$，B 相差流为 $0.42I_e$，C 相差流为 $0.42I_e$（此文电流大小描述均为有效值），B、C 两相差流大小相等，为 A 相差流的 1/2，且方向与 A 相差流相反。

2 号主变压器各侧电流互感器采用星形接线，二次电流直接接入本装置，电流互感器各侧的极性都以母线侧为极性端。RCS－978C 保护装置根据变压器接线方式会对差动各侧电流进行补偿。对于 Y0 侧电流校正方法如下：

Y0 侧：

$$\dot{I}'_A=(\dot{I}_A-\dot{I}_0)$$

$$\dot{I}'_B=(\dot{I}_B-\dot{I}_0)$$

$$\dot{I}'_C=(\dot{I}_C-\dot{I}_0)$$

式中：$\dot{I}'_A$、$\dot{I}'_B$、$\dot{I}'_C$ 为 Y0 侧流变二次电流，$\dot{I}_A$、$\dot{I}_B$、$\dot{I}_C$ 为 Y0 侧校正后的各相电流。$\dot{I}_0$ 为零序电流。

我们已知 $\dot{I}'_A$、$\dot{I}'_B$、$\dot{I}'_C$ 大小分别为 $0.85I_e$、$0.42I_e$、$0.42I_e$，又有

$\dot{I}_A+\dot{I}_B+\dot{I}_C=3\dot{I}_0$，根据 Y0 侧相位补偿公式，我们容易推导得出故障相是中压侧 A 相，故障电流大小为 $1.26I_e$。

（2）第二套差动保护。

动作报告为：2159ms 零序比率差动动作，2209ms 比率差动动作，2505ms 工频变化量差动动作。高压侧第一支路、第二支路以及低压侧（套管流变）均无电流，中压侧第一支路三相均有差动调整后电流（中压侧无第二支路），其中保护启动时数值很小，B 相电流略大，波形不规则。保护动作时波形为标准的正弦波。2159ms 零序比率差动动作时，A 相差流为 $0.3I_e$，B 相差流为 $0.6I_e$，C 相差流为 $0.3I_e$，A、C 两相差流大小相等，为 B 相差流的 1/2，且方向与 B 相差流相反。2505ms 工频变化量差动动作时，A 相差流为 $0.39I_e$，B 相差流为 $0.78I_e$，C 相差流为 $0.39I_e$，A、C 两相差流大小相等，为 B 相差流的 1/2，且方向与 B 相差流相反。我们容易推导得出故障相是中压侧 B 相。

根据 2 号主变差动保护动作录波情况，继保人员对 220kV B 母第一套、第二套母差保护屏、2 号主变中压侧 4702 开关失灵保护、220kV 故障录波器进行了仔细检查，发现失灵保护和故障录波器在此时间段内均未启动且无故障报告，而两套南自 WMZ－41 母差保护在此时间发了“识别错误”告警。同时对 2 号主变差动保护进行了电流电压零漂及采样、定值校验，保护装置一切正常。

继保人员首先怀疑保护设备的抗干扰措施存在问题，对屏柜接地、电缆屏蔽层接地、电流回路一点接地进行了仔细检查，并对电流回路进行了绝缘测试，未发现有任何问题。在详细分析了跳闸报告和波形后，认为并非抗干扰问题造成的，原因如下：① 干扰电流不可能这么大，波形也不可能为这么标准的正弦波。② 保护装置的确感受到很大的电流，达到了动作值。差动起动电流整定值为 $0.5I_e$，零差起动电流整定值为 $0.3I_n$（本变电所流变二次额定电流为 1A），而第一套差动保护 A 相差流达到了 $0.85I_e$，第二套差动保护 B 相差流超过了 $0.6I_e$。因此保护动作跳闸是正确的。

接下来的疑问是：电流是从哪儿来的，失灵装置和故障录波器没有异常？比较它们的电流二次回路，有一点不同：差动保护电流二次回路一点接地在保护屏，其他保护电流二次回路一点接地点在开关端子箱。

考虑到 500kV 超高压变电站，场地大，感应电压较高，500kV 保护室在 500kV 设备区，220kV 保护室在 220kV 设备区。2 号主变中压侧开关端子箱距离 220kV 保护室几十米，而距离 500kV 保护室长达 200m。会不会是感应电压过大造成的？继保人员在 2 号主变保护屏拆掉差动绕组一点接地，打开中压侧 4702 开关电流端子 A411、B411、C411、N411、A421、B421、C421、N421 电流可连片，测量外侧端子对地电压为 0.56～0.59V，电压差很大。而测量高压侧电流回路端子对地电压只有 0.02～0.03V，将保护屏电流回路恢复正常接线后，继保人员根据运行人员所述情况，在 2 号主变中压侧 4702 开关端子箱处重新模拟了电流回路打开并短接操作，并在 2 号主变保护屏处用钳形电流表监测中压侧差动电流回路，在操作过程中未监测到有明显电流。

但在短接操作中发现一个问题，就是用于电流短接的连片比较长，一次能短接十个端子，短接时卡涩现象也比较严重，短接片不易卡进端子排中，往往需拔插多次才成功。既然中压侧 4702 开关电流端子 A411、B411、C411、N411、A421、B421、C421、N421 感应电压达到了 0.56～0.59V，而地电位差的存在，使变电所在两接地点间形成回路时，会产生电流。会不会是在操作过程中，操作不当，在 4702 开关端子箱造成 2 号主变第一套差动电流回路 A411、第二套差动电流回路 B421 接地，加上 2 号主变保护屏内的一点接地，形成了两点接地，则导致主变差动回路中流过大电流。

继保人员随即在 4702 开关端子箱进行了模拟，用导线将 A411、B421 两个端子人为短接接地，结果 2 号主变两套差动保护均动作跳闸。长期短接，在第一套差动保护屏上看到 A 相电流采样为 0.86A，差动计算电流 A 相为 $1.1I_e$，B 相为 $0.56I_e$，C 相为 $0.55I_e$；在第二套差动保护屏上看到 B 相电流采样为 0.84A，差动计算电流 A 相为 $0.46I_e$，B 相为 $0.93I_e$，C 相为 $0.46I_e$。打印故障电流波形基本相似。

操作过程中怎么造成接地的呢？经过调查发现，问题出在操作步骤上。运行人员操作方式如下：先打开电流端子中间连片，然后在流变侧用短接片将所有保护电流绕组短接，最后紧固螺丝（包括端子中间连片螺丝）。如图 4－39 所示：

1. 正常运行端子连接示意图：

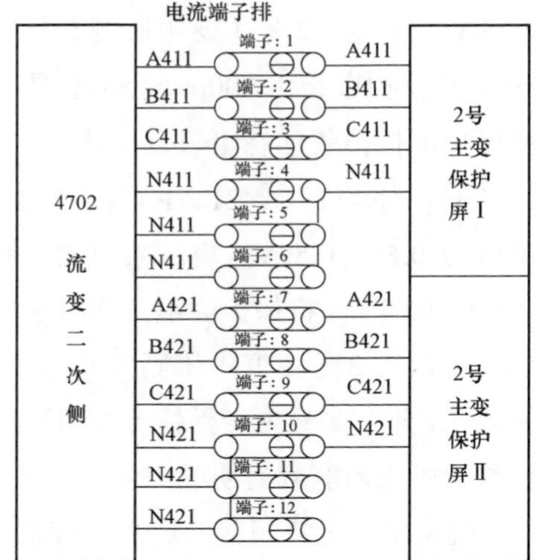

2. 端子连片打开前后示意图：

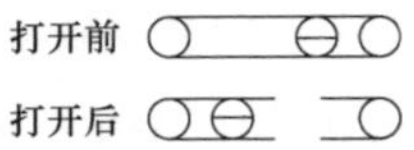

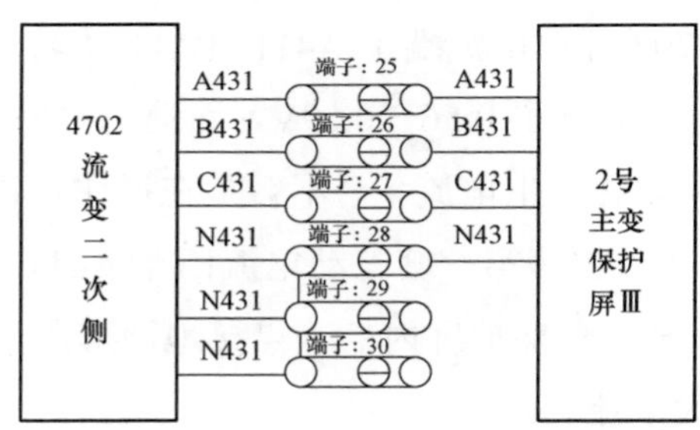

图 4－39　电流端子接线示意图

运行人员将 1～30 号端子中间的连片打开后（如图 4－39 所示），并未及时拧紧，而是从下往上，在流变侧（左侧）安装 10 个端子一组连接的短接片，将流变侧保护用所有电流端子短接。由于短接片太长不易卡进端子排中，进行了多次拔插，在拔插过程中不慎将几个端子中间连片从左侧拨到了右侧，从而使这几个端子左右导通。而 4702 开关失灵保护（安装在 2 号主变保护屏Ⅲ中）电流绕组 N431 回路流变侧端子在本端子箱内一点接地，进而导致这几个端子所接电流回路在端子箱接了地。所以当短接到 220kV 母差绕组时，4702 电流回路开关端子箱、保护屏两点接地，4702 电流流进了母差，母差报“识别错误”告警。但庆幸的是未引起母差保护动作，原因是 2 号主变 4702 开关端子箱距离 220kV 保护室几十米，不算太远，感应电压不高，两点接地

造成的感应电流不大，没达到母差起动值。而短接到 2 号主变差动保护绕组时，A411，B421 两个绕组接地，差动电流回路在开关端子箱、保护屏两点接地，2 号主变 4702 开关端子箱距离 500kV 保护室长达 200m，感应电压较高，两点接地造成的感应电流很大，超过了差动起动值，从而引起 2 号主变两套差动保护动作跳闸。4702 开关失灵保护电流回路只是在开关端子箱内多点接地，而故障录波器因为采用的是套管电流，它们并未受到感应电流影响，所以未启动。

2. 暴露问题

通过对以上保护动作行为的分析，可知主变差动保护电流二次回路两点接地是引起保护装置动作的原因。超高压变电站场地大，感应电压较高，接地网并非实际的等电位，因而在不同接地点间会出现电位差，如果一个电连通的回路在变电所的不同点同时接地，地网上的电位差将窜入这个连通的回路，如果差动保护二次电流回路接在地网的不同点，它们之间的电位差产生的电流将流入保护装置，影响差动保护装置动作的准确性甚至使之误动。像这次异常，如果没有地电位差，即使两点接地也不一定会引起保护动作。

此次 2 号主变差动保护异常动作，是在 2 号主变停运检修操作过程中三侧开关均已拉开的情况下发生的，所以未引起任何后果。由于主变差动保护带比率制动特性，变压器正常运行时，负荷电流是其制动电流，流变二次回路两点接地，很少引起差动保护误动。但在特殊运行方式下，比如本变电所变压器低压侧无 35kV 出线，负荷为三台电抗器，在中压侧开关停电检修的情况下，主变负荷很小，比率制动效果不明显。而本变电所流变二次侧的额定电流仅为 1A，保护整定值相对较小，当差动回路两点接地时，差动电流较易满足差动保护动作值。如果运行人员在中压侧电流二次回路上进行打开短接操作时，人为造成流变二次回路两点接地，那么发生差动保护误动、主变三侧跳闸事故的可能性极大。

另外，虽然投运前继保人员会对差动电流回路在保护屏一点接地进行检查，检验合格后才投运，但随着时间的推移，流变二次接线盒、开关（或流变）端子箱可能受潮，电流二次回路绝缘可能损坏，电流互感器绕组绝缘可能损坏，这些情况都有可能造成电流回路两点接地。

3. 防治措施

（1） 在流变二次回路上工作，要防止两点接地。

当开关或流变停运转检修操作后，所有在流变上有通电检修的工作，我公司要求运行人员在流变二次回路上做好安全措施，在开关或流变端子箱断开相关电流端子的横向连接片，并用短接片在流变侧短接所有电流端子，此操作步骤在操作票体现。此次 2 号主变差动保护异常动作就发生在运行人员做安全措施过程中。由此可见，在开关端子箱内做此类安全措施不太合适。故建议在主变保护屏上额外加装差动电流回路试验端子，即使运行人员操作不慎造成多点接地，因接地点均在保护屏，无感应电压差也不会有感应电流使得差动保护动作。但在未加装电流试验端子之前，运行人员必须改变其操作方式，每打开一个电流端子中间连片，必须将其螺丝紧固，然后再进行短接操作。

（2） 重视电流互感器二次绝缘测试。

由于流变二次回路一点接地检查多在保护投运前进行，而电流回路多点接地没有监察装置，保护投运后缺陷很难及时发现并处理，所以保护计划检验时必须非常重视电流回路绝缘测试。

（3） 尽可能降低地电位差。

微机保护屏下部设有截面不小于 100mm^2 的接地铜排，接地铜排用截面不小于 50mm^2 的铜缆与保护室内的等电位接地网相连。而主变差动电路回路的一点接地即接在这个等电位的“地”上，这个“地”如何降低电位差。用万用表测量 2 号主变 4702 开关端子箱处接地点与 500kV 保护室 2 号主变保护屏接地点之间有较大电阻，建议将该 500kV 保护接地点用 100mm^2 铜材引至相关流变端子箱处接地。

场地较大的超高压变电所，涉及多个开关、多组流变的保护，其二次中性线在保护屏处接地后，建议变电所设计阶段时提出保证全站主接地网在超高压运行的条件下，各点之间的电位为零的技术措施和要求。

这就要求我们今后注意：

（1） 在大型、超高压变电所建设时要采用反事故措施来构造二次回路接地的等电位面，尽量消除接地回路的电位差。

（2）在大型、超高压变电所对于一套保护涉及多个开关、使用多流变的情况，流变二次回路上工作必须有针对性措施，避免继电保护装置误动发生。

4.4.2　某供电公司 220kV××变 220kVAB 线 2539、AC 线 2538 开关跳闸，造成全所停电

1. 事故经过

6 月 15 日 8:00，220kV××变中央信号屏“直流接地装置故障”光字牌亮（该光字牌与直流系统接地信号合用），ZJD－4A 直流接地检测装置“母线绝缘”灯（未显示是哪条回路接地）。经测量，运行人员确定直流系统正极有接地情况；在对户外端子箱、机构箱、闸刀操作箱进行检查，未查出任何异常后，值班员请示工区并经地调同意后对××变各分路直流电源用拉路的方法查找接地点；9:30，由周××（副值）操作、周××（正值）监护、冯××（副值）用万用表监视直流母线对地电压的变化，按正常的顺序进行操作；10:00，当拉开 110kV××线 768 开关直流控制电源后，测得正对地 80V、负对地 150V，值班员将这一情况汇报工区技术员邓××，邓要求再拉开信号电源，看有无变化；10:10，值班员先拉合直流馈线屏上“信号电源 XM”，测量无变化，当再拉合直流接地检测装置屏上“中央信号”电源时（操作、监护、测量人员同前），220kV AB 线 2539、AC 线 2538 开关跳闸，220kV 旁路兼母联 2520 开关合闸，造成××变全所停电。

事故原因：××变值班员所拉的“中央信号”电源实际上是送至中央信号屏的 220kV、110kV、35kV PT 切换回路电源，该电源失电致使 220kV、110kV、35kV PT 小母线同时失压：××变 220kV 装有一套备用电源自动投入装置，该装置的起动条件是 220kV、110kV 同一条母线同时失压，装置一旦起动，首先跳开该母线所接的线路开关、再合上母联开关。当时，由于 220kV Ⅰ段、110kV Ⅰ段、220kV Ⅱ段、110kV Ⅰ段二次同时失压，备用电源自投装置起动，致使两条线路开关同时跳闸。

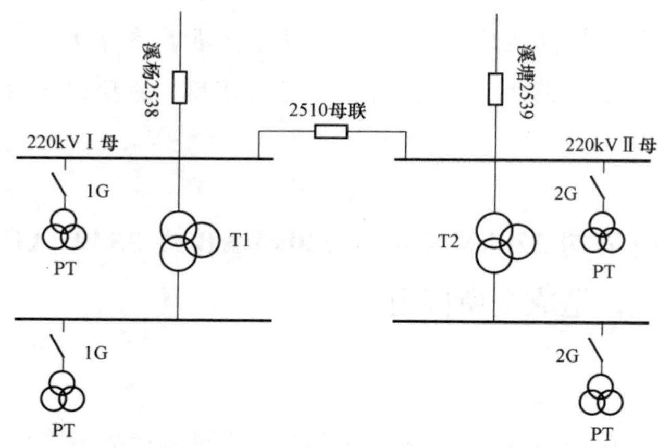

图 4-40 ××站一次接线示意图

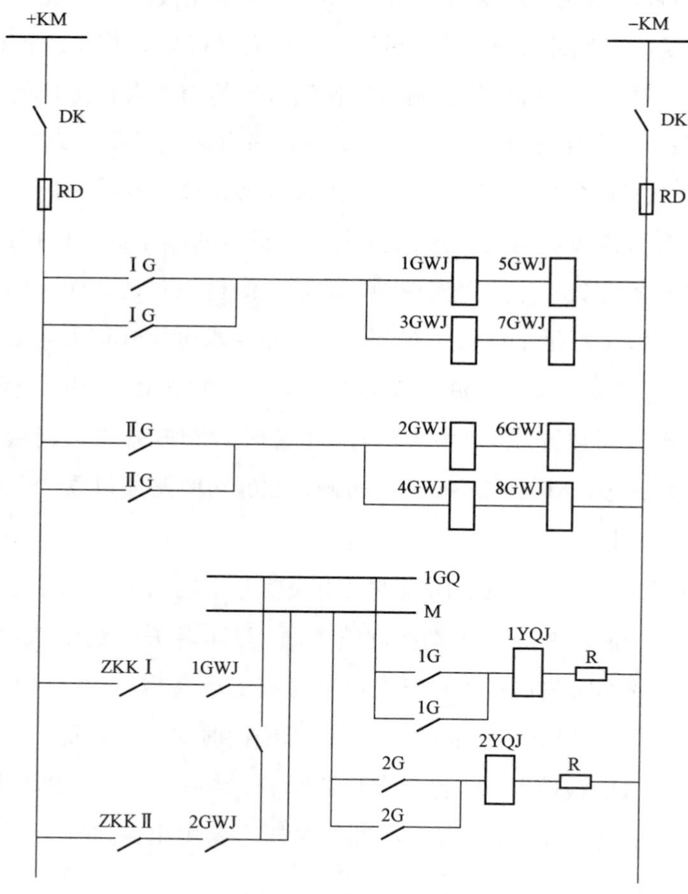

图 4-41 江溪变二次接线图（一）

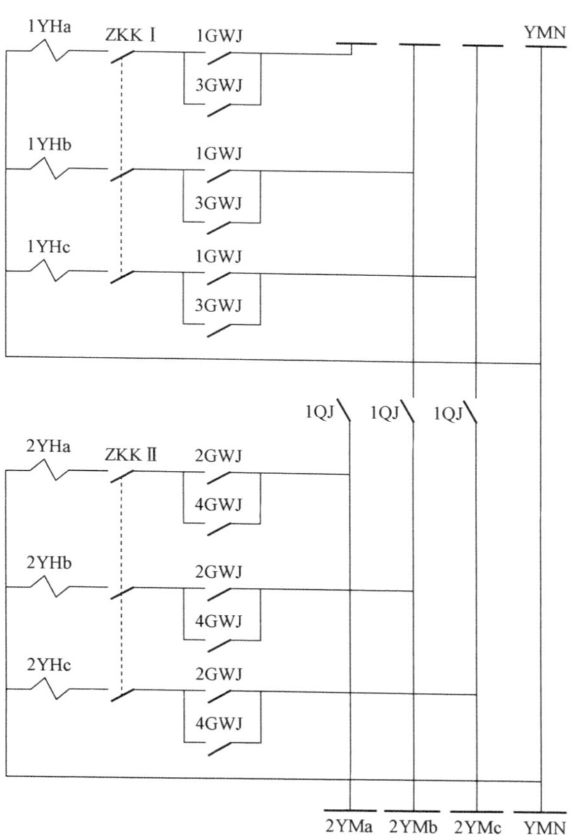

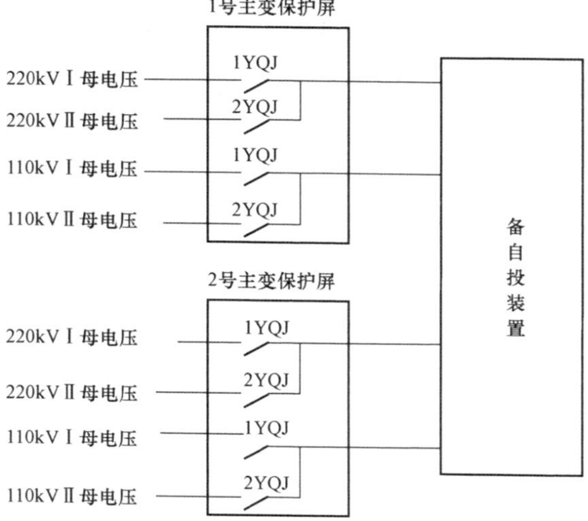

图 4－41　江溪变二次接线图（二）

2. 暴露问题

（1）PT 切换回路电源配置不合理，220kV 自投装置设计原理存在缺陷。

（2）变电所现场规程内容不全面。虽然××变现场规程曾修订过，但对直流拉路的要点、PT 切换回路电源的重要性未有明确的说明。

（3）值班人员对设备不熟悉，对信号电源的概念不清，对操作目的不明确。

（4）二次操作回路的设备名称不规范。

3. 防治对策

（1）对××变 PT 切换回路电源进行改造完善，即将 220kV、110kV、35kV PT 切换回路电源分路供给。

（2）各变电所开展对操作要点的排查，进一步补充完善现场规程、规范二次回路的熔丝、闸刀、小开关、按钮等名称编号。

（3）各 220kV 变电所必须配备直流接地检测装置，已有的变电所要抓紧调试投运力争今后全部使用直流检测接地装置进行直流接地的查找。

（4）加强运行人员的业务培训，提高技术水平和分析能力，特别要加强对设备熟悉和二次回路操作技能的培训。

（5）对 220kV 自投装置的设计原理做进一步论证，吸取其他兄弟单位的经验，以待改进。

4.4.3 某电业局××变 110kVAB 线 162 开关控制电源消失，162 开关无法跳闸，越级跳 2 号主变 16B 开关

1. 事故经过

8 月 4 日：××变 220kV AB 线 261、1 号主变 26A 开关接Ⅰ段母线运行；AC 线 262 开关、2 号主变接Ⅱ段母线运行；旁母 260 开关作母联运行。110kV 163、165、167 开关、1 号主变 16A 开关接Ⅰ段母线运行；110kV AB 线 162、164、166 开关、2 号主变 16B 开关接Ⅱ段母线运行；母联 16M 开关热备用，旁路 160 开关旁代 167 开关热备用。

8 月 4 日 16:28，当时天气雷雨交加，控制室警铃响，110kV AB 线 162 开关控制屏“保护动作”，“相间距离保护动作”“控制回路断线”光字牌亮，××线 162 开关红绿灯灭，接着事故音响，2 号主变控制屏“主变后备保护动作”

“保护跳闸”光字牌亮，2 号主变 16B 开关开关跳闸（红灯闪），110kVⅡ段母线失压。

经现场检查发现 AB 线 162 开关控制熔丝负极熔断（RL1－15/10A）开关及主变无异常。更换 162 开关控制熔丝后，用 KK 开关将××寮线 162、××顶Ⅱ线 164、××常线 166 开关转热备用。16:43 2 号主变 16B 开关由热备用转运行。

经检查分析认为这起事故的原因是：110kVAB 线 162 开关 SF_6 气体密度继电器接线盒处，控制回路负电源（第二接线柱）与信号回路正电源（第四接线柱）发生闪络（有烧焦痕迹），162 开关控制负电源熔丝熔断（RL1－15/10A），造成 162 开关拒动。从 162 开关跳闸报告及 110kV 故障录波报告分析，线路发生 AC 相故障保护正确启动，约 41ms 时发生 162 信号正电源（F701）与控制负电源（2）短路，控制回路断线，162 开关无法跳闸，越级跳 2 号主变 16B 开关。

2. 暴露问题

（1）SF_6 气体密度继电器在图纸设计上存在不合理接线方式。

（2）端子接线之间距离很近，焊点很大又朝下，存在安装工艺问题。

（3）设备管理维护不到位，多班组交叉维护设备存在设备管理维护上的死角和真空。

3. 防治对策

（1）对 SF_6 低闭回路进行整改。

（2）对同类型开关进行一次检查。

（3）定期对多班组、多专业管理的设备、回路进行界定，明确责任和维护内容。

4.4.4　某电业局××线远方跳闸及过电压保护 2 复役时因自保持回路未得到可靠复归，导致 5061、5062 开关跳闸事故

1. 事故经过

2003 年 3 月 7 日 13:18，500kV ××线远方跳闸及过电压保护异常处理结束后，500kV 对侧变在××远方跳闸及过电压保护 2 复役操作过程中，因××

线5061、5062开关远方跳闸及过电压保护跳闸装置的出口回路带自保持功能，而装置在设计原理上又存在出口动作后无任何指示信号是否复归到位的缺陷，同时因运行人员对测得远方跳闸及过电压保护出口压板两端确无电压后，（事后经查所使用万用表的表棒头脱焊接触不良），导致在放上出口压板时远方跳闸及过电压保护出口动作跳5061开关和5062开关。

2. 暴露问题

（1）LOCKOUT装置本身在设计上存在不完善功能性缺陷，不能给运行人员提供必要的信号指示，致使运行人员在操作信号复归时，无法判断信号是否已经复归。

（2）运行人员在使用万用表对出口压板两端进行测量前虽对万用表进行自检，但未能及时发现万用表本身存在的脱焊缺陷，导致不能测出出口压板两端有电压而将出口压板放上，致使5061、5062开关跳闸。

3. 防治对策

对LOCKOUT装置建议上级采取反措。装置本身存在问题，无法自行解决，在实际应用中应特别注意采取措施。

4.4.5 某供电公司新投的主变保护设计存在缺陷，造成××站1号主变差动保护动作，主变开关跳闸，母联自切成功

1. 事故经过

6月11日，应超高压公司要求，某供电分公司××站2157进行线路参数测量，2157从运行改为开关线路检修，另一进线机X2161经220kV分段一线送二变。7:31，地调向××站值班人员发出操作命令——2157从线路检修改为开关线路检修。7:43，当操作到第5步时，××站1号主变差动保护动作，220kV分段开关、1号主变110kV开关、1号主变35kV开关跳闸，35kV 1号电容器开关跳闸，同时110kV母联自切成功，35kV母联自切成功。

事故原因系操作中将1号主变保护中的220kV分段差动流变开路而引起保护动作。

2. 暴露问题

（1）1 号主变保护在设计上存在缺陷（由电力设计院 2002 年 11 月设计），将差动保护和过负荷保护放在同一套流变回路中（根据继电保护设计一般要求，差动保护流变回路能独立的应独立，而不要和其他保护合用流变），造成设备操作过程中将 220kV 分段流变回路开路，引起保护动作，开关跳闸。

（2）供电分公司运行人员对变电站内的二次设备不够熟悉，技术水平相对较差，在制定典型操作票时没仔细核对继保图纸，使得典型操作票上操作步骤与实际原理不符，造成操作中流变开路，保护动作。

3. 防治对策

（1）在设计上改进不合理的继保二次接线，将过负荷保护移入主变 220kV 套管流变回路中，使得差动保护与过负荷保护分开。

（2）将所有变电站具有特殊运行方式和特殊继保接线的情况列入现场运行规程，并在典型操作票上加以修改。

（3）加强运行人员技术业务岗位培训，结合技术改造，对新设备、新技术进行培训考试，特别要加强运行人员对二次回路的熟悉和掌握，以提高设备的运行管理水平。

（4）今后 110kV 及以上变电站典型操作票中涉及继保二次方面的操作步骤由继保人员参与审核。

4.4.6　某电业局 220kV××变 1 号主变高压侧开关误动跳闸

1. 事故经过

2004 年 9 月 20 日 15:39，××变#1 主变 220kV 侧 28A 开关、10kV 侧 68A 开关跳闸。10kV 的Ⅰ、Ⅱ段母线备自投装置动作，10kV 母分 600 开关自动合闸，10kV 母线上线路由 2 号主变供电；根据调度指令，1 号主变所供的 110kV 宝Ⅹ线、宝Ⅻ回线路在 16:47 转到 110kV 的Ⅱ段母线上供电。

跳闸前运行方式：220kV 的Ⅰ段母线接 1 号主变 28A、281 开关运行；Ⅱ段母线上接 2 号主变 28B（负荷 6.8 万 kW）、282 开关运行，母联兼旁路 280 作为母联运行。110kV 的Ⅰ段母线接 1 号主变 18A、182、185 开关运行；Ⅱ段母线上接 2 号主变 18B、186、187 开关运行；110kV 母联 100 开关热备用；

1 号主变带 10kV 的Ⅰ段母线运行；2 号主变带 10kV 的Ⅱ段母线运行；10kV 母分 600 开关热备用。

经现场检查，1 号主变保护屏高压侧 28A 开关操作箱第一组跳闸灯、第二组跳闸亮，低压侧 68A 开关操作箱上跳闸信号灯亮。10kV 备自投保护动作；1 号主变高压侧后备，中压侧后备保护，低压侧后备保护装置检查突变量启动；1 号主变保护装置均无任何动作信号；一次设备及系统均无故障。15:39 1 号主变高压侧 28A 开关跳闸，属二次回路误动。1 号变低压侧 68A 开关跳闸是 10kV 备自投装置动作出口，属正常动作。

事后经检修试验人员会同省中试院、省调通中心专家检查，××变全站内 220kV 及 110kV 系统故障录波显示当时系统正常，无一次设备故障；1 号主变保护装置及控制回路正常；保护装置抗振动试验正常；跳闸前和跳闸时站内无操作和工作。后备保护，低压侧后备保护装置检查突变量启动，1 号主变保护装置均无任何动作信号，一次设备及系统均无障。15:39 1 号主变高压侧 28A 开关跳闸，属二次回路误动。1 号变低压侧 68A 开关跳闸是 10kV 备自投装置动作出口，属正常动作。

2. 暴露问题

（1）经检查，由于同年 6 月份××变Ⅱ期工程投产，采用北京四方 CSI200E 测控装置，与宝×变Ⅰ期工程监控系统使用南自四方 99 年的 CSI301A 测控装置，二者共用了一个 HUB 相连。××变综自系Ⅱ期的投入由于其应用的 UDP 广播规约，与Ⅰ期系统产生通信冲突，造成综自系统通信网络负载加重，容易产生网络通信误码，严重干扰了站内站控层设备及通信设备的正常运行。

本次××变 28A 开关跳闸就是由于通信网中产生的通信误报文导致 CSI301A 内部程序运行出现软件飞车，触发其遥控逻辑电路中指令寄存器或地址译码器管角电平翻转，同时由于 CSI301A 装置属于早期产品，缺乏必要的对遥控上电继电器的保护措施，从而直接导致对宝盖变 28A 开关的遥控误出口。

（2）对 1 号主变测控 301A 装置单体检查，装置内部有电流、电压采样值，装置采样通道零漂大。该装置为 99 年生产的早期技术不成熟产品，目前该型号装置已停产，装置无任何自检报警信息，如有动作也无任何记录信息。

3. 防治对策

（1）尽快技改更换 1 号主变数字测控 CSI301A 装置。采用与Ⅱ期工程同系列的成熟产品——CSI200E 测控装置，消除Ⅱ期综自系统与Ⅰ期系统通信冲突的隐患。

（2）已在 CSI301A 装置与控制回路之间加设压板，设备运行中断开该压板。

第二篇

继电保护运行和维护对“三误”的防范措施

第 5 章　常规变电站继电保护及自动装置对“三误”的防范措施

电力系统安全是电力生产、经营、管理的重要组成部分，因为电力系统本身所具有的特点，安全和可靠性是第一位的。从美加大停电的严重后果和事故调查结果来看，电力企业不仅要加强固有的安全与可靠性的工作，还应该增强危机意识，充分认识到危机存在的可能性；电力系统的安全和可靠性在很大程度上取决于电力设施的安全和可靠。

其中，继电保护和安全自动装置是保障电力系统安全和防止电力系统发生大面积停电事故的最基本、最重要、最有效的技术手段。从国内外众多事故中不难看出，继电保护和安全自动装置一旦不能正确动作，必将酿成严重后果。反之则能有效地遏制事故的扩大与蔓延，减小事故损失与社会影响。所以加强继电保护技术监督，实行全过程管理，不断提高继电保护人员及装置运行管理水平，是减少继电保护事故的重要环节。

实现继电保护的全过程管理主要要把好设计审查关、把好继电保护及二次回路的竣工验收关、把好继电保护装置及二次回路调试检验关、把好继电保护运行管理关。

5.1　把好设计审查关

一个工程从规划立项到初步设计，再到正式设计，各级专业人员都应参与。

一个工程设计是否优秀，是否会遗留缺陷和隐患，只凭工程设计人员的努力是不够的，需要各级专业人员，根据现场实际情况来对设计进行审核。

对于二次系统设计，主要要把握如下几个方面。

5.1.1 初步设计审查的注意要点

（1）电流互感器、电压互感器的选型应满足保护装置及二次设备使用的需要，满足继电保护反措要求。特别是电流互感器二次各个次级的配备，误差要求、变比选择、准确限值系数（CALF）的选择，必要时需在审查中通过计算复核。对于特殊的一次配电系统，如 GIS、HGIS 组合电器，需要掌握其电流互感器次级配备的特殊性，在初步设计审查时及早提出，以免留下隐患。防范如本书第五章第十节的案例事故。

例如某 220kV 站两台主变，低压侧 10kV 母联断路器设置备用电源自动投入装置（暗备用方式），为了防止备自投装置在 TV 断线下的误动，需要将两主变低压侧断路器电流接入备自投装置，实现备自投装置的无流无压判据，在工程实施时发现主变低压侧断路器柜的 TA 只有两组给变压器保护用的保护次级，没有多余给备自投装置的次级，最后只能将备自投装置的电流串接在第一套主变保护的 TA 回路，由于 220kV 变压器保护一般使用主后一体保护，如此串接将直接影响第一套差动保护工作的可靠性，这是我们所不愿意看到的，但是这就是初步设计审查时不能严格把关而遗留下的隐患。

（2）保护配置审查，应以 GB/T 14285—2006《继电保护和安全自动装置技术规程》为准则，在不违反原则的前提下，结合现场实际，优化组合，完善保护配置。保护配置容易出现差错的地方主要是线路保护，特别是高电压等级的系统联络线路的保护，由于系统联络线一般要配置纵联保护，这势必在选型上要涉及线路两侧的保护配置，因此要特别引起重视。譬如，新建变电站老线路开断环入的问题，这就涉及线路两侧主保护的配型、搬迁问题。又如新变电站新建线路到某老变电站，则线路主保护的选型要考虑老站的接线方式、主保护的通道等问题；譬如虽然具备光纤通道，最理想的是使用两套分相电流差动作为线路主保护，但老站是要考虑旁代的，则线路两套主保护就不能全部使用分相电流差动，考虑使用一套分相电流差动，一套光纤方向纵联。这样光纤方

向纵联可以作为旁代时线路的主保护，当然有些地区分相电流差动保护也可以通过切换通道来实现旁代的，但我们不提倡这种做法。

线路保护的选型，还应从保护配置的优化角度去考虑，譬如对于同杆架设的平行双回线，考虑其在发生异名相跨线故障时，保护能正确选相动作，所以应首选分相电流差动保护为线路的主保护。

又譬如，220kV 系统的馈供线变组接线，在考虑受电端主变故障高压侧开关失灵时，当电源侧保护动作灵敏度不够或故障切除时间太长不能满足稳定要求时，应设置主变高压侧开关失灵远跳电源侧开关的功能。

（3）对于改扩建工程的审查，应结合现场实际，力求一个变电站在保护选型、二次回路设计上的统一，尽量避免因运行、检修人员习惯性问题而可能导致的事故。

5.1.2　二次设计施工图审查要点

二次施工图审查应主要把握如下几个方面：

（1）二次接线设计原理是否正确。

（2）二次接线设计是否满足各类规程、反措要求。

（3）二次线设计是否存在漏项。

（4）二次设计图纸是否完整。

（5）对于改扩建工程，与运行设备的搭接回路设计是否具备可行性。

5.2　把好继电保护及二次回路的竣工验收关

工程竣工验收应依据工程的初设批复文件、施工图纸，国家及行业主管部门颁布的有关电力工程的现行标准、规程、反措要求，继电保护生产厂家的技术要求，以及在建设过程中经过批准的有关变更的内容。保护专业管理部门接到准备验收通知后，应组织进行验收工作。验收包括资料验收、仪器仪表工具及备品备件验收、保护装置及二次回路验收及投运工作验收等。验收前应制订验收卡、验收记录表等，在验收中认真填写。

项目建设部门，包括设计、安装、调试等单位，要全力配合验收工作，配备充足的专业人员，提供所需要的图纸、技术资料、试验报告，为保证验收质量，验收方和配合验收方都要有充足的人员和时间保证。

除非必须，不宜采用随工验收方式。但项目单位的保护专业管理人员和设备维护人员，应参加设计技术交底、施工图审查，可提前介入安装调试。生产介入人员对建设环节中发现的技术问题，应及时做好记录并督促解决。安装调试单位应接受生产运行单位的保护人员跟踪检查，不得以任何理由和任何形式推诿、阻碍生产运行单位的介入。

验收中发现的问题，设计、安装、调试等部门必须协调进行整改。整改后，验收方应及时予以复验。对影响电网安全稳定运行的问题，必须在投运之前解决。对投产遗留问题，应明确责任部门，并限期解决，保护专业管理部门负责监督检查。

投运后，设计部门要在规定时间内，向项目建设单位提交完整的竣工图；安装、调试单位要在规定时间内，向项目建设单位提交完整的试验报告（随工验收项目，也必须提供相应报告）。

验收后投产时，必须满足下列条件：

① 保护调试检验项目齐全，图纸、资料齐全完整，符合有关规范规定。

② 所有备品备件、专用工具、仪器仪表齐全完好。

③ 装置及回路没有缺陷，性能指标、安装质量及施工工艺满足要求。

④ 资料、仪器仪表、工具及备品备件应在保护装置及二次回路验收前提交。随工验收也应提前提供必要的资料。

为保证继电保护运行的可靠性，相关专业应提供必要的资料。该资料不由继电保护专业负责验收，但应在投运前提供给继电保护专业作为必要资料备查。继电保护专业也应积极配合其他专业的验收工作，向其他专业提供必要的资料。

继电保护专业验收资料包括：① 与实际设备、接线相符的图纸，包括签名确认后的设计变更通知、安装及调试报告初稿；包括保护装置及相关二次回路的测试数据和电流互感器 10%误差计算分析等数据，可结合装置验收同步进行详细验收。② 安装及调试过程对设计和设备的变更以及缺陷处理的记录。③ 各套保护装置的技术说明书、使用说明书、调试大纲、出厂实验报告、组

屏图、微机保护的分板原理图等必要的装置性资料。

相关专业资料包括：① 断路器的跳闸线圈及合闸线圈的电气回路接线方式（包括断路器防跳回路、三相不一致回路等）。② 断路器跳闸及合闸线圈的电阻值及在额定电压下的跳、合闸电流值。③ 电压、电流互感器的实测数据及出厂试验书、所有绕组及其抽头的变比，以及电流互感器各绕组的准确级、容量及内部安装位置；二次绕组的直流电阻等。

在正式投运前，施工单位不应再在验收完毕的设备上进行工作，如因特殊情况需要工作的，应征得项目建设单位同意。

5.2.1　二次回路验收

（1）需要验收的内容。

① 从电流、电压互感器二次侧端子开始到有关保护装置的二次回路。

② 从直流分电屏出线端子排到有关保护装置的二次回路。

③ 从保护装置到控制屏、测控屏等之间的直流回路。

④ 保护装置出口端子排到断路器端子箱、汇控箱、二次柜的跳、合闸回路。

⑤ 从测控屏到断路器端子箱、汇控箱、二次柜的信号、控制等回路。

⑥ 非电量保护（指包含变压器瓦斯、温度、油位等非电气量保护出口、信号等继电器的保护装置）的相关二次回路。

（2）验收重点。

① 检查施工质量、工艺、反措的执行情况，回路功能检验随保护装置进行。

② 检查二次接线的正确性，二次回路应符合设计和运行要求。验收工作中应对重要的、特殊的回路进行按图查线工作，杜绝错线、缺线、多线、接触不良、标识错误。可以利用传动方式进行二次回路正确性、完整性检查，传动方案应尽可能考虑周全。

③ 在验收工作中，应加强对保护本身不易检测到的二次回路的检验和检查，以提高继电保护及相关二次回路的整体可靠性、安全性。

（3）二次设备安装情况。

① 所有安装设备型号、数量与设计图纸一致。

② 所有二次设备工作完工，设备配件齐全（顶盖、面板、把手、标签等）。

③ 施工工艺要满足GB 50171—1992《电气装置安装工程盘、柜及二次回路接线施工及验收规范》的要求，做到美观、整齐、易于运行维护及检修的要求。

④ 对保护屏、控制屏、端子箱等保护专业维护范围的端子及接线（包括接地线）外观检查，保护屏上的元器件、插件、继电器、抗干扰盒、切换开关、按钮、小刀闸、空气开关、保险、电缆芯、端子排、装置外壳、屏体等应清洁，无损坏，安装紧固，无变形，标识清晰，操作灵活。

⑤ 保护屏、控制屏、端子箱、机构箱中正负电源之间及电源与跳合闸引出端子之间应适当隔离。

⑥ 接入交流电源（220V、380V）的端子与其他回路（如：直流，TA、TV等回路）端子采取有效隔离措施，并有明显标识。

（4）电缆敷设情况。

① 电缆沟内动力电缆在上层，接地铜排（缆）在上层的外侧。

② 地下浅层电缆必须加护管，并做防腐防水处理。

③ 户外电缆的标牌，字迹应清晰并满足防水、防晒、不脱色的要求。

④ 电缆屏蔽层应两端可靠接地。穿金属管且金属管两端接地的屏蔽电缆，单端可靠接地。

⑤ 检查电缆封堵是否严密、可靠。注意：同屏（箱）两排电缆之间的也不能留有缝隙。

⑥ 交流回路与直流回路不能共用一根电缆；强弱电回路不能共用一根电缆；交流电流回路和交流电压回路不能共用一根电缆。

⑦ 交流电流回路的电缆芯截面不能小于2.5mm。

（5）二次接线情况。

① 查看各个屏位的布置是否符合图纸，各种设备压板标识应名称统一规范，含义准确、字迹清晰、牢固、持久。

② 所有二次电缆及端子排二次接线的连接应准确可靠，芯线标识齐全、正确、清晰，应与图纸设计一致。芯线标识应用线号机打印，尽量避免手写。芯线标识应包括回路编号及电缆或开关编号。屏上配线标识写位置端子号及对侧位置号，如1D33－ln56，表示线头所在位置为1D33，对侧为ln56。

③ 所有控制电缆固定后应在同一水平位置剥齐，每根电缆的芯线应分别捆扎，接线按从里到外，从低到高的顺序排列。电缆芯线接线端应制作缓冲环。电缆标签应使用电缆专用标签机打印。电缆标签的内容应包括电缆号，电缆规格，本地位置，对侧位置。电缆标签悬挂应美观一致、以利于查线。电缆在电缆夹层应留有一定的裕度。电缆备用芯铜芯不应外露。

④ 检查二次屏柜端子排、压板的布置符合规程、规范和反事故措施的要求。如端子排距离地面不应小于 35cm，压板投退时不会碰到相邻压板，保护装置去出口压板的接线应接到压板下口。

⑤ 对所有二次接线端子进行可靠性、螺丝紧固情况检查（二次接线端子是指保护屏、端子箱及相关二次装置的接线端子）。抽查二次屏柜端子排、装置背板端子、空气开关、保险接线以及小连片的接线联结可靠，符合图纸要求。检查振动场所的二次接线螺丝应有防松动措施。

⑥ 查看光缆及尾纤安装情况：光纤盒安装牢固，不应受较大的拉力，弯曲度符合要求（尾纤弯曲半径大于 10cm、光缆弯曲半径大于 70cm）。

（6）二次接地情况重申如下。

① 二次电缆及高频电缆的屏蔽层应用不小于 4mm^2 多股专用接地线可靠连接，接地线应与接地铜排可靠连接，接地铜排应与等电位地网可靠连接。

② 保护屏底铜排应用不小于 50mm^2 的铜导线接等电位地网。

③ 端子箱铜排接地良好，用不小于 100mm^2 的铜导线与等电位地网可靠连接。

④ 高频电缆应使用没有接头的完整电缆。沿高频电缆敷设 100mm^2 的铜电缆，分支铜导线距结合滤波器 3～5m 接地。高频电缆外罩铁管和耦合电容器底座焊接在一起接地，结合滤波器外壳接地。

⑤ 查保护屏屏体、前后柜门可靠接地。保护装置的箱体，必须经试验确证可靠接地（应小于 0.5Ω）。

⑥ 在主控室、保护室屏柜下的电缆层内，应敷设 100mm^2 的专用铜排，将该专用铜排首末端连接，然后按屏柜布置的方向敷设成“目”字形结构，形成保护室内的等电位接地网。保护室内的等电位接地网必须用 4 根以上、截面不小于 50mm^2 的铜排（缆）与厂、站的主接地网在电缆竖井处可靠连接。沿二次电缆的沟道敷设截面不少于 100mm^2 的裸铜排（缆），构建室外的等电位

接地网。

（7）二次回路绝缘。

① TV、TA 回路绝缘检查，TV、TA 回路与运行设备采取隔离措施，检修设备的 TV、TA 回路完好，用 1000V 绝缘电阻表测量其对地绝缘电阻，要求其阻值应满足规程要求。

② 二次控制回路绝缘检查（抽查项目），断开直流控制电源保险，二次控制回路其余部分完好，用 1000V 绝缘电阻表测量控制电源正负极回路、跳合闸回路对地绝缘电阻，要求其阻值应满足规程要求。

③ 保护装置电源回路绝缘检查（抽查项目），断开保护装置直流电源小开关，保护装置电源回路其余部分完好，用 1000V 绝缘电阻表测量直流电源正、负极回路对地绝缘电阻，要求其阻值应满足规程要求。

（8）TA 及其回路。

① TA 二次绕组准确等级正确，避免出现保护设备错接计测量 TA、次级，TA 次级位置满足运行要求，避免保护死区。

② 交流二次回路接地检查（结合 TA 回路绝缘检查完成）：电流二次回路接地点位置数量与接地状况，在同一电流回路中有且只能有一个接地点，接地点的位置符合反措要求。

③ TA 二次中性线的检查（报告项目）：在断路器端子箱分相向保护装置通流，查看装置采样，用钳形表测量对应相别和中性线电流，与所通电流一致。

④ 验收每只 TA 的每个保护二次绕组回路编号、使用保护装置、接地点位置、回路绝缘、回路直阻、二次负载、变比极性统计表与实际相符。

（9）TV 及其回路。

① 接线正确性检查，查 TV 二次、三次绕组在端子箱处接线的正确性。各星形每个绕组的各相引出线和中性线必须在同一电缆内；开口三角电压和其中性线必须在同一电缆内；TV 的二次回路和三次回路必须分开，不能共用一条电缆；端子箱各绕组 N600 独立。

② 二次回路接地检查（结合 TV 回路绝缘检查完成）；TV 二次回路有且只能有一点接地，经控制室零相小母线联通的几组 TV 二次回路只能在控制室将 N600 一点接地。各 N600 线在开关场的应经击穿保险接地，击穿保险的参数应符合反措要求。

（10）直流回路。

① 控制、保护、信号直流空气开关（熔断器）分开。

② 两套主保护分别经专用空气开关（熔断器）由不同直流母线供电。

③ 有两组跳闸线圈的断路器，每一组跳闸回路应分别由专用空气开关（熔断器）供电，取自不同直流母线。

④ 双重化的保护，每一套保护的直流回路应分别由专用的直流空气开关（熔断器）供电，取自不同直流母线。独立设置的电压切换装置电源与对应的保护装置电源相一致。

⑤ 直流回路使用的空气开关应为直流特性；上下级直流空气开关（熔断器）应有级差配合。

⑥ 检查直流空气开关接线极性符合产品特性要求，要求施工单位出具直流空气开关的动作特性试验报告。

⑦ 当任一直流空气开关（熔断器）断开造成控制、保护和信号直流电源失电时，都有直流断电或装置异常告警。

（11）断路器控制回路的验收。

① 手动合闸和手动跳闸回路检查：对断路器进行手跳、手合操作，断路器跳合正常，操作时注意检查微机保护装置的开入变位正常。对于双跳闸线圈断路器的保护，要验证两组控制直流分别、同时作用时断路器的跳、合闸情况。

② 分相跳、合闸回路检查：在保护装置跳、合断路器整组试验的过程中，断路器的分合闸正常，信号及红、绿指示灯正常。

③ 防跳回路检查：断路器处于合闸位置，同时将断路器的操作把手固定在合闸位置（注意五防、同期及相关开关位置，确保合闸脉冲长期存在），让第一套保护装置发三跳令，使断路器三相可靠跳闸，不造成三相断路器合闸。同理，让第二套保护装置发三跳令，使断路器三相可靠跳闸，不造成三相断路器合闸。应在就地观察开关是否有跳跃现象。必要时可通过断路器分合闸计数器来判断断路器是否有跳跃现象。

④ 压力闭锁回路检查：

a. 断路器的机构压力降低禁止重合闸时，重合闸装置放电闭锁。

b. 断路器在分闸位置，机构压力降低禁止合闸时，操作断路器操作把手合断路器不成功。

c. 断路器在合闸位置，机构压力降低禁止跳闸时，断路器三相跳闸将闭锁，手动跳闸不成功。

d. 断路器的机构压力异常禁止操作时，断路器手动合闸回路和断路器三相跳闸将闭锁，操作断路器操作把手合断路器不成功，断路器处于合闸位置，手动跳闸操作不成功。

⑤ 重合闸回路的检查：重合闸装置结合保护跳、合断路器试验的过程，三相断路器合闸正常，信号指示正常。

⑥ 重合闸闭锁回路检查：

a. 断路器的机构压力降低禁止重合闸时，查看微机保护有闭锁重合闸开入或重合闸装置放电。

b. 拉开控制电源时，查看微机保护有闭锁重合闸开入或重合闸装置放电。

c. 必须同时满足以上两条。

⑦ 三相不一致保护检查：开关本体的三相不一致保护——开关在分位，分别合 A、B、C 相开关，不一致保护应跳闸。开关在合位，分别跳 A、B、C 相开关，不一致保护应跳闸。保护屏上的三相不一致保护——开关在分位，分别合 A、B、C 相开关，开关在合位，分别跳 A、B、C 相开关，检查非全相保护接点正确及微机保护装置的开入变位正常，配合加量传动开关跳闸。三相不一致保护动作时间应符合有关部门相关定值要求。

对于机构三相不一致保护的时间继电器应有防误碰、防震措施。

（12） 线路保护二次回路专用技术要点。

① 同一条线路的两套保护装置、通道设备和电源均应独立配置。

② 线路纵联保护装置（除光纤电流纵差保护外）的通道、远方跳闸和就地判别装置亦应遵循相互独立的原则按双重化配置。

③ 高频电缆芯线应直接接入收发信机端子，不应经端子排转接。

④ 纵联方向、纵联距离保护装置应采用单接点方式与专用收发信机配合，收发信机远方启动逻辑应退出。

⑤ 对闭锁（允许）式纵联方向、纵联距离（零序）保护，要接入“其他保护停（发）信”回路，并应使用短延时（5～10ms）确认；对纵联差动保护，要接入远跳回路，并应使用短延时（5～10ms）确认。

（13） 主变保护二次回路验收专用技术要点。

① TA 保护范围核对：

a. 差动保护各侧 TA 准确等级应一致；采用中性点 TA，特别注意其极性应主变侧为正，地侧为负。

b. 根据正式定值单，核对各侧 TA 接线形式、选取位置、变比符合定值要求。

② 非电量回路核对：跳闸型非电量回路，全回路与直流正电有间隔端子排；变压器本体的瓦斯、油温表、绕组温度表、压力释放、油位表、压力突变装置电缆进线处应有良好的防水措施；瓦斯继电器要有防雨罩且安装牢固，瓦斯继电器箭头指向油枕；瓦斯继电器流速，要求由具备整定试验资格的专门部门测试整定；特殊的进口气体继电器，符合生产技术部门或厂家推荐值的要求；非电量保护电源应单独配置。

③ 设置直流分电屏时，主变各侧保护和控制电源按高压侧分类归属。

（14）母线保护二次回路验收专用技术要点。

① 双重化母线保护的断路器和隔离刀闸的辅助接点、切换回路、辅助变流器以及与其他保护配合的相关回路应遵循相互独立的原则按双重化配置。双母线接线装置刀闸辅助接点的开入宜通过强电回路直接取自开关场。

② 每套母线保护应接入独立的电流互感器二次绕组，出口同时作用于断路器的两组跳闸线圈。

③ 主变 220kV 断路器失灵时，在启动母差失灵保护的同时，应解除母差失灵出口单元的复压闭锁。

④ 启动失灵保护（含母联失灵保护）的接点应直接引自各保护装置，各保护启动失灵回路的压板应分相设置于保护动作接点之后。失灵启动回路的二次电缆跨保护小室连接时（分小室布置变电站的保护小室之间，发电厂升压站网控室和机组主控室之间），应在失灵保护开入前经强电大功率中间继电器转接。

⑤ 断路器三相不一致保护、非电量保护不启动断路器失灵保护。

⑥ 3/2 接线，失灵保护经母线保护直跳时，应采用独立双接点开入，并在母线保护侧经两个强电中间继电器进行转接。

⑦ 失灵保护及双母线接线的母差动作必须加速线路对侧纵联保护出口。3/2 接线的失灵保护动作于加速线路对侧纵联保护跳闸的回路，应采用失灵保护出口接点并联的方式。

⑧ 检查各路电流互感器的极性，以及所有由互感器端子到继电保护屏的

连线，注意母联极性应符合装置要求。

5.2.2 微机保护装置的验收

（1）装置外部及元器件、插件、接线连接可靠性。

① 检查装置的实际构成情况，如装置的配置、装置的型号、额定参数（直流电源额定电压、交流额定电流、电压、跳合闸电流等）是否与要求相符合。

② 检查装置内、外部，清洁无积尘。

③ 检查装置小开关、拨轮及按钮良好。抽查各插件电路板无损伤或变形，连线良好。检查各插件元件焊接良好，芯片插紧。检查各插件上的变换器、继电器固定良好无松动。

④ 抽查装置内部的焊接点、插件接触的牢靠性，该项属于制造工艺质量的问题，主要依靠制造厂负责保证产品质量。

⑤ 按照装置技术说明书，根据现场实际需要，检查设定并记录装置插件内的跳线和拨动开关位置正确。

⑥ 抽查装置端子排螺丝拧紧，配线连接良好。

⑦ 检查屏柜上的标志应正确完整清晰，满足运行要求。

⑧ 抽查安装在装置输入回路和电源回路的抗干扰器件和措施应符合相关标准和制造厂的技术要求。

（2）装置上电。

① 打开装置电源，装置应能正常工作。

② 检查装置的硬件和软件版本号、校验码等信息与试验报告、定值单一致。

③ 校对时钟。

（3）逆变电源。

① 对于微机型装置，要求插入全部插件。

② 有检测条件时（即测试端子引出时），测量逆变电源的各级输出电压值。测量结果应符合 DL/T 527—2002《静态继电保护逆变电源技术条件》。

③ 逆变电源自启动验收（抽查项目）：合上装置逆变电源插件上的电源开关，试验直流电源由零缓慢上升至 80%额定电压值，此时逆变电源插件面板上

的电源指示灯应亮。固定试验直流电源为 80%额定电压值，拉合直流开关，逆变电源应可靠启动。

④ 逆变电源任一级电源故障，都应发出装置告警信号。

（4）开关量输入回路。

① 在保护屏柜端子排处，对所有引入端子排的开关量输入回路依次加入激励量，观察装置的行为。

② 按照装置技术说明书所规定的试验方法，分别接通、断开连片及转动把手，观察装置的行为。

（5）输出触点及输出信号。

① 在装置屏柜端子排处，依次观察所有引出到端子排的触点及输出信号的通断状态。

② 如果几种保护共用一组出口连片或共用同一告警信号时，应将几种保护分别传动到出口连片和保护屏柜端子排。

③ 如果几种保护共用同一开入量，应将此开入量分别传动至各种保护。

（6）模数变换系统。

① 检查零漂，符合要求。

② 各电流、电压输入的幅值和相位精度检验（抽查项目）。分别输入不同幅值和相位的电流、电压量，观察装置的采样相别是否正确，采样值精度、线性度满足装置技术条件的规定。

（7）装置功能。

① 应对主保护、不同种类后备保护的任一段进行检查，可结合装置的整组试验一并进行。

② 测试保护整组动作时间、失灵启动返回时间。

③ 跳闸矩阵检查，检查跳闸矩阵出口行为与定值要求一致。

5.2.3　保护整组传动验收

（1）整组传动验收原则、注意事项。

① 保护装置、二次回路相关验收完成后，进行整组传动验收。双母线母差、失灵保护的整组试验，可只在具备条件时进行。试验前，应将所有保护投

入（做好必要的措施，如：断开启动失灵及联跳压板等），除 TV、TA 回路外所有二次回路恢复正常，然后进行整组传动试验。

② 整组试验时必须注意各保护装置、故障录波器、信息子站、远动、监控系统、接口屏、中央信号及各一次设备的行为是否正确。注意所有相互间存在闭锁关系的回路，如沟通三跳，3/2 接线的同一条线路两套保护同时动作启动重合闸的回路、闭锁备自投回路等，其性能应与设计符合。

③ 进行必要的跳、合闸试验，以检验各有关跳合闸回路、防止跳跃回路动作的正确性，每一相的电流、电压及断路器跳合闸回路的相别是否一致。应保证接入跳、合闸回路的每一副接点均应带断路器动作一次。

④ 整组试验时要进行出口压板全退状态下，无其他预期外的跳闸的检验。出口压板全投状态下，无其他预期外的跳闸的检验。

⑤ 对于双跳闸线圈断路器的保护，要验证两组控制直流分别、同时作用下断路器的跳、合闸情况。

⑥ 整组试验结束后，应拆除所有试验接线并恢复所有被拆动的二次线，然后按回路图纸逐一核对，此后设备即处于准备投入运行状态。

⑦ 整组试验的试验项目可根据此原则，结合保护回路的具体情况拟订。进行试验之前，应事先列出预期的结果，以便在试验中核对并及时做出结论。

（2） 线路保护的整组试验。

① 对纵联保护，远方跳闸等装置，应利用通道，两侧保护配合进行整组传动，两侧分别模拟正向区内、正向区外、反方向故障，检查保护动作行为。

② 不同的保护装置分别传动，同一装置的主保护和后备保护不必分别传动断路器。

③ 分相操作的断路器回路，要分别验证每一相的电流、电压、保护动作报文、出口压板、断路器跳合闸回路的相别是否一致。核对相别时应有专人在现场核对实际开关相别。

④ 传动试验应模拟单相和 AB 两相瞬时接地短路和任意单相永久性短路。

⑤ 对于 3/2 接线的线路保护，要配合断路器保护一起进行整组试验。

（3） 母线、失灵保护的整组试验。

① 双母线母差、失灵保护，分别实际传动到每个断路器。

② 3/2接线的母线保护，不同的母线保护装置分别传动到各断路器。

③ 双母线保护隔离开关位置要实际操作一次隔离开关验证开入量正确。

④ 对于改扩建工程，在做母线、失灵保护的整组试验时应有防止误跳运行开关的措施。

（4）断路器保护的整组试验。

① 对于3/2接线断路器，要配合线路保护装置一起进行交叉传动试验。检查线路跳母线断路器、中间断路器跳闸及母线断路器、中间断路器重合顺序。沟通三跳回路需由线路保护带断路器单独传动。

② 对于3/2接线断路器的短引线保护，模拟任一单相故障，单独传动到断路器。

（5）母联、分段、旁路保护的整组试验。

① 母联、分段保护，模拟任一单相故障，传动到断路器，检查充电或过流保护跳闸行为，注意启动失灵回路的传动。

② 旁路保护，参照线路保护的试验进行，注意防止跳运行开关，注意通道切换回路的检查。

（6）变压器保护的整组试验。

① 不同的保护装置分别传动，电量保护和非电量保护分别传动。传动时，要防止误跳运行母联、分段、旁路断路器。

② 对于电量保护应按定值单项抽查主要项目，跳闸矩阵应能全面得到验证，检查各侧断路器动作行为及其他开出回路的正确性。

③ 非电量保护传动包括重瓦斯、轻瓦斯、调压瓦斯、冷控失电、油面低、油温高、压力释放等，实际传动到各侧断路器，防止仅发信号的非电量误跳闸。非电量保护有条件时要从主变本体处实际传动，注意信号保持和不应启动失灵。

（7）与厂站自动化系统、继电保护及故障信息管理系统的配合。

① 对于厂站自动化系统要检查各种继电保护的动作信息和告警信息的回路正确性及名称的正确性。

② 对于继电保护及故障信息管理系统要检查各种继电保护的动作信息、告警信息、保护状态信息、录波信息及定值信息的传输正确性。

5.2.4 投运工作验收

（1）接入运行设备的工作、设备送电前检查项目和向量检查等工作，采用随工验收。

（2）电流回路恢复前的全回路直流电阻测量验收。

（3）电流、电压二次回路接地点检查验收。

（4）定值核对。

① 工作完成后，现场工作人员打印保护装置正式运行时用的定值，与保护定值通知单进行逐项核对。

② 检查、查看装置软压板投退情况与定值要求一致。

（5）带负荷测试，向量检查验收。

5.3 把好继电保护装置及二次回路调试检验关

继电保护装置及二次回路调试检验，是设备投运前的一道重要工序，也是继电保护全过程管理的一个重要方面。做好保护的新安装调试以及定期检验调试，是使设备以良好的状态投入系统，减少事故的关键环节。

推广继电保护检验标准化作业，以 DL/T 995—2006《继电保护和电网安全自动装置检验规程》为依据，结合现场实际，严把保护装置及二次设备的调试检验关。

5.3.1 微机型保护装置的检验

（1）装置清扫、装置外部检查及元器件、插件、接线连接可靠性检查。对于密封、防尘措施较好的装置可以根据现场实际情况不拔出插件。如发现问题应查找原因，不可频繁插拔插件。要特别注意本保护跳旁路、母联断路器的出口压板在退出位置，其他的联跳回路也已经打开。

（2）断开装置电源，拔出插件，进行检查及清扫。

① 检查装置内、外部是否清洁无积尘、无异物；清扫电路板及屏内端子排上的灰尘。

② 检查各插件印刷电路板无损伤或变形，连线连接良好。

③ 检查各插件上元件焊接良好，芯片插紧。

④ 检查各插件上变换器、继电器固定良好，无松动。

⑤ 检查装置的跳线、小开关、拨轮及按钮连接可靠，位置正确，满足装置运行及定值需要，并进行核对。

⑥ 检查各插件插入后接触良好，闭锁到位。

（3）压板检查。

① 检查并确证压板接线紧固，通断良好。

② 压板端子接线压接是否良好。

③ 压板标签字迹清晰、名称正确。

④ 检查装置端子排螺丝拧紧，背板连接线无机械损伤，连接良好（线紧固）。

（4）逆变电源检查。

① 按说明书分别测量各点电位正确，对不能直接测量的装置可不进行测量。

② 检查电源的自启动性能。拉合直流开关，逆变电源应可靠启动。装置应能正常运行，并检查装置液晶显示正常，指示灯正确，时钟准确。

③ 除另有规定或厂家有保证外，开关电源插件宜在运行4～5年后予以更换。更换电源插件后，应进行80%额定电压的自启动性能检验。

（5）核对软件版本信息符合要求。

（6）开入、开出检查，应同时检查相应的录波回路，故障信息管理系统的开关量录入正确。

① 投退保护屏上相应开入压板，检查开入偪变位正确。

② 外接设备接点开入可通过在相应端子短接、断开回路的方法检查本装置开入量变位正确。有条件的，应通过改变取用接点的状态检查。

③ 保护出口及信号可以通过面板菜单操作或模拟试验等方法，检查正确。

④ 与其他保护联系的开出量，检查变位正确。

（7）交流采样回路检查。如果交流量的测量值误差超过规定的合格范围时，应首先检查试验接线、试验方法等是否正确，试验仪器完好，试验电源有无波形畸变，不可急于调整或更换保护装置的元器件。

① 零漂检查，查看零漂值是否满足相应保护装置规定的合格范围要求。

② 额定电流、电压刻度检验：按照装置技术说明书的要求，输入额定幅值的电流、电压量，观察装置的采样值满足装置技术条件的规定。

③ 对于差动保护装置，在进行电流检验时注意采样、差流（显示值）应符合装置要求。

（8）装置功能检验。应对主保护、不同种类后备保护的任一段进行检查，可结合装置的整组试验一并进行。

（9）跳闸矩阵检查，仅在改变跳闸方式后进行，检查跳闸矩阵出口行为与定值要求一致。

5.3.2 二次回路检验

（1）二次回路清扫。

① 对保护专业维护范围的端子及接线（包括接地线）进行清扫、外观检查，确保二次线无积灰、变形、松动、损伤、断线、碰线、短路、焊接不良等现象。

② 保护屏上的继电器、抗干扰盒、切换开关、按钮、小刀闸、空气开关、保险、电缆芯、端子排、装置外壳、屏体等应清洁，无损坏，安装紧固，无变形，标识清晰，操作灵活。

（2）接线正确性检查。

① 利用传动方式进行二次回路正确性、完整性检查。传动方案应尽可能考虑周全，能够体现二次回路功能的正确性及完整性。

② 加强对保护本身不易检测到的二次回路的检验检查，如压力闭锁、通信接口、变压器风冷全停等非电量保护及与其他保护连接的二次回路等，以提高继电保护及相关二次回路的整体可靠性、安全性。

（3）接线连接可靠性检查。

① 应对所有二次接线端子进行可靠性检查，二次接线端子是指保护屏、端子箱及相关二次装置的接线端子。

② 应对二次接线端子进行螺丝紧固工作。

（4）二次回路及高频电缆接地完好性检查。

① 检查电流、电压二次回路接地点与接地状况。

② 二次回路及高频电缆屏蔽层应与接地线可靠连接，接地线应与接地铜排可靠连接，接地铜排应与接地网可靠连接。

（5）二次回路绝缘检查。

① TV、TA 回路绝缘检查，TV、TA 回路与运行设备采取隔离措施，检修设备的 TV、TA 回路完好，用 1000V 绝缘电阻表测量其对地绝缘电阻，要求其阻值应满足规程要求。

② 二次控制回路绝缘检查，断开直流控制电源保险，二次控制回路其余部分完好，1000V 绝缘电阻表测量控制电源正负极回路、跳合闸回路对地绝缘电阻，要求其阻值应满足规程要求。

③ 强电开入回路绝缘检查，注意根据装置要求，拔出相应保护插件或断开相应回路。

（6）结合一次设备检修，进行断路器、隔离开关辅助触点接触可靠性检查。

5.3.3　继电器、操作箱、切换箱等设备

（1）清扫、紧固及外观检查。

① 继电器、操作箱等设备的外壳应清洁，无灰尘和油污，外壳及玻璃应完整并嵌接良好。内部应清洁，无灰尘和油污。

② 外壳与底座接合应紧密牢固，防尘密封良好并安装端正。

③ 背板接线端子清扫、紧固。对继电器底座端子板上的接线螺钉进行紧固，相邻端子的接线鼻之间要有一定的距离，以免相碰。紧固时弹簧垫和平垫应压紧全面接触。

④ 设备的每个插件及内部辅助电气元件清扫，插件线路条不得有断线、剥落及锈蚀情况，应清洁无灰尘，内部辅助电气元件如电容、电阻、半导体元件等应清洁无灰尘并不得有烧毁、虚焊和脱焊的情况。

（2）继电器功能检查，按照 DL/T 995—2006《继电保护和电网安全自动装置检验规程》附录《各种功能继电器的全部、部分检验项目》进行。

（3）操作箱、切换箱结合传动检查继电器动作可靠，接点接触良好。

① 操作箱的传动，结合整组试验和二次回路传动进行，一般不进行单独的传动试验。

a. 重合闸回路的检查：重合闸装置结合保护跳、合断路器试验的过程，三相断路器合闸正常，信号指示正常，即可判断操作箱中的重合闸回路完好。

b. 手动合闸和手动跳闸回路检查：断路器正常的手合、手跳操作，断路器合跳正常，即可判断操作箱中的手动合闸和手动跳闸回路完好，操作时注意检查微机保护装置的开入变位正常。

c. 分相合、跳闸回路检查：在保护装置跳、合断路器整组试验的过程中，断路器的分合闸正常，信号及红、绿指示灯正常，即可判断操作箱中的分相合、跳闸回路完好。试验过程中断路器三相不一致时注意检查非全相保护接点正确及微机保护装置的开入变位正常。

d. 防跳回路检查：断路器处于合闸位置，同时将断路器的操作把手固定在合闸位置（合闸脉冲长期存在），保护装置发三跳令，断路器三相可靠跳闸，不造成三相断路器合闸，即可判断操作箱中的防跳回路完好。

e. 压力闭锁回路检查断路器的机构压力降低禁止重合闸时，重合闸装置放电闭锁。断路器的机构压力降低禁止合闸时，操作箱中手动合闸回路闭锁，操作断路器操作把手合断路器不成功。断路器的机构压力降低禁止跳闸时，断路器三相跳闸将闭锁，断路器处于合闸位置，手动跳闸不成功。断路器的机构压力异常禁止操作时，断路器手动合闸回路和断路器三相跳闸将闭锁，操作断路器操作把手合断路器不成功，断路器处于合闸位置，手动跳闸操作不成功。

② 切换箱结合传动。

a. 断开Ⅰ母隔离开关常闭辅助触点、短接Ⅰ母刀闸常开辅助触点，Ⅰ母切换动作，相应的保护用的电压切换触点接通，同时至失灵、母差保护的Ⅰ母切换触点接通。断开Ⅰ母隔离开关常开辅助触点，上述保护用的触点应保持在接通位置，恢复短接Ⅰ母隔离开关常闭辅助触点，上述保护用触点断开。

b. 断开Ⅱ母隔离开关常闭辅助触点、短接Ⅱ母隔离开关常开辅助触点，Ⅱ母切换动作，相应的保护用的电压切换触点接通，同时至失灵、母差保护的Ⅱ母切换触点接通。断开Ⅱ母隔离开关常开辅助触点，上述保护用的接点应保持在接通位置，恢复短接Ⅱ隔离开关常闭辅助触点，上述保护用触点断开。

c. 上述试验方法，适用于双辅助触点切换回路。

注意：工作时电压小母线至切换箱的电压回路应在断开位置，否则易造成TV 二次不正常并列。

5.3.4 继电保护通递传输设备

（1）专用载波通道检查。

① 清扫、紧固、接地、高频电缆绝缘检查。

a. 检查收发信机装置内外部是否清洁无积尘；

b. 检查收发信机装置内部各插件上变换器、继电器是否固定好，有无松动；

c. 对结合滤波器内部进行清扫。检查结合滤波器内部各元器件之间的连线是否连接完好；端子排螺丝是否拧紧；

d. 1000V 摇表测量（芯）对屏蔽层的绝缘电阻，要求不小于 1MΩ。

② 收发信机检查。

a. 进行收发信电平检查，结果应满足要求；

b. 逆变电源输出电压检查。按说明书分别测量各点电位正确（额定电压且发信状态）；在收发信机电源开关合上的状态下拉、合直流电源，收发信机电源应能够自启动；

c. 与保护配合的相关回路检查。配合线路保护做传动试验，检查收发信机的动作行为是否正确；

d. 全部检验时，检查 3dB 告警等告警、信号回路，结果应满足说明书要求；

e. 全部检验时，按说明书进行表头、电平指示灯校正，结果应满足要求；

f. 全部检验时，按说明书测试灵敏启动电平，结果应满足要求；

g. 全部检验时，应检验回路中各规定测试点的工作参数。

（2）专用、复用光纤通道、设备检查。

① 清扫、紧固。检查光纤插头是否清洁无积尘；清扫灰尘；保护及光电转换器的光纤连接应牢靠，不能有松动。

② 光电转换接口装置的检查：

a. 外观检查；

b. 装置接地及电源检查；

c. 与保护配合的相关回路检查；

d. 检查通道检测回路和告警回路。

5.3.5 整组试验

（1）整组试验原则。

① 保护装置检验完成、二次回路相关检查完成及断路器本体检查传动完成后，进行整组传动试验。双母线母差、失灵保护的整组试验，可只在具备条件时进行。试验前，应将所有保护投入（做好必要的措施，如断开启动失灵及联跳压板等），除 TV、TA 路外所有二次回路恢复正常，然后进行整组传动试验。

② 整组试验时必须注意各保护装置、故障录波器、信息子站、远动、监控系统、控制屏、接口屏、中央信号及各一次设备的行为是否正确。

③ 进行必要的跳、合闸试验，以检验各有关跳合闸回路、防止跳跃回路动作的正确性，每一相的电流、电压及断路器跳合闸回路的相别是否一致。应尽量减少断路器的跳合次数，但同时应保证接入跳、合闸回路的每一副接点均应带断路器动作一次。

④ 整组试验时要进行出口压板全退状态下，无其他预期外的跳闸回路的检验。出口压板全投状态下，模拟各种故障时无其他预期外的跳闸回路的检验（首检中要特别重视）。

⑤ 整组试验结束后，应拆除所有试验接线并恢复所有被拆动的二次线，然后按回路图纸逐一核对，此后设备即处于准备投入运行状态。

⑥ 整组试验的试验项目可根据此原则，结合保护回路的具体情况拟订。进行试验之前，应事先列出预期的结果，以便在试验中核对并及时做出结论。

（2）在整组试验中注意检查如下问题。

① 所有在运行中需要由运行值班员操作的把手及压板的连线、名称、位置标号是否正确，在运行过程中与这些设备有关的名称、使用条件是否一致。

② 所有相互间存在闭锁关系的回路，如沟通三跳，3/2 接线的同一条线路两套保护同时动作启动重合闸的回路、闭锁备自投回路等，其性能应与设

计符合。

③ 中央信号装置（包括监控后台机）的动作及有关光、音信号指示是否正确。

④ 断路器跳、合闸回路的可靠性。其中装设单相重合闸的线路，验证电压、电流、断路器回路相别的一致性及与断路器跳合闸回路相连的所有信号指示回路的正确性。

⑤ 预定各类重合闸方式下，是否能按规定方式动作并不发生多次重合情况。

（3）线路保护的整组试验。

① 不同的保护装置分别传动断路器，同一装置的主保护和后备保护可不分别传动断路器。

② 分相操作的断路器回路，要分别验证每一相的电流、电压及断路器跳合闸回路的相别是否一致。

③ 传动试验应模拟单相和 AB 两相瞬时接地短路和任意单相永久性短路。对于双跳闸回路的断路器，应增加只有一组控制电源时的传动试验。

④ 对于 3/2 接线的线路保护，要配合断路器保护一起进行整组试验。

⑤ 借助于传输通道实现的纵联保护、远方跳闸等的整组试验，应于传输通道的检验一同进行。必要时，可与线路对侧的相应保护配合一起进行模拟区内、区外故障时保护动作行为的试验。

（4）母线、失灵保护的整组试验。

① 双母线母差、失灵保护，在定期检验时，允许用导通方法分别证实到每个断路器接线的准确性。

② 3/2 接线的母线保护，可模拟任一故障，不同的母线保护装置分别传动到各断路器。

③ 3/2 接线的失灵保护，一般不传动到断路器，可仅用导通方法证实到每个断路器接线的准确性。

（5）断路器保护的整组试验。

① 对于 3/2 接线断路器，配合线路保护装置一起进行整组试验。检查线路跳母线断路器、中间断路器跳闸及母线断路器、中间断路器重合顺序。硬沟三回路需带断路器单独传动。

② 对于 3/2 接线断路器的短引线保护，模拟任一单相故障，单独传动到

断路器。

（6）母联、分段、旁路保护的整组试验。

① 母联、分段保护，模拟任一单相故障，传动到断路器，检查充电或过流保护跳闸行为，防止误启动失灵。

② 旁路保护，参照线路保护的试验进行，注意防止误跳运行开关，注意通道切换回路的检查。

（7）变压器保护的整组试验。

① 不同的保护装置分别传动，电量保护和非电量保护分别传动。保护传动时要有可靠的措施防止误跳运行的母联、分段、旁路断路器。

② 对于电量保护应模拟高压侧单相和中压侧 AB、BC、CA 两相故障以及低压侧 ABC 三相故障，检查各侧断路器动作行为。

③ 非电量保护传动包括重瓦斯、轻瓦斯、调压瓦斯、冷控失电、油面低、油温高、压力释放等，实际传动到断路器，防止仅发信号的非电量误跳闸。非电量保护有条件时应从主变本体处实际传动，注意信号保持和不应启动失灵。

5.4 把好继电保护运行管理关

加强继电保护的运行管理，是保证继电保护设备、继电保护工作不出或少出事故的重要环节。从事继电保护运行管理的人员能充分认识运行管理中的漏洞、弊端，理顺继电保护工作关系，发挥继电保护监督体系的作用，提高继电保护运行管理的整体水平，对于减少继电保护事故意义重大。

5.4.1 当前继电保护运行管理中存在的主要问题

（1）继电保护队伍的业务水平亟待提高。

首先，随着继电保护技术的不断飞速发展，大量的新设备投入系统运行，需要继电保护人员去学习、掌握。由于新设备运行经验欠缺，必须学习新保护的原理、性能及运行技术，才能保证设备的稳定、正常地运行。其次，继电保护的队伍中新生力量的不断增加，由于继电保护专业技术涉及的范围比较广

泛，设备的结构复杂而且不易掌握，因此培养一支优秀的继电保护队伍需要较长的时间。

由于继电保护工作的特殊性，继电保护工作人员长期处于高度紧张状态，身心疲惫，学习培训条件受到很大限制，运行管理部门应做出努力，为继电保护人员创造一个良好的学习环境。

要大力加强各级继电保护工作人员的培训工作，有针对性地组织实训操练及理论学习。特别是基层班组的一线继电保护工作人员的专业培训，应注重实效，以提高现场的保护调试、故障分析处理技能为目的，以实物、实例操作训练为手段，以理论知识学习为辅助。大力提倡爱岗敬业、细致谨慎地继电保护工作作风。

（2）继电保护队伍的稳定有待加强。

在电力系统中，继电保护专业是技术含量高的专业之一。培养一个比较全面的继电保护工作负责人最起码要有五年左右的时间，应避免继电保护班组人员频繁流动，频繁的人员流动不利于继电保护队伍总体水平的提高。且造成班组人员人心浮动，不利于形成良好的班风，不利于班组整体素质的提高。

另外，随着电网的不断扩容，设备地不断增加，继电保护工作量成倍增加，但管理模式的滞后使其不能适应新情况的要求，造成继电保护工作人员疲于应付，精力憔悴。

这些都是造成继电保护队伍不稳定的因素。

因此，非常有必要建立一个科学的继电保护专业管理模式，使其不断适应当前继电保护设备运行的新要求。切实提高一线继电保护工作人员待遇，创造一个平等竞争的继电保护工作氛围，对于稳定继电保护队伍，提高继电保护运行管理水平意义深远。

（3）运行人员的继电保护技术水平不容乐观。

电力系统继电保护的许多事故，是由于运行人员对继电保护装置及二次回路熟悉程度不够人为造成的。运行人员是设备的直接操作者，运行人员的继电保护水平直接影响到设备的安全运行。因此在注重保护人员的培训的同时，也应重视做好运行人员的保护知识培训。

（4）继电保护事故查处力度不够。

继电保护事故发生后，没有查清其根本原因，主要分析如下：

① 技术的问题，例如故障录波设备配置不够完善齐全或是录波数据没有正确反映出系统的实际状况，或者工作人员的技术水平不够，使得保护动作行为的分析受限制，事故分析只停留于表面现象。

② 人为的问题，有的保护误动原因已经知晓却隐瞒不报或报告不全面，给事故原因分析设置了障碍。

③ 故障没有清除，有的事故处理只将表面现象消除了，没有进一步查找原因，也没有任何防范措施，便投入运行，为事故的再次发生埋下隐患。

④ 事故的分析处理只停留在单一事件的处理上，不能认真吸取教训，举一反三，造成类似事故频发。

5.4.2 充分发挥继电保护技术监督的作用

为了加强继电保护及自动装置的监督体系，提高继电保护运行的可靠性，原电力部 1997 年颁布了《电力系统继电保护技术监督规定》，继电保护技术监督工作在全国陆续地正式展开，各省市成立了继电保护技术监督体系，具体负责继电保护的技术监督管理事务。继电保护的技术监督是专业发展的必然要求，我们用技术监督条例来促进继电保护的运行管理工作。继电保护技术监督应贯穿电力工业的全过程。在发、输、配电工程设计、初设审查、设备选型、安装、调试、运行维护等阶段实施继电保护技术监督；贯彻“安全第一、预防为主”的方针，按照依法监督、分级管理、行业归口的原则，实行技术监督、报告责任制和目标考核制。

第 6 章　智能变电站继电保护及安全自动装置对“三误”的防范措施

“从继电保护现场作业安全开始一点一点抓起，抓紧抓细抓实，确保安全生产局面平稳”的指示精神，必须高度重视现场继电保护安全管理，强化现场安全管控，坚决防范继电保护人员“三误”事件，坚决杜绝对电网安全运行造成严重影响的继电保护不正确动作，全力保障电网安全运行。

严防现场继电保护人员“三误”。落实继电保护现场作业安全，推进继电保护标准化作业，强调二次安全措施票刚性执行，不盲目抢工期、抢进度，保证检修工作有序、高效、高质量开展。工作前认真核对图纸，确保图实相符，加强安全措施票审查，对工作安全风险做到心中有数；工作中严格执行“两票”，防止误碰运行设备，防止误入带电间隔；工作结束后做好安措恢复，与运行人员认真核对定值，做好工作交接，坚决杜绝继电保护人员“三误”。

实现智能变电站继电保护智能二次设备的全过程、全寿命周期管理主要加强以下几个方面。智能变电站二次安措执行、智能变电站验收与异常处理要点、继电保护专业巡检要点、智能变电站案例分析。

6.1　智能变电站二次安措执行

为规范智能变电站继电保护和安全自动装置的标准化现场作业，提高智能变电站继电保护和安全自动装置校验、缺陷处理、改扩建作业时安全措施的可靠性，确保电网安全、可靠、稳定运行，有必要对智能变电站二次安全措施编写、执行进一步进行规范。

智能变电站信息采集传递、功能应用实现向数字化、网络化、标准化转变，对二次设备的安全措施执行也提出了新的要求。传统变电站硬压板、电缆已经大量减少，取而代之的是虚回路光纤连接。因此，如何做好智能变电站的二次设备检修的二次安全措施是个重要的问题。首先通过对装置的二次安全措施隔离技术认知，了解安全措施隔离技术配置情况，进而对智能变电站二次设备安全措施隔离技术有全面的了解。

智能变电站二次检修安措防误技术能够进一步提供二次检修的工作效率，增强二次检修安措的安全可靠性，避免智能变电站由于二次检修安措出现问题而造成严重的电网安全事故；同时，提高二次检修安措防误的技术水平，能够有效提高电力系统运行的安全性，提升智能电网的科学化、自动化与智能化，为智能变电站的运行及检修提供可靠的技术保障。

智能变电站采样、跳闸、数据传输方式的改变使得检修工作面临新的变化，“明显电气断开点”的安措方法已不再适用。软压板隔离、硬压板隔离、光回路隔离、检修机制隔离的组合是解决具体检修情景下安措的有效手段。

6.1.1 智能变继电保护系统检修机制

1. 压板设置

（1）保护装置设有“检修硬压板”“GOOSE 接收软压板”“GOOSE 发送软压板”“SV 接收软压板”和“保护功能软压板”等五类压板。

（2）智能终端设有“检修硬压板”“跳合闸出口硬压板”等两类压板；此外，实现变压器（电抗器）非电量保护功能的智能终端还装设了“非电量保护功能硬压板”。

（3）合并单元仅装设有“检修硬压板”。投入时发送的 SV 报文中采样值数据的品质 q 的“Test 位”置 1。

2. 硬压板压板功能

（1）检修硬压板：该压板投入后，装置为检修状态，此时装置所发报文中的“Test 位”置“1”。装置处于“投入”或“信号”状态时，该压板应退出。

（2）跳合闸出口硬压板：此压板安装于智能终端与断路器之间的电气回路中，压板退出时，智能终端失去对断路器的跳合闸控制。装置处于“投入”状态时，该压板应投入。

（3）非电量保护功能硬压板：负责控制本体重瓦斯、有载重瓦斯等非电量保护跳闸功能的投退。该压板投入后非电量保护同时发出信号和跳闸指令；压板退出时，保护仅发信。

3. 软压板压板功能（如图 6–1 所示）

（1）GOOSE 接收软压板：负责控制接收来自其他智能装置的 GOOSE 信号，同时监视 GOOSE 链路的状态。退出时，装置不处理其他装置发送来的相应 GOOSE 信号。该类压板应根据现场运行实际进行投退。

（2）GOOSE 发送软压板：负责控制本装置向其他智能装置发送 GOOSE 信号。退出时，不向其他装置发送相应的 GOOSE 信号，即该软压板控制的保护指令不出口。该类压板应根据现场运行实际进行投退。

（3）保护功能软压板：负责装置相应保护功能的投退。

（4）SV 软压板：负责控制接收来自合并单元的采样值信息，同时监视采样链路的状态。该类压板应根据现场运行实际进行投退。

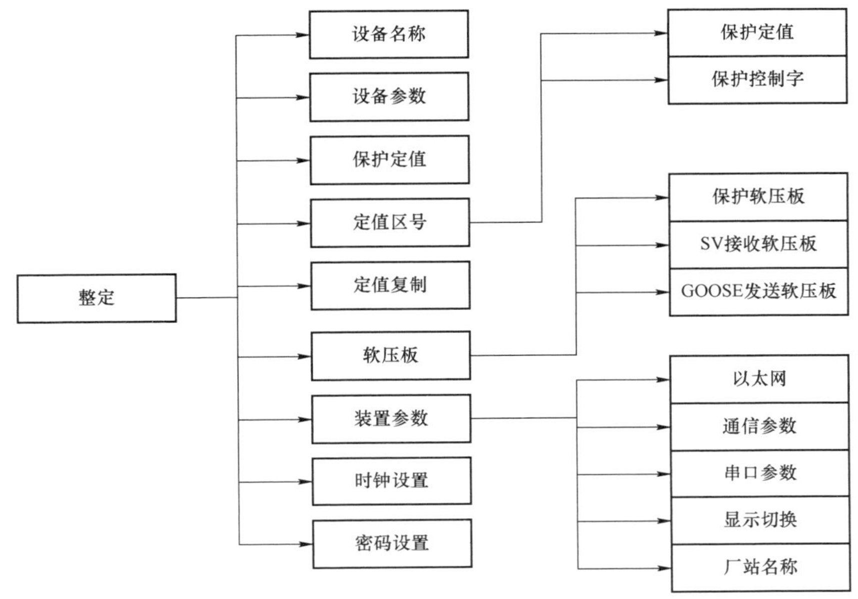

图 6–1　软压板设置

SV 软压板投入后，对应的合并单元采样值参与保护逻辑运算；对应的采样链路发生异常时，保护装置将闭锁相应保护功能。例如：电压采样链路异常时，将闭锁与电压采样值相关的过电压、距离等保护功能；电流采样链路异常时，将闭锁与电流采样相关的电流差动、零序电流、距离等功能。

SV 软压板退出时，对应的合并单元采样值不参与保护逻辑运算，同时，对应的采样链路异常也不影响保护运行。

4. 保护装置状态

继电保护装置有投入、退出和信号三种状态。

（1）投入状态是指装置交流采样输入回路及直流回路正常，保护采样 SV 软压板投入、主保护及后备保护功能软压板投入，跳闸、启动失灵、重合闸等 GOOSE 接收及发送软压板投入，检修硬压板退出。

（2）退出状态是指装置交流采样输入回路及直流回路正常，保护采样 SV 软压板退出、主保护及后备保护功能软压板退出，跳闸、启动失灵、重合闸等 GOOSE 接收及发送软压板退出，检修硬压板投入。

（3）信号状态是指装置交流采样输入回路及直流回路正常，保护采样 SV 软压板投入、主保护及后备保护功能软压板投入，跳闸、启动失灵、重合闸等 GOOSE 发送软压板退出，检修硬压板退出。装置需要进行试运行观察时，一般投信号状态。

5. 智能终端状态

智能终端有投入和退出两种状态。

（1）投入状态是指装置直流回路正常，跳合闸出口硬压板投入，检修硬压板退出。

（2）退出状态是指装置直流回路正常，跳合闸出口硬压板退出，检修硬压板投入。

6. 合并单元状态

合并单元有投入和退出两种状态。

（1）投入状态是指装置交流采样、直流回路正常，检修硬压板退出。

（2）退出状态是指装置交流采样、直流回路正常，检修硬压板投入。

一般不单独退出合并单元、过程层网络交换机。必要时，根据其影响程度及范围在现场做好相关安全措施后，方可退出。

一次设备处于运行状态或热备用状态时，相关合并单元、保护装置、智能终端等设备应处于投入状态；一次设备处于冷备用状态或检修状态时，上述设备均应处于退出状态。一、二次设备运行状态对应情况见表 6－1。

表 6－1　　一、二次设备运行状态对应表

一次设备状态 二次设备	运行	热备用	冷备用	检修
合并单元	投入	投入	退出	退出
智能终端	投入	投入	退出	退出
保护装置	投入	投入	退出	退出

智能变电站技术措施情况见表 6－2。

表 6－2　　智能变电站技术措施

序号	名称	优点	缺点
1	断光纤	明显的开断点	多次插拔可能引起光纤头损坏； 引发其他告警信号
2	投检修压板	简单明确	当发送方设备异常时可能失效； 下级设备不确认上级设备的压板状态
3	投退 GOOSE、SV 接收与发送压板	操作较简单	操作项目较多，做措施与恢复措施时容易遗漏，操作错误容易引起保护误动据动
4	退跳合闸出口压板	明显的电气断点	可能引起隔离范围扩大，比如线路保护的检修会引起母差保护不能跳本间隔开关

6.1.2　SV 和 GOOSE 检修机制及注意事项

常规变电站保护装置的检修硬压板投入时，仅屏蔽保护上送监控后台的信息，智能变电站与其不同。智能变电站通过判断保护装置、合并单元、智能终端各自检修硬压板的投退状态一致性，实现特有的检修机制。

装置检修硬压板投入时，其发出的 SV、GOOSE 报文均带有检修品质标识，接收端设备将收到的报文检修品质标识与自身检修硬压板状态进行一致性比较判断，仅在两者检修状态一致时，对报文做有效处理。

1. 检修机制中SV报文的处理方法

（1）当合并单元检修硬压板投入时，发送的SV报文中采样值数据的品质q的“Test位”置“1”。

（2）保护装置将接收的SV报文中的“Test位”与装置自身的检修硬压板状态进行比较，只有两者一致时才将该数据用于保护逻辑，否则不参与逻辑计算。SV检修机制示意见表6－3。

表6－3　　SV检修机制示意表

保护装置检修硬压板状态	合并单元检修硬压板状态	结果
投入	投入	合并单元发送的采样值参与保护装置逻辑计算，但保护动作报文置检修标识
投入	退出	合并单元发送的采样值不参与保护装置逻辑计算
退出	投入	合并单元发送的采样值不参与保护装置逻辑计算
退出	退出	合并单元发送的采样值参与保护装置逻辑计算

2. 检修机制中GOOSE报文的处理方法

（1）当装置检修硬压板投入时，装置发送的GOOSE报文中的“Test位”置“1”。

（2）装置将接收的GOOSE报文中的“Test位”与装置自身的检修硬压板状态进行比较，仅在两者一致时才将信号作为有效报文进行处理。GOOSE检修机制示意见表6－4。

表6－4　　GOOSE检修机制示意表

保护装置检修硬压板状态	智能终端检修硬压板状态	结果
投入	投入	保护装置动作时，智能终端执行保护装置相关跳合闸指令
投入	退出	保护装置动作时，智能终端不执行保护装置相关跳合闸指令
退出	投入	保护装置动作时，智能终端不执行保护装置相关跳合闸指令
退出	退出	保护装置动作时，智能终端执行保护装置相关跳合闸指令

① 处于“投入”状态的合并单元、保护装置、智能终端禁止投入检修硬压板。

a. 误投合并单元检修硬压板，保护装置将闭锁相关保护功能；

b. 误投智能终端检修硬压板，保护装置跳合闸命令将无法通过智能终端作用于断路器；

c. 误投保护装置检修硬压板，保护装置将闭锁。

② 合并单元检修硬压板操作原则

a. 操作合并单元检修硬压板前，应确认所属一次设备处于检修状态或冷备用状态，且所有相关保护装置的 SV 软压板已退出，特别是仍继续运行的保护装置。

b. 一次设备不停电情况下进行合并单元检修时，应在对应的所有保护装置处于“退出”状态后，方可投入该合并单元检修硬压板。

③ 智能终端检修硬压板操作原则

a. 操作智能终端检修硬压板前，应确认所属断路器处于分位，且所有相关保护装置的 GOOSE 接收软压板已退出，特别是仍继续运行的保护装置。

b. 一次设备不停电情况下进行智能终端检修时，应确认该智能终端跳合闸出口硬压板已退出，且同一设备的两套智能终端之间无电气联系后，方可投入该智能终端检修硬压板。

④ 保护装置检修硬压板操作前，应确认与其相关的在运保护装置所对应的 GOOSE 接收、GOOSE 发送软压板已退出。

⑤ 断路器检修时，应退出与该断路器相关的在运保护装置中相应 SV 软压板和 GOOSE 接收软压板。

⑥ 操作保护装置 SV 软压板前，应确认对应的一次设备已停电或保护装置 GOOSE 发送软压板已退出。否则，误退出保护装置“SV 软压板”，可能引起保护误、拒动。

注意：部分厂家的保护装置“SV 软压板”具有电流闭锁判据，当电流大于门槛值时，不允许退出“SV 软压板”。因此，对于此类装置，在一次设备不停电情况下进行保护装置或合并单元检修时，“SV 软压板”可不退出。

⑦ 一次设备停电时，智能变电站继电保护系统退出运行宜按以下顺序进

行操作：

a. 退出智能终端跳合闸出口硬压板；

b. 退出相关保护装置跳闸、启动失灵、重合闸等 GOOSE 发送软压板；

c. 退出保护装置功能软压板；

d. 退出相关保护装置失灵、远传等 GOOSE 接收软压板；

e. 退出与待检修合并单元相关的所有保护装置 SV 软压板；

f. 投入智能终端、保护装置、合并单元检修硬压板。

⑧ 一次设备送电时，智能变电站继电保护系统投入运行宜按以下顺序进行操作：

a. 退出合并单元、保护装置、智能终端检修硬压板；

b. 投入与待运行合并单元相关的所有保护装置 SV 软压板；

c. 投入相关保护装置失灵、远传等 GOOSE 接收软压板；

d. 投入保护装置功能软压板；

e. 投入相关保护装置跳闸、启动失灵、重合闸等 GOOSE 发送软压板；

f. 投入智能终端跳合闸出口硬压板。

⑨ 当退出保护装置的某项保护功能时，操作原则如下：

a. 退出该功能独立设置的出口 GOOSE 发送软压板；

b. 无独立设置的出口 GOOSE 发送软压板时，退出其功能软压板；

c. 不具备单独投退该保护功能的条件时，可退出整装置。

⑩ 保护装置退出时，一般不应断开保护装置及相应合并单元、智能终端、交换机等设备的直流电源。

⑪ 线路纵联保护装置如需停用直流电源，应在两侧纵联保护退出后，再停用直流电源。

⑫ 双重化配置的智能终端，当单套智能终端退出运行时，应避免断开合闸回路直流操作电源。如因工作需要确需断开合闸回路直流操作电源时，应停用该断路器重合闸。

6.1.3 智能变电站二次安措执行

在《智能变电站继电保护和电网安全自动装置现场工作保安规定》（Q/GDW

11357—2014）中指出，现场工作中遇有下列情况应编制二次工作安全措施票：

（1）在与运行设备有联系的二次回路上进行涉及继电保护和电网安全自动装置的拆、接线工作。

（2）在与运行设备有联系的 SV、GOOSE 网络中进行涉及继电保护和电网安全自动装置的拔、插光纤工作（若遇到紧急情况或工作确实需要）。

（3）开展修改、下装配置文件且涉及运行设备或运行回路的工作。

6.1.4　现场工作前准备二次安措要求

二次工作安全措施票的“工作内容”及“安全措施内容”由工作负责人填写，由技术人员或班长审核并签发。

二次工作安全措施票的“工作时间”为工作票起始时间。在得到工作许可并做好安全措施后，方可开始检验和调试工作。

二次工作安全措施票的“被试设备名称”及“工作内容”应与工作票中内容一致。

二次工作安全措施票的“安全措施内容”应按实施的先后顺序逐项填写。

智能变电站中软压板的安全隔离安措内容宜采用如下格式：“保护（屏）（或就地智能控制柜/端子箱）、安全措施描述、压板编号/压板名称、功能、预期报警信息”填写，如“在（19J）220kV 母联保护屏，退出软压板，编号为 1LP2/母联保护跳闸出口，用于 220kV 母联保护 1 直跳 25M 智能终端 1，监控后台显示该压板状态由投入变为退出”。

智能变电站中光纤回路的安全隔离安措内容宜采用如下格式：“保护（屏）（或就地智能控制柜/端子箱）、安全措施描述、端口号（含插件号）/回路号/光缆号、功能、预期报警信息”填写，如“在（19J）220kV 母联保护屏，拔出光纤，编号为 1n－3X：1－TX/AMBZTT/EML1M－W130 和 1n－3X：1RX/AMBZTR/EML1M－W130，用于 220kV 母联保护 1 直跳 25M 智能终端 1，25M 智能终端 1 将发出母联保护直跳光纤断链告警”。

6.1.5 智能变电站二次工作安全措施票编制原则

智能变电站二次安全措施票应遵照以下原则进行编制：

（1）隔离或屏蔽采样、跳闸（包括远跳）、合闸、启动失灵、闭重等与运行设备相关的电缆、光纤及信号联系。

（2）安全措施应优先采用退出装置软硬压板、投入检修硬压板、断开二次回路接线、退出装置硬压板等方式实现。当无法通过上述方法进行可靠隔离（如运行设备侧未设置接收软压板时）或保护和电网安全自动装置处于非正常工作的紧急状态时，方可采取断开 GOOSE、SV 光纤的方式实现隔离，但不得影响其他保护设备的正常运行。

（3）检修范围包含智能终端、间隔保护装置时，应退出与之相关联的运行设备（如母线保护、断路器保护等）对应的 GOOSE 发送/接收软压板。

（4）由多支路电流构成的保护和电网安全自动装置，如变压器差动保护、母线差动保护和 3/2 接线的线路保护等，若采集器、合并单元或对应一次设备影响保护的和电流回路或保护逻辑判断，作业前在确认该一次设备改为冷备用或检修后，应先退出该保护装置接收电流互感器 SV 输入软压板，防止合并单元受外界干扰误发信号造成保护装置闭锁或跳闸，再退出该保护跳此断路器智能终端的出口软压板及该间隔至母差（相邻）保护的启动失灵软压板。对于 3/2 接线线路单断路器检修方式，其线路保护还应投入该断路器检修软压板。

（5）若上述安全隔离措施执行后仍然可能影响运行的一、二次设备，应提前申请将相关设备退出运行。

（6）在一次设备仍在运行，而需要退出部分保护设备进行试验时，在相关保护未退出前不得投入合并单元检修压板。

6.1.6 智能变电站二次工作安全措施票（典型内容）确认顺序

智能变电站二次工作安全措施票（典型内容）确认顺序如下：

（1）与检修设备相关的 GOOSE 软压板及出口硬压板已退出。

（2）与检修设备相关的“采样值投入”软压板已退出。

（3）与检修设备相关的“间隔隔离刀闸强制 x 母”软压板已投入。

（4）无法通过投退软压板隔离的 SV、GOOSE 的光纤回路已拔出。

（5）检修范围内的所有 IED 装置（包括保护设备、智能终端、合并单元等）的检修硬压板已投入。

（6）合并单元模拟量输入侧的 CT、PT 二次回路连接片已断开。

6.1.7　二次工作安全措施票实施工作要求

执行安全措施操作时（包含投退软、硬压板，插拔光纤、断开和恢复接线等），应至少由两人进行。其中执行人、恢复人由工作班成员担任，按二次工作安全措施票的顺序逐项执行；监护人应由技术水平高和经验丰富的人担任，并逐项记录执行和恢复内容。

在现场执行安全措施时，解除与其他运行设备相连的二次回路、硬压板或隔断 SV/GOOSE 网络光纤接线应有明显标记，并做好记录。

断开二次回路的外部电缆后，应立即用红色绝缘胶布包扎好电缆芯线头。

红色绝缘胶布、红色布幔等红色物品只能作为执行二次工作安全措施的标识，未征得工作负责人同意前不应拆除。

确需拔出光纤情况时，应在检修设备或屏柜侧执行，应核对所拔光纤的 4 类编号［端口号（含插件号）/回路号/光缆号/功能］后再操作，同时核查监控后台的信号是否符合预期。拔出后盖上防尘帽后盘好放置，做好标识（如使用红胶布），并确保光纤的弯曲程度符合相关规范要求。

在光纤回路工作时，不得误拔和踩踏运行设备的光纤。对保护装置进行试验光纤接线时，应确保试验光纤接口与保护装置光纤接口类型一致，不应大力插拔光纤，防止用力过大导致保护装置光纤接口变形、损坏。拔出试验光纤后，应检查原有光纤接头是否清洁，若被污染进行相应处理后，方可接入保护装置，并核查关联告警信号是否恢复。

若不同保护对象组合在一面柜（屏）时，应对运行设备及其端子排采取防护措施，如对运行设备的压板、端子排用绝缘胶布贴住或用塑料扣板扣住端子。光纤配线架应使用红色胶布封住与运行设备相关联的光纤。

在监控后台操作保护装置软压板时，应在后台相应间隔分图界面中核对软压板实际状态，确认后继续操作。保护装置就地操作软压板时，应查看装置液晶压板状态显示以及报文，确认后继续操作。

投检修压板时，监控后台应核查运行设备是否出现非预期的信号。保护装置、智能终端、合并单元等智能设备“检修状态硬压板” 投入后，必须查看装置指示灯情况、液晶面板变位报文或开入变位，确认设备状态正常后继续操作。投合并单元的检修压板时，若在运行的差动保护等装置发出装置闭锁信号，应立即停止操作，恢复原方式。

在所有工作开始前（含查看、重启、关闭装置、试验等工作），二次工作安全措施票“执行”栏部分已经全部执行到位。

在执行安全措施时，应先用高内阻的电压表检查压板的每一端对地电位都正确后，才能退出智能终端跳、合闸压板。在工作结束恢复安全措施时，应先确认智能终端相关跳闸和合闸压板在断开位置且装置状态正常后，再用高内阻的电压表检查压板的每一端对地电位的正确性后，才能投入智能终端的跳、合闸压板。

6.1.8 双重化配置时安全措施要求

对于被检验保护装置与其他保护装置共用合并单元和智能终端（如线路保护与母差等保护），在双重化配置时进行其中一个合并单元或智能终端性能试验消缺时应采取以下措施防止其他保护装置误动：

（1）核实该合并单元光纤端口的使用和 SV 虚回路通道配置；核实该智能终端输入输出端口的使用。

（2）一次间隔停电，间隔保护定检时，在退出间隔保护侧及母差保护侧间隔启动失灵、远跳联跳软压板，退出该合并单元所供的保护 SV 输入软压板，退出多间隔的母差、主变差动保护对应的间隔投入软压板后才能进行合并单元性能试验。对保护装置进行加量传动作业时，对使用常规互感器保护应在合并单元输入端进行加量传动试验；对电子式互感器应在保护侧断开 SV 网络的光纤接线，从保护装置 SV 输入端进行试验。

6.1.9　现场工作结束二次安措要求

（1）智能变电站中安全措施的恢复顺序宜按照“先执行的措施后恢复”原则。

（2）试验工作结束后，按二次工作安全措施票逐项恢复同运行设备有关的接线，拆除临时接线，并确保装置（屏柜）内无异物。原则上安全措施票执行人和恢复人应为同一人。

工作负责人应按照二次工作安全措施票，按端子排号、光纤编号、软压板名称再进行一次全面核对，确保接线正确。特别是 SV、GOOSE 网络应连接正确，检查屏面信号及装置状态正常、综自后台无异常告警信号等，各相关压板及切换开关位置恢复至工作许可时的状态。

1）装置开入量的显示状态与实际状态相符检查。核查装置通信状态正常，无其他异常信号。

2）复查临时接线全部拆除，断开的接线全部恢复，图纸与实际接线相符，标志正确。

3）工作结束，复查全部设备和回路应恢复到工作开始前状态。

6.1.10　二次安措中软压板投退操作的职责分工

为避免一、二次检修工作影响运行二次设备，二次工作安全措施中软压板投退操作的职责分工要求如下：

（1）在检修工作许可前，二次工作安全措施中所有需操作的保护装置 GOOSE 开入软压板、出口压板、功能软压板、SV 接收软压板、检修间隔断路器强制分位软压板、检修间隔隔刀位置强制软压板应写入工作票或操作票，由运维人员负责执行，检修人员仍应将此部分软压板状态检查确认工作列入二次工作安全措施票。检修人员与运维人员共同负责此部分安全措施的正确性和完整性。

（2）经许可工作开始后，检修设备侧作为安全措施的软压板由检修人员负责正确性和完整性，运行设备侧作为安全措施的软压板由检修人员和运维人员共同负责正确性和完整性。

（3）工作结束后，检修人员负责将软压板恢复到工作许可时的状态，并交由运维人员检查确认。由检修人员和运维人员共同负责此部分软压板恢复的正确性和完整性。

（4）在确认3中恢复软压板的状态之后，由运维人员负责恢复1中列入工作票或操作票的软压板。由运维人员负责此部分安全措施恢复的正确性和完整性。

（5）为防止一次检修专业人员工作影响运行二次设备，一次检修专业人员工作前应联系二次检修专业人员做好相关二次安全隔离措施（如退出运行间隔接收试验间隔采样SV软压板），并按照1的要求将相关二次安全隔离措施写入工作票，由运维人员负责操作。

6.1.11 检修模式的安全措施实施

（1）线路保护首检（A4类检修）、例行试验（C类）工作仅考虑在线路间隔一次设备停电情况下进行，采取双套“线路保护+合并单元+智能终端”停运检修模式；保护消缺或升级（D1、D2类）宜考虑单装置停运检修模式；合并单元消缺或升级（D1、D2类）宜考虑结合一次设备停电进行，采取双套“线路保护+合并单元+智能终端”停运检修模式，也可考虑单装置停运检修模式，对应的母线保护应采取单装置停运检修模式陪停；智能终端消缺或升级（D1、D2类）宜考虑单装置停运检修模式。

（2）主变保护检修同线路保护检修模式。

（3）母线保护首检（A4类检修）、例行试验（C类）工作在母线所有间隔一次设备停电情况下进行时，采取“保护+合并单元+智能终端”停运检修模式，否则采取单装置停运检修模式；保护消缺或升级（D1、D2类）宜考虑单装置停运检修模式。

（4）备自投装置首检（A4类检修）、例行试验（C类）工作仅考虑在线路间隔一次设备停电情况下进行，采取“备自投+合并单元+智能终端”停运检修模式；装置消缺或升级（D1、D2类）宜考虑装置停运检修模式。如图6-2所示。

下面以线路保护安全措施实施为例。

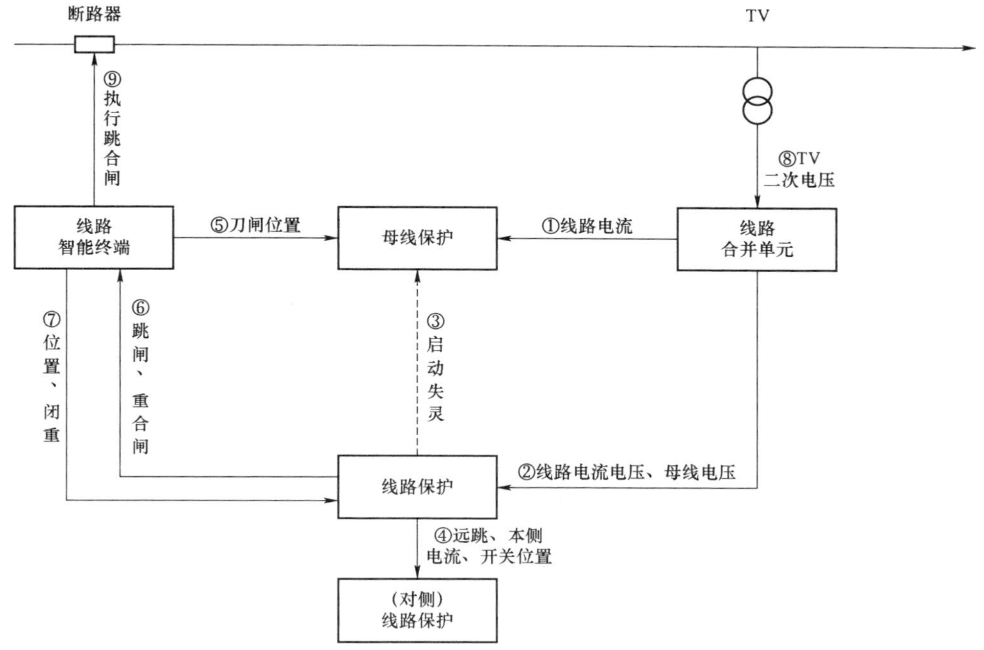

图 6-2　线路间隔二次安措隔离点

可能需要进行隔离的对象（点）如下：

① 线路合并单元发线路电流至母线保护。

② 线路合并单元发线路电流电压至线路保护。

③ 线路保护发启动失灵至母线保护。

④ 线路保护发远跳、本侧电流、开关位置至对侧线路保护。

⑤ 线路智能终端发母线侧隔刀位置至母线保护。

⑥ 线路保护发跳闸、重合闸至线路智能终端。

⑦ 线路智能终端发断路器位置、闭重至线路保护。

⑧ TV 二次电压至线路合并单元。

⑨ 线路智能终端执行跳合闸至断路器机构。

全站停电情况下，220kV 线路保护检修无相关安全措施。

220kV 电压等级全部停电情况下，220kV 线路保护检修无相关安全措施。

一次设备间隔停电或不停电情况下，220kV 线路保护检修依据一次设备运

行情况、工作类型、安措实施对象及顺序的差异，制定二次安全措施策略表，如下表。检索二次安全措施策略表按照规定格式编制二次工作安全措施票。如表 6－5 所示。

表 6－5　　二次安全措施策略表

一次设备运行情况	工作类型	安措实施对象	安措项目
一次设备停电	保护首检（A4类检修）	⑧ TV 二次电压至线路合并单元	打开线路电压二次回路连片
		③ 线路保护发启动失灵至母线保护	母线保护退出待检线路间隔失灵 GOOSE 接收软压板
		① 线路合并单元发线路电流至母线保护	母线保护退出待检线路间隔电流 SV 接收软压板
		⑤ 线路智能终端发母线侧隔刀位置至母线保护	待检线路智能终端上拔掉至母线保护的直跳光纤（TX）
		④ 线路保护发远跳、本侧电流、开关位置至对侧线路保护	待检线路间隔保护装置上拔掉至线路对侧保护的光纤（TX）
一次设备停电	保护装置消缺（D1、D2 类）	③ 线路保护发启动失灵至母线保护	母线保护退出待检线路间隔失灵 GOOSE 接收软压板
		⑥ 线路保护发跳闸、重合闸至线路智能终端	待检线路保护上拔掉至线路间隔智能终端（运行中）的直跳光纤（TX）
		④ 线路保护发远跳、本侧电流、开关位置至对侧线路保护	待检线路间隔保护装置上拔掉至线路对侧保护的光纤（TX）
一次设备不停电	间隔合并单元消缺（D1、D2 类）	① 线路合并单元发线路电流至母线保护	母线保护退出所有间隔 GOOSE 发送软压板
			母线保护退出保护功能软压板
			母线保护退出所有间隔 SV 接收软压板
			母线保护投入检修硬压板
			缺陷线路间隔合并单元上拔掉至母线保护的直采光纤（TX）
		② 线路合并单元发线路电流电压至线路保护	线路保护退出所有 GOOSE 发送软压板
			线路保护退出保护功能软压板
			线路保护退出所有 SV 接收软压板
			缺陷线路间隔合并单元上拔掉至线路保护的直采光纤（TX）
		⑧ TV 二次电压至线路合并单元	打开线路电压二次回路连片

续表

一次设备运行情况	工作类型	安措实施对象	安措项目
一次设备不停电	间隔智能终端消缺（D1、D2 类）	⑨ 线路智能终端执行跳合闸至断路器机构	缺陷线路智能终端退出保护跳合闸出口硬压板
		⑤ 线路智能终端发母线侧隔刀位置至母线保护	缺陷线路间隔智能终端上拔掉至母线保护的直跳光纤（TX）
		⑦ 线路智能终端发断路器位置、闭重至线路保护	缺陷线路间隔智能终端上拔掉至线路保护的直跳光纤（TX）

6.2　智能变电站验收与异常处理要点

6.2.1　智能变电站与常规站异同

1. 相同点

（1）一次设备：采用常规 CT、PT、断路器、隔离开关等主设备；

（2）二次回路：装置电源与控制回路、TA、TV 二次回路等采用二次电缆连接；

（3）站控层组网结构与常规站基本相同。

2. 不同点

（1）二次设备：主要增加合并单元、智能终端、过程层交换机、中心交换机、网络分析仪等，取消了保护的 AC 交流模件、DO、DI、TRIP 模件；

（2）二次回路：过程层与间隔层、间隔层间联系通过光缆连接；

（3）二次设备布局：智能终端、合并单元场地化，增加智能柜温湿度监控；

（4）压板设置：智能装置设置“检修压板”，增加 SV 接收软压板、GOOSE 接收软压板、GOOSE 发送软压板，保护出口硬压板按智能终端配置；

（5）增设过程层交换机：实现合并单元、智能终端、保护间 GOOSE、SV 组网。

智能站简化二次回路只是“局部的简化”。将间隔层保护装置的二次回路取消，但实际回路依然存在，就地存在于合并单元和智能终端。

智能变电站在硬件上增加了合并单元、智能终端、过程层交换机，保护功能上采用 GOOSE 和 SV 传输，安全措施方面引入检修压板和软压板。这些改变导致了其验收内容和验收方法与常规变存在一定差异。如图 6－3 所示。

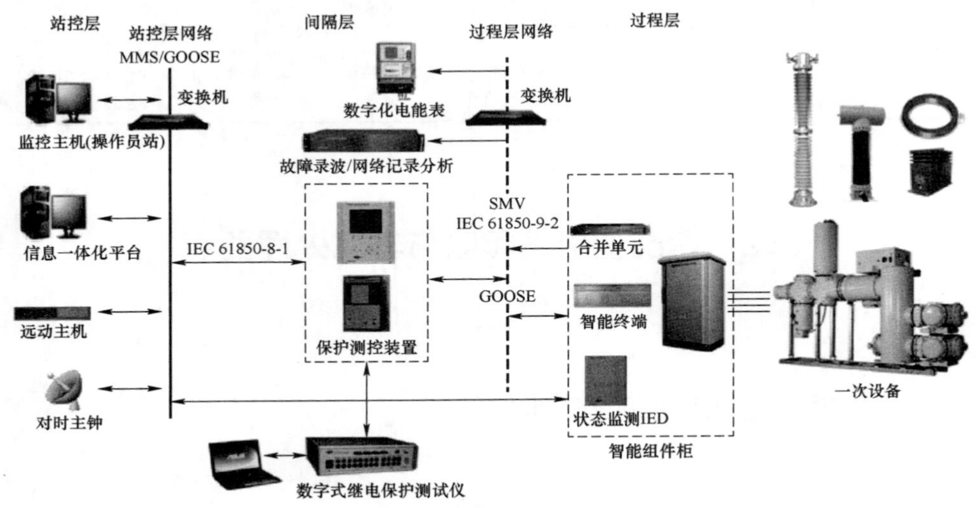

图 6－3　智能变电站典型应用情况

电子式互感器技术不成熟，目前多采用常规互感器，从源头上保证了保护采样数据的可靠性，是保护正确动作的基础。

6.2.2　智能变电站验收问题

问题一：智能站验收时常规站验收项目是否应该舍弃？

目前智能变电站仍保留了大部分一次设备；其二次相关回路与常规站相同。（部分常规站验收需保留如：本体机构反措、TA/TV 试验、断路器机构试验等）。

问题二：智能站二次验收应该增加哪些项目？

增加合并单元、智能终端、过程层交换机、网络报文分析仪等单体试验项目。

问题三：如何考虑智能站验收侧重点？

（1）二次设计增加 SCD 文件配置环节，智能站保护、测控二次回路采用虚端子连接。（如何保证虚端子连接正确和规范）。

（2）电压切换、TV 并列、公用保护失灵解复压、失灵联跳、中压侧母联跳闸、低压侧分段跳闸等回路通过组网方式实现，单间隔线路保护与母差保护共用一组 TA 绕组等与常规站保护区别，导致单装置检修、单间隔检修与常规站在二次安措执行方面有很大的区别。

（3）保护、测控、录波功能实现方面增加光缆连接，光口异常、链路中断、交换机故障等异常。

6.2.3　智能变电站验收关键点

智能变电站在验收时应注意以下关键要点：

（1）检查 SCD 文件配置，掌握 SCD 文件配置关键点、虚端子设计；

（2）检查现场反措执行、标识标签是否规范要求；

（3）检查常规设备二次回路是否符合要求；

（4）合并单元精度、延时是否符合要求；

（5）线路、主变、公用保护间隔进行相关功能试验；（精度、开入、开出、80%额定电压整组试验；线路间隔保护通道对调；主变保护跳闸矩阵试验；公用保护出口逻辑试验等）；

（6）模拟单间隔、单装置检修状态下保护功能的闭锁情况；

（7）模拟软压板误投/退对保护功能的影响；

（8）模拟链路异常、交换机异常、GPS 对时异常等对保护功能的影响；

（9）熟悉站内各种异常报文，掌握缺陷处理方法。

6.2.4　智能变电站验收参考规范文件

Q/GDW 11662—2017　智能变电站系统配置描述文件技术规范

Q/GDW 428—2010　智能变电站智能终端技术规范

Q/GDW 430—2010　智能变电站智能控制柜技术规范

Q/GDW 441—2010　智能变电站继电保护技术规范

Q/GDW 1396—2012 IEC 61850 工程继电保护应用模型

Q/GDW 1426—2016 智能变电站合并单元技术规范

Q/GDW 1808—2012 智能变电站继电保护通用技术条件

Q/GDW 1809—2012 智能变电站继电保护检验规程

Q/GDW 10429—2017 智能变电站网络交换机技术规范

Q/GDW 11024—2013 智能变电站继电保护和安全自动装置运行管理导则

Q/GDW 11055—2013 智能变电站继电保护及安全自动装置运行评价规程

Q/GDW 11072.2—2013 110（66）～750kV 智能变电站通用二次设备技术条件及接口规范

Q/GDW 11202.3—2014 智能变电站自动化设备检测规范 第 3 部分：110（66）kV 保护测控集成装置

Q/GDW 11263—2014 智能变电站继电保护试验装置通用技术条件

Q/GDW 11284—2014 继电保护状态检修检验规程

Q/GDW 11287—2014 智能变电站 110kV 合并单元智能终端集成装置检测规范

Q/GDW 11357—2014 智能变电站继电保护和电网安全自动装置现场工作保安规定

Q/GDW 11471—2015 智能变电站继电保护工程文件技术规范

Q/GDW 11485—2016 智能变电站继电保护配置工具技术规范

Q/GDW 11486—2015 智能变电站继电保护和安全自动装置验收规范

Q/GDW11487—2015 智能变电站模拟量输入式合并单元、智能终端标准化设计规范

Q/GDW 11765—2017 智能变电站光纤回路建模及编码技术规范

Q/GDW 11768—2017 35kV 及以下开关柜继电保护装置通用技术条件

国网（调 4）809—2016 国家电网公司智能变电站配置文件运行管理规定

调继〔2015〕92 号 国调中心关于印发智能变电站继电保护和安全自动装置现场检修安全措施指导意见（试行）的通知

6.2.5　智能变电站验收要求

1. 原则

（1）智能变电站继电保护验收包括继电保护装置、安全自动装置、合并单元、智能终端、交换机、故障录波器、网络报文记录及分析装置、保护设备状态监测等二次设备。

（2）分期建设的工程项目，首期工程应对整个工程的公共部分一并验收。母线合并单元、中心交换机预留端口。

2. 组织管理

（1）智能变电站保护装置现场验收工作由安装调试单位自验收合格后提出申请，由工程建设管理单位负责组织实施，设计、施工、调试单位及设备供应商应积极配合。

（2）现场验收工作时间应根据验收方案工作量确定，不应为赶工期而减少验收项目、缩短验收时间、降低验收质量。

（3）运维检修单位应提前介入工程安装调试工作，并与建设单位提前确定验收介入项目、验收方式和介入节点。介入项目至少应包括：施工图纸审核及设计交底、安装工艺审核、光缆敷设及熔接测试、二次回路绝缘检查、CT 和 PT 回路参数及极性核对、智能设备调试等。

（4）验收过程中，配置文件的修改应遵循“源端修改，过程受控”的原则。由调试单位负责向设计单位提出修改申请，设计单位负责配置文件的修改和确认，调试单位通过现场调试验证其正确性。

（5）验收过程中应加强安装及施工工艺验收，待安装及施工工艺验收完毕，且问题全部解决并经复验合格后，方能开展保护装置及二次回路的验收。

（6）验收工作组应会同建设单位提前做好安装工艺标准审核，安装工艺满足国家电网公司输变电工程标准工艺要求，宜组织开展施工工艺样板间隔验收。继电保护施工工艺样板间隔应覆盖各电压等级并包括：保护屏、光纤配线架、交换机屏、智能控制柜、端子箱、机构箱、设备本体接线箱等方面。

3. 技术资料

（1）设计施工图纸（含设计变更）应齐全，图纸资料应与现场实际一致，并符合相关规程规范要求。

（2）全站 SCD 配置文件、IED 工程配置文件应与设计一致且包含版本信息及修改记录，SCD 配置工具及相关软件应齐全。

（3）保护装置 ICD 模型文件、全站虚端子接线联系表、IED 名称和地址（IP、MAC）分配表、全站网络拓扑结构图、交换机端口配置图、全站链路告警信息表、装置压板设置表、IED 设备端口分配表、交换机 VLAN 划分表、二次设备软件版本等资料应齐全完整，与现场实际一致。

4. 调试报告

（1）试验项目及数据应完整正确，应包括保护装置单体调试、整组试验、二次回路绝缘电阻实测数据、光口发送及接收功率测试、光缆（含预制光缆）衰耗测试等内容，并符合相关规程规范要求。

（2）保护通道应调试合格，通道设备参数、通道时延等试验数据应齐全，相关测试报告试验项目及数据应完整正确，符合相关规程规范要求。还应包括常规互感器试验参数。

5. 安装工艺

（1）现场检查除纵联通道外的保护用光缆，应为多模光缆，检查进入保护室或控制室的保护用光缆，应为阻燃防水防鼠咬非金属光缆，且每根光缆备用纤芯不少于 20%且不少于 2 芯。

多模光纤是可以传输许多模式的光波导，工作波长 850/1300nm，传输距离较近，一般不超过 2km，衰耗较大，带宽小。

单模光纤是传输一个模的光波导，工作波长 1310/1550nm，传输距离较远，可达几十千米，衰耗小，带宽大。

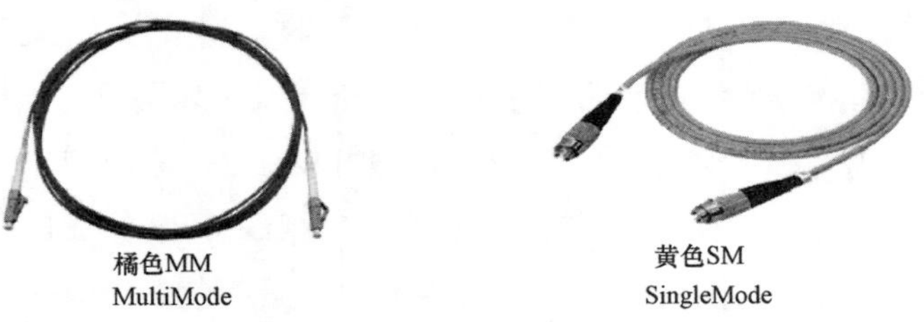

图 6-4　多模光纤和单模光纤

（2）同一小室内跨屏（柜）的保护用光缆应使用尾缆或铠装光缆，同一屏（柜）内设备间连接应使用尾纤，尾纤线径应与所敷设光缆线径一致。

（3）屏（柜）内尾纤应留有一定裕度，多余部分不应直接塞入线槽，应采用盘绕方式用软质材料固定，松紧适度且弯曲直径不应小于 10cm。尾纤施放不应转接或延长，应有防止外力伤害的措施，不应与电缆共同绑扎，不应存在弯折、窝折现象，尾纤表皮应完好无损。

（4）屏（柜）内宜就近打印张贴本屏（柜）IED 设备光口分配表、交换机光口分配表、配线架配线信息表（含备用纤芯）。

光纤回路标识应清晰、规范。

光缆标牌应记录光缆编号、光缆类型、使用及备用芯数、光缆长度、本端屏柜及配线架编号、对端屏柜及配线架编号、投运日期等信息。尾纤两端均应标识，标签宜采用专用贴纸，标签粘贴位置宜选择在距离尾纤插头 1～2cm 处；尾纤标识内容应包含本侧及对侧接线信息和尾纤主要用途。标签各侧编码宜采用如下格式：“设备型号－板件号－接口端口号”，没有相关信息时可用“/”表不。

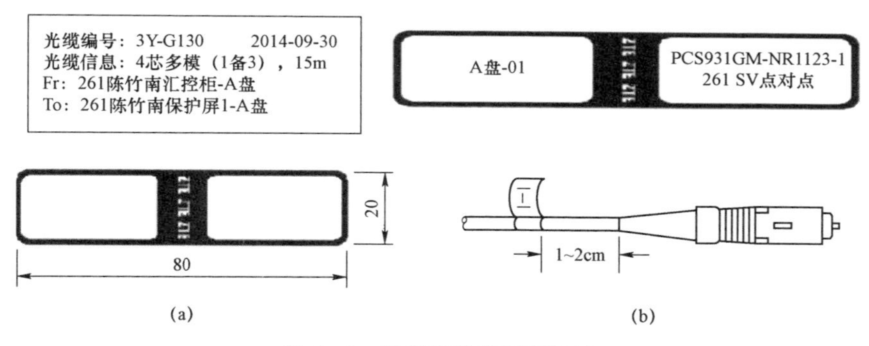

图 6－5　光缆标牌和尾纤标签

（a）尾纤标签的尺寸；（b）尾纤标签的粘贴位置

（5）保护装置只设“远方操作”和“保护检修状态”硬压板，保护功能投退不设硬压板。标签应设置在硬压板下方。压板标识框大小为：49 × 14mm，设置在压板下方，字体为仿宋。压板采用普通分立式，不采用弹簧式。

（6）继电保护及安全自动装置屏体应可靠连接于主接地网，装置外壳和安全接地应可靠连接于等电位地网；屏（柜）、室外端子箱内的交流供电电源的中性线（零线）不应接入等电位地网。区分保护接地和工作接地。

6. 配置文件

（1）检查 SCD 配置文件 IP 地址、MAC 地址、APPID 等通信参数设置应正确。

通信参数配置原则：

① 目的 MAC－Address、APPID 等通信参数应全站唯一。

② 目的 MAC－Address 为 12 位 16 进制值，其中 SV 范围：0x01－0C－CD－04－00－00～0x01－0C－CD－04－01－FF；APPID 为 4 位 16 进制值，其范围：0x4000～0x4FFF。

GOOSE 范围：0x01－0C－CD－01－00－00～0x01－0C－CD－01－01－FF；APPID 为 4 位 16 进制值，其范围：0x1000～0x1FFF。

③ VLAN－Priority 为 1 位 16 进制值，范围：0～7。

④ VLAN－ID 为 3 位 16 进制值，范围：0x000～0xFFFH。初始赋值 000，此时由交换机标记 VLAN－ID。

（2）检查 SCD 配置文件命名应符合国家电网公司统一的标准文件命名规则，文件名中应包含文件校验码等标识信息。

（3）SCD 配置文件中保护装置的配置信息应使用调度规范命名。

配置文件信息包括：IEDName、IED 描述、装置型号、生产厂家、版本、校验码等。IED Name 应确保全站唯一，由 5 部分共 8 位合法可视字符组成，分别代表：IED 类型、归属设备类型、电压等级、归属设备编号、IED 编号。其中归属设备编号不宜使用正式调度编号时，避免出现后期调度编号发生改变而修改 IED Name。例如：

PL2201A、PJ110X、MIT1101A 等。

	名称	描述	型号	生产厂商	配置版本	校验码
1	IE3501	35kV母联合智一体装置	UDM-502-MIB-A-G	思源弘瑞	1.00	8D04EB86
2	IM3502	35kVII母智能终端	UDM-501S	思源弘瑞	V1.00	84292A34
3	PE3501	35kV母联保护测控装置	PSL-641UA-DA-G	GDNZ	V1.00	AF6702DD
4	IT1002B	2#主变低压侧B套合智一体装置	NSR-387B-II-F1285-W-R	GDNR	V1.07	59A77EDC
5	IT1002A	2#主变低压侧A套合智一体装置	NSR-387B-II-F1285-W-R	GDNR	V1.07	953C0A25
6	PT1102B	2#主变保护B套	CSC-326T1-DA-G	SF	V2.01	AC75028B
7	PT1102A	2#主变保护A套	CSC-326T1-DA-G	SF	V2.01	58E75625
8	PL3503	35kV黄草线保护装置	PSL-641UA-DA-G	GDNZ	V1.00	0B10DDE7
9	PT01A	1#主变第一套保护PST671U	PST671U	SAC	2013/08/1...	CA890612
10	MT1101A	1#主变110kV侧合并单元ACSD602	CSD602	SiFang	V1.00 201...	1CDB1EE3
11	IM1101	110kV I母智能终端DBU816	DBU816	XJEC	1.00	67B7312C
12	IT3501	1#主变35kV智能终端UDM-501S	UDM	SHR	SHR_UDM ...	B7BB5221
13	IL3501	35kV 线路智能终端1UDM-501S	UDM	SHR	SHR_UDM ...	91E7B6C2
14	IL3502	35kV 线路智能终端2UDM-501S	UDM	SHR	SHR_UDM ...	22A70C4C
15	IT0001	1#主变本体智能终端JFZ600R	JFZ600	SiFang	1.00	C7F3D7EB
16	MM1101A	110kV母线合并单元ADMU-833G	DMU-830	XJEC	1.10	D1962E61
17	MM1101B	110kV母线合并单元BDMU-833G	DMU-830	XJEC	1.10	807A4402
18	ML3501	35kV黄港线合并单元UDM-502-G	UDM_502	SHR	SHR_UDM...	AC94A3AD
	名称	描述	型号	生产厂商	配置版本	校验码
5	P_T2201A	1#主变保护A套PST-1200UT2-DA-G	PST-1200UT2-DA-G	国电南自	V1.01	11495C37
6	C_L2206X	220kV岗高Ⅱ线测控PSR662U	PSR660U	国电南自	1.0	EDBC3042
28	I_M2201B	220kV母线B套智能终端UDM-501S	UDM-501S	思源弘瑞	1.00	7B9885FE
29	I_T2201B	#1主变220kV侧智能终端B套UDM-501S	UDM-501S	思源弘瑞	1.00	B4DA6B66
30	M_J2201B	220kV母联B套合并单元UDM-502-MJB-A-G	UDM-502-MJB-A-G	思源弘瑞	1.00	AB2A46AC
31	M_M2201B	220kV母线B套合并单元UDM-502-MMA-A-G	UDM-502-MMA-A-G	思源弘瑞	1.00	D3B876E6
32	P_M2201B	220kV母线B套保护PCS-915A-DA-G	PCS-915A-DA-G	南瑞继保	V3.00	194055B4

图 6－6　SCD 配置文件信息

（4）验收合格的SCD配置文件所生成的CID、CCD配置文件CRC校验码应与各IED装置内导出的CID、CCD配置文件CRC校验码一致。

```xml
<?xml version="1.0" encoding="UTF-8"?>
<SCL xmlns="http://www.iec.ch/61850/2003/SCL" xmlns:xsi="http://www.w3.org/2001/XMLSchema-instance" xsi:schemaLocation="http://www.iec.ch/61850/2003/SCL SCL.xsd" xmln:
  <Private type="Substation virtual terminal conection CRC">A3AC1EDE</Private>
  <Header nameStructure="IEDName" toolID="NREC PCS-SCD 3.6.4 Release" id="device" version="3.8" revision="6.8">
  <Substation name="gaofen" desc="">
  <Communication>
  <IED name="P_T2201A" manufacturer="国电南自" configVersion="V1.01" desc="#1主变保护A套PST-1200UT2-DA-G" type="PST-1200UT2-DA-G">
    <Private type="IED virtual terminal conection CRC">11495C37</Private>
    <Services>
```

图6－7　由XML语言编写的SCD配置文件

7. 网络验收

（1）继电保护装置之间的联闭锁信息、失灵启动等信息宜采用GOOSE组网方式。例如，变压器保护跳母联、分段断路器及闭锁备自投、启动失灵等可采用GOOSE组网传输，变压器保护可通过GOOSE组网接收失灵保护跳闸命令，并实现失灵跳变压器各侧断路器。

继电保护之间的联闭锁、失灵启动等信息宜采用GOOSE组网方式。对快速性要求不高的保护采用组网（经过交换机）跳闸。变压器保护闭锁备自投是难点：由于变压器保护双重化配置，而备自投单套配置，存在备自投跨双网的问题。

（2）继电保护装置采用双重化配置时，对应的过程层网络亦应双重化配置，第一套保护接入A网，第二套保护接入B网，双网应无交叉或跨接。

（3）每台交换机的光纤接入数量不宜超过16对，并配备适量的备用端口。任意两台IED设备之间的数据传输路由不应超过4个交换机。

（4）现场检验双A/D采样数据应同时连接虚端子。

两路数据同时参与逻辑运算，相互校验，避免在任一个AD采样环节出现异常时造成保护误出口。两个智能终端应与断路器的两个跳闸线圈分别一一对应。若断路器仅有一个跳闸线圈，则两套智能终端应同时作用于该跳闸线圈。

（5）330kV及以上和涉及系统稳定的220kV智能变电站采用常规互感器时，应通过二次电缆直接接入保护装置；110kV及以下和不涉及系统稳定问题的220kV智能变电站采用常规互感器时，可采用“常规互感器＋合并单元”模式接入保护装置。

（6）主变非电量保护装置应就地布置，并采用电缆就地直接跳闸方式。

（7）独立的、与其他电流或电压互感器没有电气联系的互感器二次回路，应在开关场（GIS 室）的端子箱（智能控制柜）一点接地。对于有电压并列或切换的接线方式，两段母线的电压互感器二次回路应在开关场（GIS 室）的端子箱（智能控制柜）一点接地。

（8）电压互感器端子箱（智能控制柜）处应配置带失电告警辅助触点的分相空开。

（9）复用通信通道的光电装换装置告警接点不应引出，通道告警功能应由继电保护和安全自动装置自行引出实现。

（10）交换机应支持双电源热备份，电源应采用端子式接线方式。

（11）交流电流与交流电压回路接入合并单元时，应使用各自独立的电缆，电压互感器二次三相电压与开口三角电压接入合并单元时，应使用各自独立的电缆。

8. 保护验收

（1）保护装置“检修状态”只设硬压板。当该压板投入时，装置报文上送带品质位信息。“检修状态”硬压板遥信不置检修标志。

（2）现场验证保护装置仅在检修压板投入时才可下装配置文件，下装时应闭锁本装置。

（3）主控室内保护装置宜采用直流 IRIG－B 码对时；就地布置的保护装置、合并单元和智能终端宜采用光纤 IRIG－B 码对时；站控层设备宜采用 SNTP 网络对时。采用光纤 IRIG－B 码对时方式时，宜采用 LC 接口；采用直流 IRIG－B 码对时方式时，通信介质应为屏蔽双绞线。

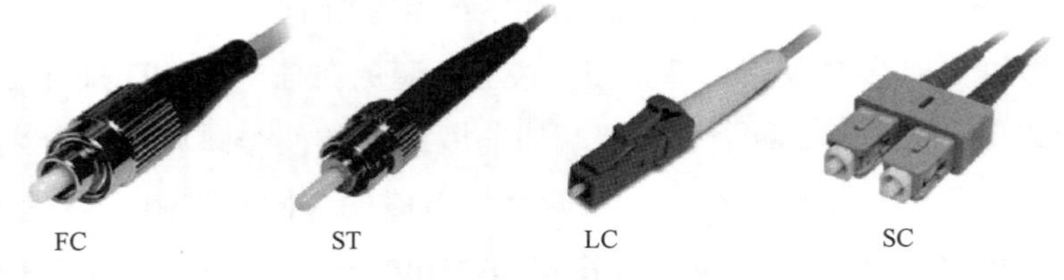

图 6－8　各种类型的光纤接口

（4）线路间隔第二套智能终端合闸出口触点应并入第一套智能终端合闸回路，当第一套智能终端控制电源未消失时，第二套智能终端应能正常合闸。

（5）验证本套重合闸闭锁逻辑为遥合（手合）、遥跳（手跳）、TJR、TJF、闭重开入、本智能终端上电的“或”逻辑。双重化配置智能终端时，应具有输

出至另一套智能终端的闭重触点，逻辑为遥合（手合）、遥跳（手跳）、保护闭锁重合闸、TJR、TJF 的“或”逻辑。

（6）模拟 GOOSE 链路中断，查看装置面板告警指示灯点亮，同时应发送相对应 GOOSE 断链告警报文。接收侧报断链信息，一般为 2 倍的允许生存时间，即 4T0。

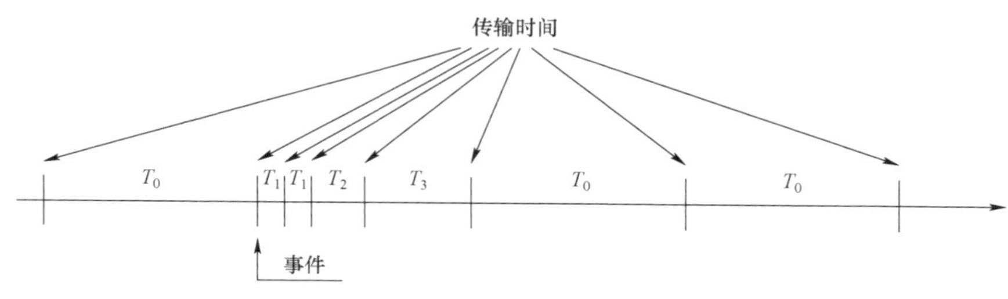

图 6－9　GOOSE 传输机制

（7）继电保护和安全自动装置压板设置应满足以下要求：

① 装置只设“远方操作”和“保护检修状态”硬压板，功能投退不设硬压板；

②“远方投退压板”“远方切换定值区”和“远方修改定值”只设软压板，只可在装置本地操作，三者功能相互独立，分别与“远方操作”硬压板采用“与门”逻辑。当“远方操作”硬压板投入后，上述三个软压板远方功能才有效。

为满足远方操作的要求，装置应具备“远方投退压板”“远方切换定值区”和“远方修改定值”的功能，分别受控于对应的软压板“远方投退压板”“远方切换定值区”和“远方修改定值”，这三个软压板分别与公共的“远方操作”硬压板构成“与”逻辑，是否允许远方操作由调度、运行管理部门决定。

“远方操作”只设硬压板，原因是要解决所有保护的远方操作，一定要有就地安全措施；对于 220kV 及以上等级，目前是分阶段实行远方功能的开放。

（8）控制柜内设备的安排及端子排的布置，应保证各套保护的独立性，在一套保护检修时不影响其他任何一套保护系统的正常运行。

（9）装置及相关设备异常告警、动作报文正确。保护装置软压板名称、投退正确。召唤定值、动作报告、软压板状态打印功能正确。

（10）备用电源自动投入装置的 SV 和 GOOSE 均能支持组网方式。

9. 合并单元验收

（1）SV 报文中采样值通道排列顺序应与 SCD 文件中配置相同，宜采用 AABBCC 顺序排列。

（2）用继电保护测试仪给模拟量输入式合并单元加量，检查合并单元采样响应时间不应大于 1ms，级联母线合并单元的间隔合并单元采样响应时间不应大于 2ms，误差不应超过 20us。采样值报文响应时间为采样值自合并单元接收端口输入至输出端口输出的延时。

（3）将母线合并单元与间隔合并单元级联，使用三相交流模拟信号源为母线合并单元施加额定值电压，为间隔合并单元施加额定值电压和电流，通过合并单元测试仪测量各通道电压和各通道电流之间的相位差，不应超过模拟量准确度的相位误差。

（4）查阅试验报告检查合并单元内保护用通道，应采用双 A/D 且两路 A/D 电路互相独立，两路独立采样数据的瞬时值之差不大于 0.02 倍额定值。

（5）检验合并单元电压切换及并列功能完整正确且满足以下要求：

① 对于接入了两段母线电压的按间隔配置的合并单元，分合母线刀闸，合并单元电压切换动作逻辑正确；

② 在母线合并单元上分别施加不同幅值的两段母线电压，分合断路器及刀闸，切换相应把手，各种并列情况下合并单元的并列动作逻辑应正确；

③ 合并单元在进行母线电压切换或并列时，不应出现通信中断、丢包、品质输出异常改变等异常现象。

10. 智能终端验收

（1）检验断路器分相位置、刀闸位置应采用 GOOSE 直传双点信息。遥合（手合）、低气压闭锁重合等其他遥信信息应采用 GOOSE 直传单点信息。

	外部信号	外部信号描述	接收端口	内部信号	内部信号描述
1	IL2201ARPIT/XCBR1.Pos.stVal	高浮Ⅱ线602A套智能终端UDM-501F/智能终端A套断路器A相位置	8-F	PIGO/GOINGGIO1.DPCSO1.stVal	断路器分相跳闸位置T...
2	IL2201ARPIT/XCBR2.Pos.stVal	高浮Ⅱ线602A套智能终端UDM-501F/智能终端A套断路器B相位置	8-F	PIGO/GOINGGIO1.DPCSO2.stVal	断路器分相跳闸位置T...
3	IL2201ARPIT/XCBR3.Pos.stVal	高浮Ⅱ线602A套智能终端UDM-501F/智能终端A套断路器C相位置	8-F	PIGO/GOINGGIO1.DPCSO3.stVal	断路器分相跳闸位置T...
4	IL2201ARPIT/GGIO1.Ind1.stVal	高浮Ⅱ线602A套智能终端UDM-501F/智能终端A套闭锁重合闸	8-F	PIGO/GOINGGIO2.SPCSO1.stVal	闭锁重合闸-1
5	IL2201ARPIT/GGIO1.Ind8.stVal	高浮Ⅱ线602A套智能终端UDM-501F/智能终端A套压力低闭重开入	8-F	PIGO/GOINGGIO2.SPCSO7.stVal	低气压闭锁重合闸
6	PM2201APIGO/BusPTRC6.Tr.general	220kV母线A套保护SGB-750A-DA-G/220kV母线A套保护跳浮桥Ⅱ线	8-G	PIGO/GOINGGIO2.SPCSO20.stVal	其它保护动作-1
7	PM2201APIGO/BusPTRC6.Tr.general	220kV母线A套保护SGB-750A-DA-G/220kV母线A套保护跳浮桥Ⅱ线	8-G	PIGO/GOINGGIO2.SPCSO2.stVal	闭锁重合闸-2

图 6－10　虚端子表

（2）本体智能终端包含完整的变压器本体信息交互功能（非电量动作报

文、调档及测温等），并能提供用于闭锁调压、启动风冷、启动充氮灭火等出口触点。

11. 整组验收

（1）整组传动时应检查各保护装置之间的配合、直采直跳唯一性、各保护装置动作行为、断路器动作行为正确，查看故障录波器、网络报文记录及分析装置、自动化监控系统、继电保护设备在线监视与分析应用模块信号正确，满足相应规程规范要求。

（2）通过整组试验测试保护各回路整组动作时间应满足以下要求：在输入2倍整定值测试保护整组动作时间时，对于采用“常规互感器+合并单元”模式的情况，线路纵联保护（不带通道延时）不应大于39ms，母线保护不应大于29ms，变压器差动速断保护不应大于29ms，变压器比率差动保护不应大于39ms。对于采用常规互感器不带合并单元的情况，应在上述时间的基础上减少2ms。

检修机制检查：如表6－6所示。

① SV接收端装置应将接收的SV报文中的检修品质位与装置自身的检修压板状态进行比较，只有两者一致时采样值才参与保护逻辑运算，不一致时只用于显示采样值，不参与保护逻辑运算；

② GOOSE接收端装置应将接收的GOOSE报文中的检修品质位与装置自身的检修压板状态进行比较，只有两者一致时才将信号作为有效进行处理或动作；

③ 若母线合并单元检修投入，则其级联的间隔合并单元的发送数据中仅来自母线合并单元的通道数据应带检修标记；

④ 当接收装置的检修压板状态和收到报文的检修品质位不一致时，接收装置应有告警信号发出。

表6－6　　各装置检修状态的动作情况

保护检修位	智能终端检修位	合并单元检修位（试验仪）	动作情况
1	0	0	不动
0	1	0	动作不跳开关
0	0	1	不动
1	1	1	动作跳开关

为不失一般性，下面以110kV线路间隔为例，详细阐述SV/GOOSE检修

机制。如图 6－11 所示。

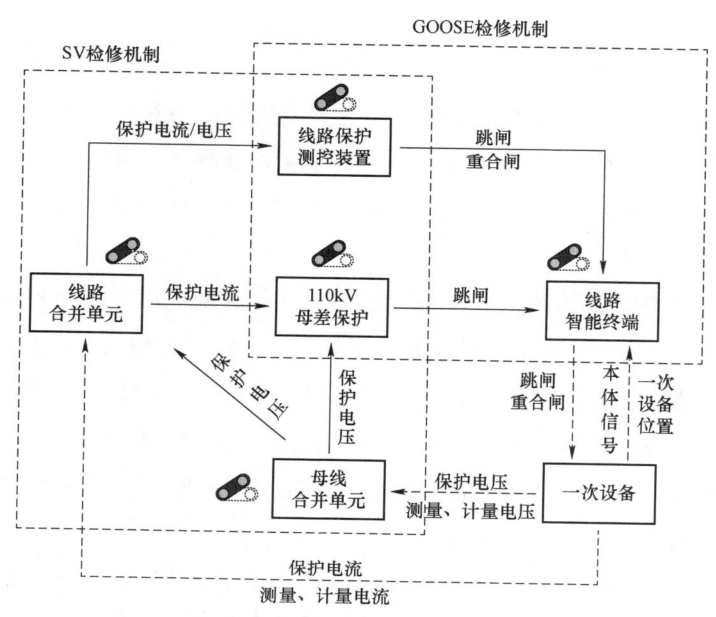

图 6－11　智能站 110kV 线路间隔信息流图

SV 检修机制涉及的设备为母线合并单元、线路合并单元、110kV 母差保护以及线路保护测控装置

GOOSE 检修机制涉及的设备为线路智能终端、110kV 母差保护以及线路保护测控装置。

母线合并单元检修硬压板投入时，母线合并单元发送 SV 报文“Test 标识”置为“True”。相应地，110kV 母差保护认为该报文无效，复压闭锁元件开放；而与母线合并单元级联的线路合并单元，将“Test 标识”为“True”的电压信息与电流信息合并发给线路保护测控装置，装置认为电流有效、电压无效，从而闭锁了装置内部的距离保护。如图 6－12 所示。

线路合并单元检修硬压板投入时，线路合并单元发送 SV 报文“Test 标识”置为“True”。相应地，110kV 母差保护认为该报文无效，为避免产生差流而造成装置误动，母差保护闭锁；同理，线路保护测控装置，认为报文中电流、电压信息均无效，为防止装置的误动，也从内部闭锁线路保护（包括装置所含的后备保护）。如图 6－13 所示。

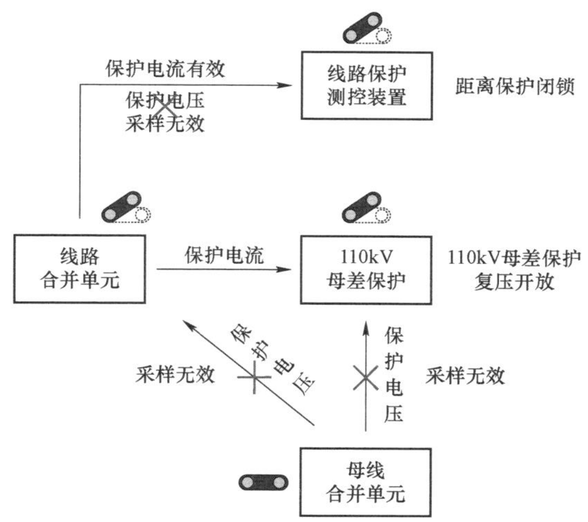

图 6-12　母线合并单元检修硬压板投入时设备状态

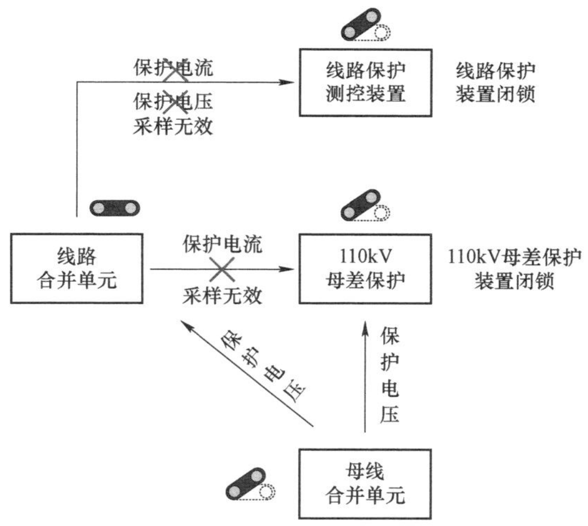

图 6-13　线路合并单元检修硬压板投入时设备状态

需要指出两点：

① SV 报文中含有多个“Test 标识”。例中线路合并单元发出的 SV 报文中包含两大部分：电压采样信息、电流采样信息。每部分都带有各自的“Test 标识”，接收报文的装置将自身检修硬压板的状态与报文中的各个“Test 标识”逐一比对，使用状态一致的信息。因此，在线路合并单元检修硬压板未投母线合并单元检修压板投入的情况下，保护装置认为线路合并单元打包发出的 SV 报文中，电流采样信息有效，而电压采样信息无效。

② 合并单元检修硬压板投入时，所发的 SV 报文所有“Test 标识”均被置为“True”。若母线合并单元检修硬压板未投入，而线路合并单元检修硬压板投入，线路合并单元发出的 SV 报文里，电压、电流“Test 标识”均被置为“True”。保护装置认为电压、电流采样均无效。

GOOSE 检修机制实例分析。

线路智能终端检修硬压板投入时，线路保护测控装置与 110kV 母差保护发送的 GOOSE 报文“Test 标识”与智能终端检修硬压板状态不一致。相应地，智能终端认为 110kV 母差保护以及线路保护测控装置发送的 GOOSE 报文无效，不会执行跳合闸命令。如图 6－14 所示。

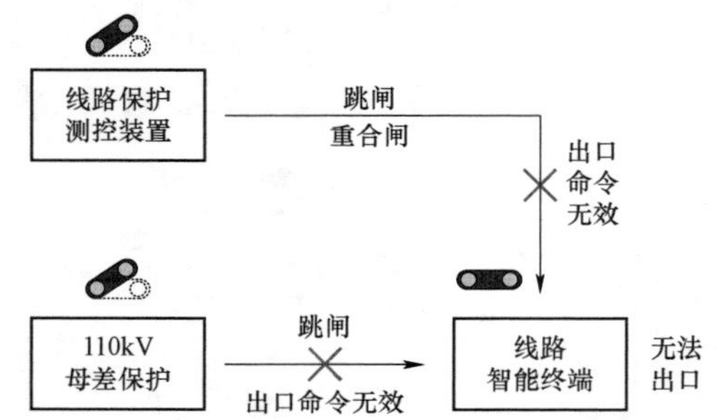

图 6－14　线路智能终端检修硬压板投入时设备状态

6.2.6　智能变电站验收疏忽问题

问题一：线路间隔链路异常机制验证项目。

（1）GPS 对时链路异常时，是否闭锁线路保护；

（2）检查智能终端至保护装置 GOOSE 链路中断时，是否闭锁保护出口；

（3）检查线路/主变间隔智能终端至保护装置链路异常时，是否影响 PT 切换及母差保护刀闸开入；PT 切换是否带记忆功能。

问题二：保护功能试验及整组试验。

（1）出口压板唯一性检查；

（2）功能压板有效性检查；

（3）针对主变出口矩阵、公用保护跳闸逻辑需验证跳闸对象正确性检查；

（4）80%直流电源下整组传动功能检查。

问题三：线路/主变间隔检修位验证项目。

（1）线路间隔是否会影响光纤通道纵差保护功能；

（2）主变间隔是否会闭锁差动保护，是否影响其他侧后备保护功能；

（3）检查线路合并单元未投检修、母线合并单元投检修时，是否只闭所与级联电压有关的线路/主变保护逻辑，是否影响电流保护功能；

（4）检查线路/主变间隔与母差保护检修位不一致，是否会启动母线失灵保护。

问题四：母差保护及TV并列检修位验证项目。

（1）检查仅当智能终端与保护装置检修位不一致时，是否会闭锁保护出口；

（2）检查线路/主变间隔智能终端检修位，是否影响母差保护刀闸开入；母线保护刀闸位置是否带记忆功能；

（3）检查当合并单元的检修位与本装置检修状态不一致时，是否会闭锁母差保护出口；

（4）检查母线合并单元投检修时，是否开放复压闭锁。

问题五：母差保护及TV并列链路异常机制验证项目。

（1）GPS对时链路异常时，是否闭锁母差保护；

（2）检查线路/主变间隔智能终端至保护装置链路异常时，是否影响母差保护刀闸开入；

（3）检查SV链路中断时，模拟母线故障，母差保护是否动作；

（4）检查GOOSE链路异常时，模拟母线故障，是否闭锁该间隔保护出口，是否影响其他间隔保护出口；

（5）检查母线合并单元至母差保护链路异常时，是否开放复压闭锁，是否闭锁保护动作及出口。

问题六：测控检修位、链路异常机制验证。

（1）测控装置与智能终端检修不一致时，是否闭锁遥控命令执行；

（2）智能终端组网断链时，遥控命令能否执行出口；

（3）GPS对时异常时，是否闭锁遥控命令执行。

链路异常是智能化变电站以后的常见故障情况。检查不同链路断链下，后台报文正确性，保护闭锁情况，对于链路异常缺陷处理准确定位故障位置，判断严重程度很有帮助。

6.2.7 智能变电站运维注意事项

投入状态是指装置交流采样回路及直流电源正常，保护 SV 软压板投入、主保护及后备保护功能软压板投入，跳闸、失灵、重合闸等 GOOSE 接收及发送软压板投入，检修硬压板退出。

信号状态是指装置交流采样回路及直流电源正常，保护 SV 软压板投入、主保护及后备保护功能软压板投入，跳闸、失灵、重合闸等 GOOSE 接收及发送软压板退出，检修硬压板退出。

退出状态是指装置交流采样回路及直流电源正常，保护 SV 软压板退出、主保护及后备保护功能软压板退出，跳闸、失灵、重合闸等 GOOSE 接收及发送软压板退出，检修硬压板投入。

1. 合并单元状态

投入状态是指装置交流采样回路及直流电源正常，检修硬压板退出。

退出状态是指装置交流采样回路及直流电源正常，检修硬压板投入。

2. 智能终端状态

投入状态是指装置直流电源正常，跳合闸出口硬压板投入，检修硬压板退出。

退出状态是指装置直流电源正常，跳合闸出口硬压板退出，检修硬压板投入。

一般单独退出合并单元、过程层网络交换机。一次设备运行或热备用时，相关合并单元、保护装置、智能终端等应处于投入状态；另一次设备检修或冷备用时，上述设备均应处于退出状态。

3. 注意事项

（1）退出全套保护装置时，应先退出保护装置所有出口软压板；退出保护装置某一保护功能时，应退出该保护功能独立设置的出口软压板，无独立设置的出口软压板时退出其功能投入压板，无功能投入压板和独立设置的出口软压板时，退出其共用的出口软压板。

（2）当退出发送侧保护装置的 GOOSE 出口软压板时，应先退出接收侧配

置的相应 GOOSE 接收软压板，投入时顺序相反。

（3）禁止通过投退智能终端的断路器跳合闸压板的方式投退保护，保护其他 GOOSE 联系没有切断。

（4）正常运行的智能组件严禁投入“置检修”压板，运维人员不应操作该压板。

6.2.8　智能变电站异常处理原则

1. 异常的分类

（1）装置性异常——装置本身软硬件异常导致故障告警。

（2）链路性异常——由于本侧所需信息未接收或接收不正确导致告警。

（3）回路异常——由于二次电缆回路异常导致故障告警。

异常类型	异常产生的影响
1. 装置本体异常	1. 确定受影响的设备范围
保护装置	查看 SCD 文件
合并单元	其他设备告警信息
智能终端	2. 确定受影响的程度
交换机	电压无效
2. 光纤链路异常	电流无效
3. 对时异常	控制回路断线
4. 二次电缆回路异常	闭锁回路断链
5. 后台通信异常	对时异常
	后台通信异常

图 6－15　异常类型及异常产生的影响

2. GOOSE 断链

装置在一定时间内未收到订阅的 GOOSE 报文，会报 GOOSE 链路通信中断。GOOSE 链路中断时，装置面板上链路异常灯或告警灯点亮，装置液晶面板显示 XX GOOSE 链路中断，后台监控显示 XX GOOSE 链路中断。

对于双重化配置的设备，GOOSE 链路中断最严重的将导致一套保护拒动，但不影响另一套保护正常快速切除故障；对于单套配置的设备，特别是单套智能终端报出的 GOOSE 链路中断，可能导致元件主保护拒动。

3. 物理链路异常

（1）发送端口异常：发送端口光功率下降、发送端口损坏、发送光纤未可靠连接；

（2）传输光纤异常：光纤弯折角度过大或折断、光纤接头污染；

（3）交换机异常：交换机端口故障、交换机参数配置错误；

（4）接收端口异常：接收端口损坏或受污染、接收光纤未可靠连接。

4. 逻辑链路异常

（1）配置错误：发送方或接收方的 MAC、APPID 等参数配置错误、发送数据集与配置文件中不一致；

（2）装置异常：发送方未正确发送 GOOSE、接收方异常未能正确接收 GOOSE；

（3）传输异常：网络丢包、GOOSE 报文间隔过大；

（4）检修不一致：GOOSE 收/发双方检修状态不一致。

5. GOOSE 断链处理方法

（1）原因分析。

① GOOSE 链路中断告警是由 GOOSE 接收方装置判断出来并告警的，而此装置的 GOOSE 发送有可能是正常；

② 装置的 GOOSE 链路是指逻辑链路，并不是实际的物理链路，一个物理链路中可能存在多个逻辑链路，因此一个物理链路中断可能导致同时出现多个 GOOSE 链路告警信号；

③ 装置根据业务不同可能存在多个 GOOSE 链路，站内监控后台具有每个 GOOSE 链路的独立信号，可明确到每一个 GOOSE 链路；而监控中心 GOOSE 链路中断信号则是装置全部 GOOSE 链路中断信号的合成信号，只能明确到装置。

（2）处理方法。

① 首先确定 GOOSE 链路的传输路径，包括发送装置、传输环节、该 GOOSE 所有接收装置；

② 检查该 GOOSE 所有接受方的告警信号，初步确定是 GOOSE 发送方原

因还是接收方原因，以缩小检查范围，若该 GOOSE 所有接收方都有链路中断信号，则一般为发送方异常或公共物理链路异常；若为该 GOOSE 接收方中只有某一些装置存在链路中断信号，则一般为接收方异常或非公共物理链路异常；

③ 根据②中的判断，检查物理回路，测试相关装置的发送光功率或、接收光纤的光功率或光纤光衰耗，根据测试结果判断是否为物理回路异常；

④ 若物理回路正常，进一步检查逻辑链路，检查 GOOSE 收/发双方的检修硬压板是否一致；另外，从网络报文分析仪中检查该 GOOSE 报文，并与 SCD 文中配置比较，确定 GOOSE 报文的正确性；若 GOOSE 报文正确，则检查接收方能否接收到该 GOOSE 报文，若能接收到 GOOSE 报文，则需检查接收方的配置，若未能接收到 GOOSE 报文，则检查交换机配置或发送装置的点对点口是否发出 GOOSE 报文；若 GOOSE 报文不正确，则检查发送方的配置。

通过上述排查，根据查找出的原因做进一步处理，更换光纤、光接口或修改接收方、发送方、交换机的配置，直至 GOOSE 链路异常信号复归。

6.2.9　智能变电站故障处理原则

智能变电站故障处理应遵循以下原则：

（1）将装置故障时受影响的保护装置陪停。

（2）当两套及以上保护装置故障时，如出现保护功能或保护范围缺失时应考虑一次设备陪停。

保护故障处理方式如下：

情况一：保护装置故障告警，保护装置依然能操作软压板（断链）

处理原则：操作和隔离方法和常规站相同。

情况二：保护装置故障告警，无法操作软压板（死机、黑屏）

处理原则：经调度同意后，直接分开装置电源。装置上电前，应先将保护装置与运行回路隔离（断开装置光纤等回路）后。

保护工作结束后，应按调度要求调整好方式状态并检查装置无异常后方可接入运行回路。

6.3 智能变电站继电保护专业巡检要点

6.3.1 概述

排查保护和安全自动装置设备隐患，提升二次系统健康水平，确保电网的安全稳定运行，每年各地市供电公司、超变公司、省水电公司等单位结合年初迎峰度冬、春检、迎峰度夏及状态评价工作，开展共计两轮的二次专业巡检工作。专业巡检工作是每年的常规性生产工作，由省电科院组织各单位开展。

6.3.2 专业巡检要点

1. 压板定值

关注异动设备的定值：二次异动设备在日常倒闸操作、临时定值调整、正式定值下发、定值切区、保护及自动装置投退等过程中都有可能发生定值调整，在专业巡检过程中要重点关注此类保异动设备的定值检查，确保现场定值与实际定值相符。

关注功能压板的投退：检查硬压板投退及紧固状态。如配备专用电压表（仅含电压测量功能）则可测量硬压板两端电位；从装置界面查看软压板，是否与实际硬压板相符。

关注智能站的软压板：运维人员对智能站压板了解较少，容易发生智能站软压板误投、漏投等现象，如线路闭锁重合闸软板、启失灵发送软压板、主变跳闸发送软压板。

案例一：保护临时定值未恢复

某供电公司配网调度下令将110kV××站10kV 302线路保护过负荷定值进行临时调整，以应对即将到来的春节用电高峰。但春节保电结束后，配调仍未下令将临时定值调回，至2021年变电检修公司春节保电前定值排查期间发现该问题。

案例二：现场实际定值与定值单不符

某供电公司 110kV 线路现场保护装置硬压板零序过流三段退出、零序过流四段投入、不对称相继速动退出，整定定值单软压板为零序过流三段投入、零序过流四段退出、不对称相继速动压板投入，现场实际情况与定值单不相符。

案例三：智能站软压板投退错误

某供电公司 110kV2 号主变 A、B 两套主变保护装置功能保护软压板投退不正确，B 套主变保护装置未投中压侧后备保护软压板及中压侧电压软压板，且两套主变保护装置 GOOSE 发送软压板中跳中压侧断路器软压板均未投入，中压侧 420 断路器处于拒动状态。

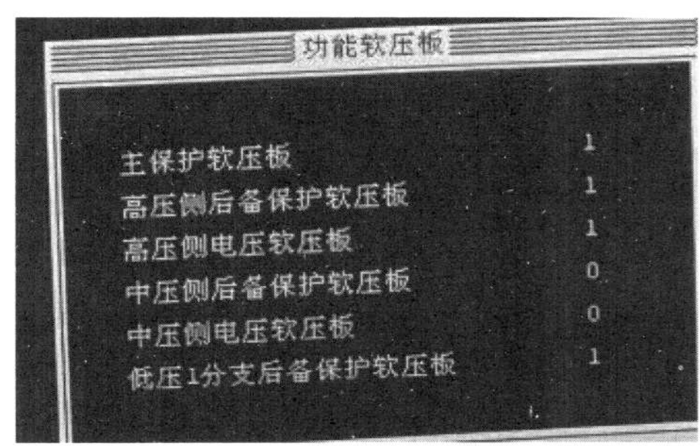

图 6－16　B 套主变保护装置的功能软压板未投入

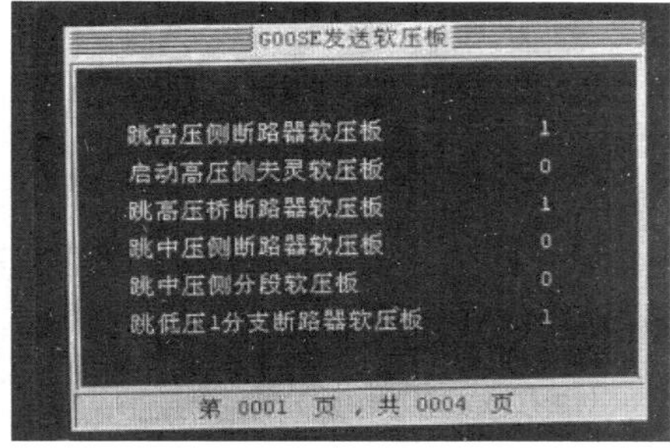

图 6－17　装置跳中压侧断路器软压板未投入

2. 红外测温

2020 年 7 月 25 日，保护检修班工作组对 220kV 某变电站开展二次设备迎峰度夏专项特巡工作，在 110kV 设备区对端子箱内二次回路进行红外测温时，发现 110kV 线路 508 断路器端子箱内母差保护用电流端子存在温度异常升高的问题，最高和最低温度相差 44.8℃。

经过现场排查，发现 110kV 线路 508 断路器端子箱至 110kV 母差保护的 C 相电流回路（回路编号为 C310）端子中间连片发热严重，温度高达 79.8℃，其余电流端子约为 40℃左右，红外测温情况如图 6－18 所示。

初步检查，端子外观未见明显异常，螺丝也未见明显松动迹象，如图 6－19 所示，用钳形表测量流过该端子（回路编号为 C310）的二次电流约为 1.9A。

综合红外测温、外观检查以及电流测量结果，初步判断电流端子发热的原因是中间连片连接不牢靠，可能为螺丝紧固不到位或者是中间连片断裂。

现场人员立即汇报相关检查情况，经综合分析和决策，采取分步检查处理方式。

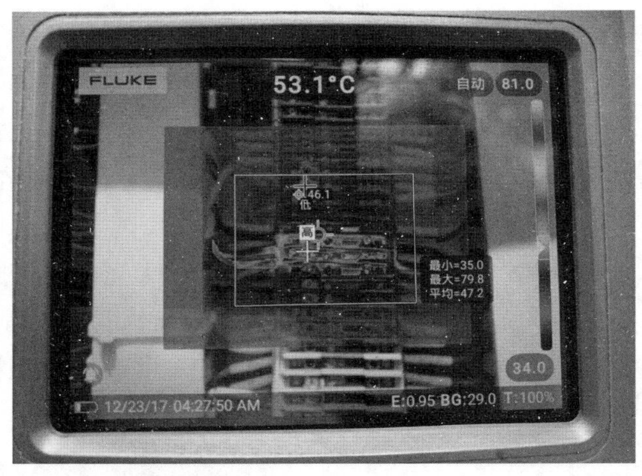

图 6-18　110kV 设备区对端子箱内二次回路进行红外测温

图 6-19　110kV 线路 508 断路器端子箱内母差保护端子排

临时短接发热端子两侧。为防止 C310 电流回路二次开路导致电流互感器烧损或 110kV 母差保护误动等风险，在做好可靠措施的情况下，现场使用短接线将编号为 C310 电流端子两侧临时短接，如图 6-20 所示。在确保临时短接到位且连接可靠之后，现场人员开始检查端子中间连片螺丝紧固情况，发现螺丝插入深度到位，但无法完全紧固，有轻微滑丝现场。根据检查结果，基本可以判断问题主要为电流端子的中间连片出现断裂。

现场申请将 110kV 线路 508 间隔由运行转热备用，以便进一步检查处理。待 508 间隔停电后，从端子排上拆下编号为 C310 电流端子，如图所示，发现中间连片内侧已经完全断裂，中间连片底部与端子两侧金属部分已经由面接触变为点接触，中间连片外侧与端子两侧金属部分无法完全紧密接触。中间连片

底部卡座断裂，导致二次回路接触电阻明显增大，再加上 508 间隔 TA 二次额定电流为 5A，在相同的负荷下，流过端子的电流是 TA 二次额定电流为 1A 的 5 倍，从而导致端子发热严重，红外测温明显异常。

图 6－20　临时短接发热端子两侧

现场检修人员使用新的电流端子替换原 C310 电流端子，紧固到位并测量确保无开路，同时对端子箱内其他电流绕组端子的紧固情况进行逐一检查，确认无异常后，申请将 508 间隔转运行。110kV508 间隔由热备用转运行后，110kV 母差保护采样正常，差流正常，如图 6－21 所示。

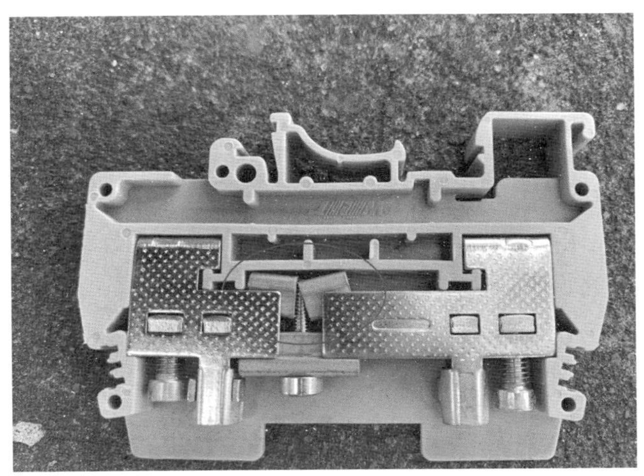

图 6－21　中间连片出现断裂

运行 30min 后，再次对 110kV 线路 508 端子箱所有电流端子进行红外测温，温度全部正常，如图 6－22 所示。红外测温检查标准可参照《二次系统及辅助设备红外测温实施细则（试行）》。

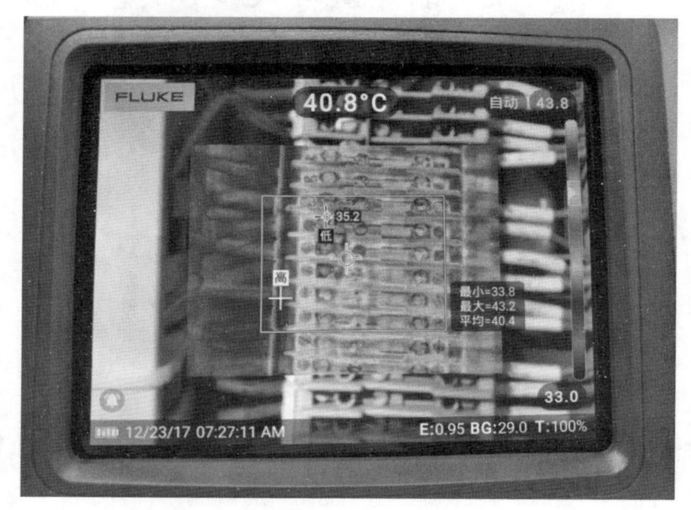

图 6－22　红外测温，温度恢复正常

重要回路测量：如装置面板、端子排特别是有致热效应的电压电流等重要回路。

横向对比：同一回路不同部位、不同相别之间的相对温差超过 5℃可定为一般缺陷，超过 10℃可定为严重缺陷，超过 20℃可定为危急缺陷；同一变电站同一型号装置之间的相对温差超过 5℃可定为一般缺陷，超过 10℃可定为严重缺陷，超过 20℃可定为危急缺陷。

纵向对比：分析同一设备不同时期的温度变化情况，积累设备温度对运行稳定性影响的经验数据，找出致热程度与设备运行稳定性的相关性参数，若同一设备不同时期温度变化较大应通过现场精确测温横向对比复核。

3. 接地线电流

2020 年 3 月 4 日，继电保护专业在 110kV 变电站开展二次专业巡检和精益化评价整改工作，在 1 号主变本体端子箱检查时发现端子箱内有一组备用电

流回路短接接地，用钳形电流表检测接地线电流时发现接地线上电流为 0.96A，说明 1 号主变套管 TA 的这组备用绕组运行异常，如图 6－23 所示。

图 6－23　1 号主变本体端子箱

为了分析接地线上电流来源，现场检修人员在专业巡视工作完成后组织对该问题再次进行重点分析排查，用钳形电流表分别测量套管 TA 二次绕组电流输入情况，分别测量二次线（编号为 3A/1B－185，3X/1B－185，5A/1B－186，5X/1B－186，7A/1B－186，7X/1B－186）电流输入情况，发现编号为 3A/1B－185 二次线电流为 0.07A，而编号为 3X/1B－185 的二次线电流为 0.81A，接地线上电流为 0.76A，如图 6－24～图 6－27 所示。

从上述测量的数据来看，说明该 TA 绕组并未直接通过 3k1、3k2 抽头连接的二次线形成回路，而是通过一次地以及等电位接地铜网、3k2 抽头连接的二次线形成了电流通路，初步推断，可能是 1 号变压器 A 相套管 TA 内部 3k1 抽头虚接且接地。

图 6－24　用钳形电流表检测接地线电流

图 6－25　3A/1B－185 二次线电流为 0.07A

图 6－26　3X/1B－185 的二次线电流为 0.81A

图 6－27　接地线上电流为 0.76A

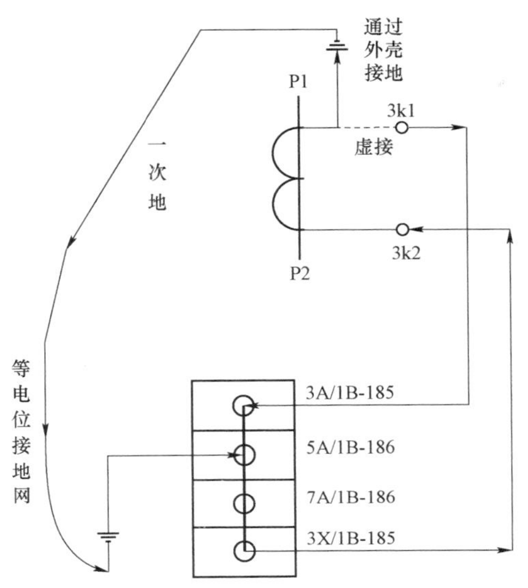

图6-28 通过二次回路图分析接地线上电流来源

2016年该1号主变开展了C类检修，检修过程中发现1号主变A相套管TA在试验过程中出现异常现象：极性试验和变比试验不合格，但是励磁特性数据无异常，绝缘试验未发现异常，且带负荷检查时电流输出正确，因现场着急送电，并未组织对A相套管TA本体进行解体检查。

（1）接地线电流检查标准，用钳形表检查。

（2）一般小于10mA为正常。

（3）电压应小于0.5V为正常（PT中心点电位）。

（4）与上一次检查数据比较差异不应过大。

4. 装置历史报文检查

2020年3月3日，某公司二次班组工作人员在500kV变电站进行专业巡检时，发现220kV线路一套RCS-931型线路保护装置历史报文中频发“光耦电源异常”“纵联差动保护退出”变位报告，告警发生后几秒或几分钟内又能自动复归，保护装置内报文如图6-29所示。

检查220kV线路另一套线路保护无任何异常报文，且产生故障报文期间无运行操作，“光耦电源异常”和“差动保护退出”同时发生，因此基本可判断是开入电源存在问题。

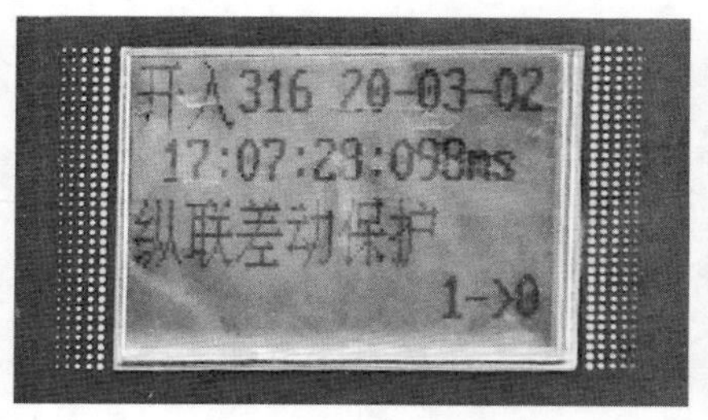

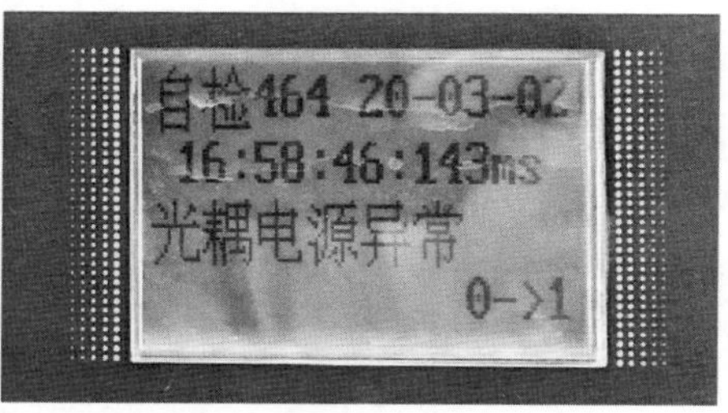

图 6-29　RCS-931 装置异常报文

光耦电源的连接如图 6-30（c）所示，电源插件输出光耦 24V-（105），经外部接线直接接至 BI 插件的光耦 24V-（615）；输出光耦 24V+（104）接至屏上开入公共端子，为监视开入 24V 电源是否正常，需从开入公共端子或 104 端子经连线接至 BI 插件的光耦 24V+（614），若 614 端子无光耦 24V+接入，则装置报光耦电源异常。

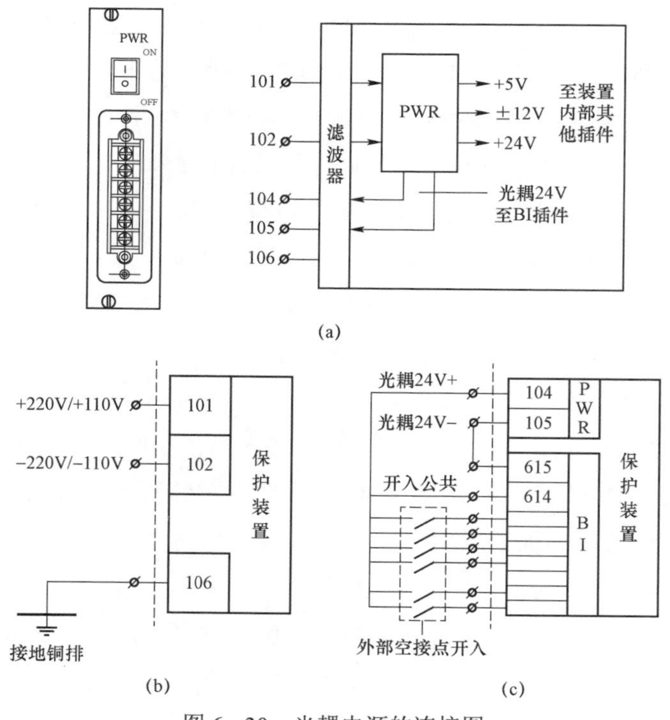

图 6-30　光耦电源的连接图

检查光耦开入电源时，发现光耦开入电源正端芯线虽然螺丝已紧固，但芯线仍为松动状态，轻微带动背板线束，保护装置便发出“光耦电源异常”和“差动保护退出”信号，可以断定为此处故障。进一步检查发现芯线下层垫片缺失，导致螺丝虽然紧固但芯线接触不良。

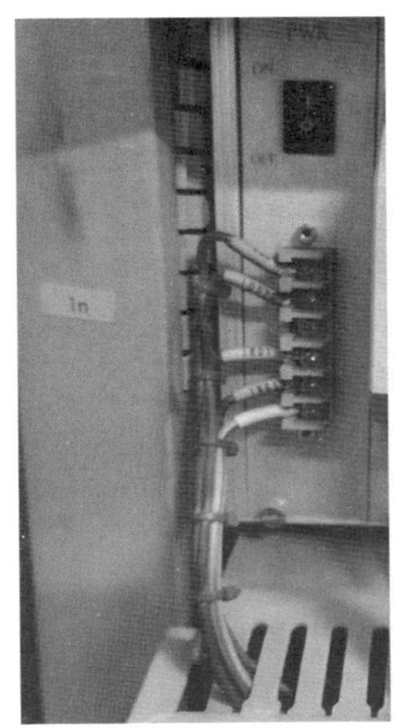

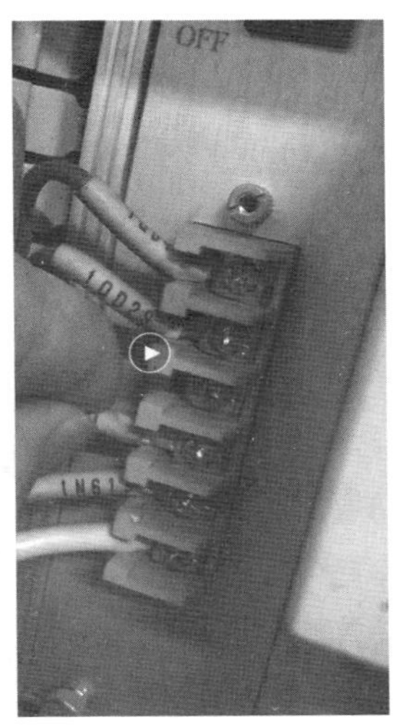

图6－31　紧固背板接线螺丝

重新紧固背板接线螺丝压接后，再次带动背板线束，保护装置无异常，经过半小时观察，装置未重现“光耦电源异常”和“差动保护退出”变位报文，标明缺陷已消除。

2020年3月11日，二次班作业人员在进行220kV变电站联合巡检过程中发现2号主变A套四方公司CSC－326B主变保护频发“低压1分支PT断线”

图6－32　2号主变保护（CSC－326B）A套“低压1分支PT断线”告警

告警，情况如图，进一步检查发现，该告警频发，且短时内自动复归，2 号主变保护 B 套同为四方公司 CSC－326B 产品，同时期并未发同样告警信号。

由于 2 号主变保护（CSC－326B）A 套“低压 1 分支 PT 断线”告警发生后能短时自动复归，且同时刻 B 套保护无异常，首先测量保护屏低压侧交流电压电位正常，查看保护装置采样值大小与万用表测量电位值一致，排除保护装置采样故障，初步判断是 A 套保护低压侧电压回路存在故障，因此先对低压侧电压回路各处接线进行外观检查，然后对螺丝进行紧固，在 10kV 母线 TV 测控屏处检查时，发现 B640D/2SYH－131A 螺丝松动还能紧一圈半。

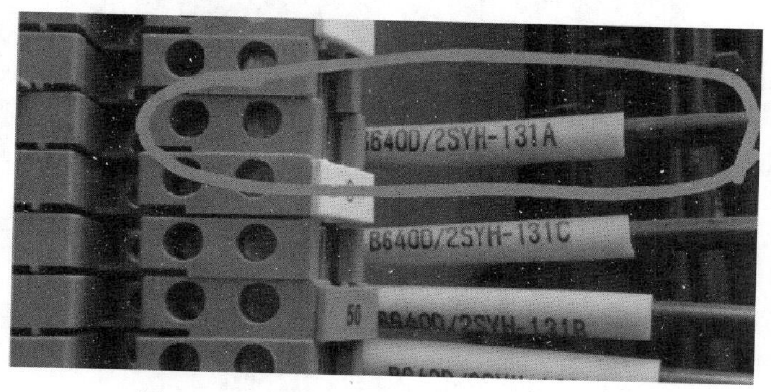

图 6－33　B640D/2SYH－131A 螺丝松动

推断“低压 1 分支 PT 断线”可能是由于振动或其他原因导致回路接触不良，接触电阻增加，在接触面处产生压降，导致三相电压不平衡，判断为 PT 断线。紧固 10kV 母线 TV 测控屏 B640D/2SYH－131A 螺丝后，再检查其他有关回路，未发现异常。

保护装置自检和报文记录功能强大，装置本身或二次回路异常大多数都能被保护装置识别，建议在二次专业巡检过程中，通过装置面板、事件记录菜单检查自上次专业巡视后（6 个月内）装置记录：

（1）无异常告警、动作报文；

（2）无非预期频繁开入变位，否则应检查是否存在接线松动；

（3）如有异常报文应详细记录并认真分析。

5. 模拟量检查

2020 年 5 月 22 日，某公司二次检修班在 220kV 变电站进行 10kV 母线所属间隔的 A4 类检修工作，发现 4C 号电容器 446 间隔、5C 号电容器 448 间隔、

#6C 电容器 450 间隔的保护装置不平衡电压采样值异常，其 B、C 两相无采样值、无零漂值，如图 6－34 所示。

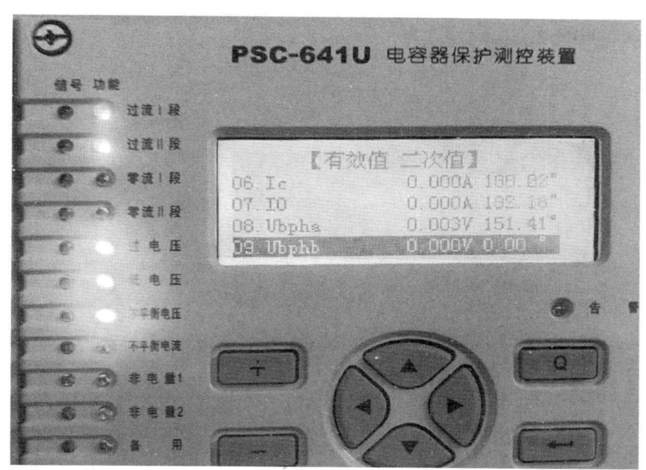

图 6－34　保护装置不平衡电压采样值异常

这三套保护装置为××公司出厂的 PCS－641U（多合一），其不平衡电压接线为差压法。现场将试验线接在 B 相不平衡电压 U_{bphb} 和 U'_{bphb} 端子，并检查确定加量值输送至装置背板的接线端子。但装置的 B 相不平衡电压 U_{bphb} 仍无采样值、无零漂值。C 相不平衡电压的检查结果同样如此，初步怀疑采样插件存在问题。

5 月 26 日，检修人员协同厂家前往 220kV 变电站开展调查分析，现场更换采样插件后，加入试验量验证装置采样，A 相不平衡电压采样值与试验量相同，但 B、C 两相不平衡电压仍无采样值，同时现场量取装置背板的三相不平衡电压端子的电阻值，显示为 1.3kΩ，排除了 B、C 两相不平衡电压未接小 PT 的可能性，如图 6－35 所示。

现场更换 CPU 插件再进行分析，由于新 CPU 插件的程序版本为出厂配置，现场升级程序版本后，加入试验量检查装置的不平衡电压采样值，发现装置的三相不平衡电压采样值均显示正确，且三相不平衡电压均有零漂值，如图 6－38 所示。但新 CPU 插件与原 CPU 插件型号一致，区别仅在于配置文件，从而判断该问题并不是采样插件和 CPU 插件导致。

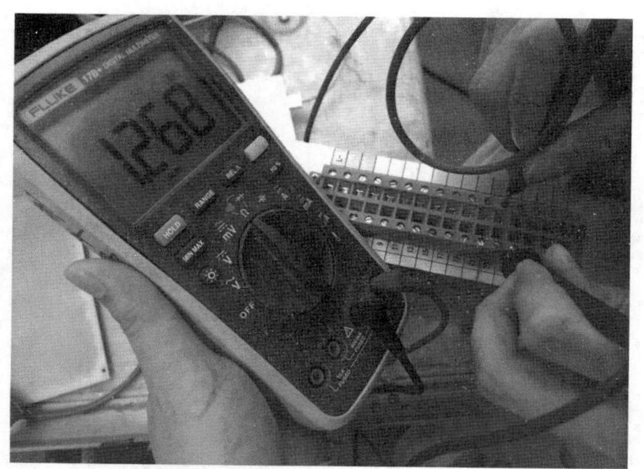

图 6-35　现场量取装置背板的三相不平衡电压端子的电阻值

厂家通过对比配置文件，发现原配置文件缺失通道 12、通道 13 的程序命令，如图 6-36 所示。于是，现场安装原 CPU 插件，同时补添配置文件，加量检查发现装置的三相不平衡电压采样值显示正确。为确保装置运行可靠，检修人员验证了该装置各项采样数据正确、出口试验正确。

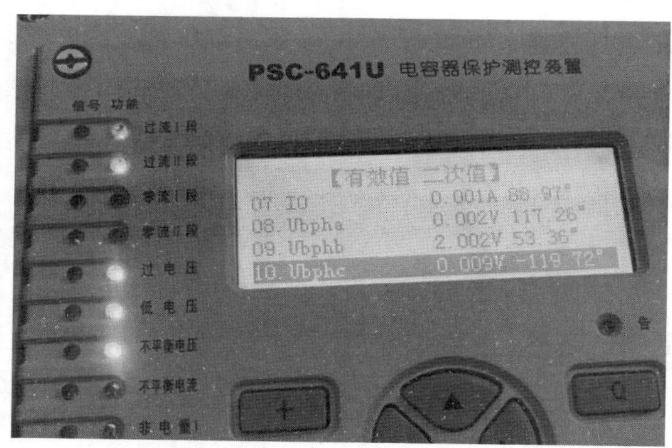

图 6-36　装置的三相不平衡电压采样值显示正确

注意电容器不平衡电流电压检查、主变保护自产零序电流与外接零序电流检查，巡检时可进行以下对比检查：

（1）双套配置保护采用双套同源模拟量对比；

（2）主变保护各侧自产零序电流与外接零序电流对比（必须拍照）；

```
<?xml version="1.0" encoding="GB2312"?>
<CONFIG PROJECTNAME="智能终端" VERSION="1.0">
  <SMV type="640U" CPUType="E03-CPU.F-D" synMode="09" synRev="取
    <SUB_SMV type="交流采样" port="00" PHASE="000" RCDLY="3">
      <FCDA INPUTNO="1" CHANEL="05" HWCFGNO="05" TYPE="电压" RAT
      <FCDA INPUTNO="2" CHANEL="06" HWCFGNO="06" TYPE="电压" RAT
      <FCDA INPUTNO="3[illegible]电压" RAT
      <FCDA INPUTNO="4" CHANEL="08" HWCFGNO="08" TYPE="电压" RAT
      <FCDA INPUTNO="5" CHANEL="01" HWCFGNO="01" TYPE="保护电流"
      <FCDA INPUTNO="6" CHANEL="02" HWCFGNO="02" TYPE="保护电流"
      <FCDA INPUTNO="7" CHANEL="03" HWCFGNO="03" TYPE="保护电流"
      <FCDA INPUTNO="8" CHANEL="04" HWCFGNO="04" TYPE="保护电流"
      <FCDA INPUTNO="9" CHANEL="09" HWCFGNO="09" TYPE="测量电流"
      <FCDA INPUTNO="10" CHANEL="10" HWCFGNO="10" TYPE="测量电流
      <FCDA INPUTNO="11" CHANEL="11" HWCFGNO="11" TYPE="测量电流
    </SUB_SMV>
```

只有A相

```
SMV type="640U" CPUType="E03-CPU.F-A" synMode="09" synRev="取反" synEdg
 <SUB_SMV type="交流采样" port="00" PHASE="000" RCDLY="3">
   <FCDA INPUTNC="1" CHANEL="05" HWCFGNC="05" TYPE="电压" RATED="5774"
   <FCDA INPUTNC="2" CHANEL="06" HWCFGNC="06" TYPE="电压" RATED="5774"
   <FCDA INPUTNC="3" CHANEL="07" HWCFGNC="07" TYPE="电压" RATED="5774"
   <FCDA INPUTNC="4" CHANEL="01" HWCFGNC="01" TYPE="保护电流" RATED="10
   <FCDA INPUTNC="5" CHANEL="02" HWCFGNC="02" TYPE="保护电流" RATED="10
   <FCDA INPUTNC="6" CHANEL="03" HWCFGNC="03" TYPE="保护电流" RATED="10
   <FCDA INPUTNC="7" CHANEL="04" HWCFGNC="04" TYPE="保护电流" RATED="10
   <FCDA INPUTNC="8" CHANEL="08" HWCFGNC="08" TYPE="电压" RATED="5774"
   <FCDA INPUTNC="9" CHANEL="12" HWCFGNC="12" TYPE="电压" RATED="5774"
   <FCDA INPUTNC="10" CHANEL="13" HWCFGNC="13" TYPE="电压" RATED="5774"
   <FCDA INPUTNC="11" CHANEL="14" HWCFGNC="14" TYPE="保护电流" RATED="1
   <FCDA INPUTNC="12" CHANEL="09" HWCFGNC="09" TYPE="测量电流" RATED="1
   <FCDA INPUTNC="13" CHANEL="10" HWCFGNC="10" TYPE="测量电流" RATED="1
   <FCDA INPUTNC="14" CHANEL="11" HWCFGNC="11" TYPE="测量电流" RATED="1
 </SUB_SMV>
```

少了这几行，导致没有不平衡电压

图 6－37　对比配置文件

（3）单套配置保护采用不同保护同源模拟量对比，如间隔保护与母线保护对比；内桥接线线路保护与主变保护对比；主变差动保护与后备保护对比（主后分开），线路保护与备自投对比等。

6.3.3　智能变电站继电保护专业巡检小结

在二次设备巡检过程中，对发现的设备异常保持高度的警觉性，从各个角度分析异常产生的原因，确保设备正常可靠运行：

（1）继电保护“三误”事故对电网危害极大，近年“三误”事故总量和电压等级均有所上升，情况不容乐观，继电保护专业人员首先应从思想上应高度重视和关注，加强人员责任心，遏制事故上升的势头，杜绝继电保护“三误”

事故的发生。

（2）应加强对检修试验人员和运行值班人员的安全意识和安全技能的教育及培训工作，尤其应当加强人员的安全意识教育，确保各项安全规章制度在生产过程中能予以落实。

（3）加强对继电保护从业人员的管理，加大规程规范、规章制度执行的检查和考核力度，并适时地组织新保护培训和技术交流，提高广大继电保护工作人员的技术水平和工作责任心。

（4）进一步规范继电保护专业人员在各个工作环节上的行为，在检修工作中必须严格执行各项规章制度及反事故措施和安全技术措施，逐步推广标准检修作业包，加强对危险点的控制，尤其是与运行设备交界的地方应严加防范。通过有秩序的工作和严格的技术监督，杜绝继电保护人员因人为责任造成的“三误”事故。

（5）克服近几年基建改造任务重、工期紧与安全的矛盾，加强试验工作方案的编制和审核工作，并将方案内容进行详细交底，使每个工作人员均做到心中有数，控制好试验过程中的危险点；合理安排工作，以饱满的精神、良好的状态开展工作。

（6）整定人员应及早介入基建改造工程，对投产继电保护设备及顺序应充分了解和掌握，不盲目听从，严格按照系统运行方式和整定规程及时编写和调整整定值，整定值应有足够的时间进行校核，避免误整定的事故发生。

（7）认真做好竣工图的制作，做到图实相符，工作中发现疑问或图实不符的情况，应停止工作，核实图纸和试验方案后才可再开始工作。

（8）加强对运行值班人员进行保护原理、二次回路及运行操作的培训，尤其是差动保护的培训。加强对运行人员的专业管理，增强工作人员的责任心，杜绝由于运行值班人员责任的继电保护“三误”事故。

（9）加强变电站现场运行规程和典型操作票的审核和规范工作，规范运行操作并严格按典型操作票操作，各级变电站运行人员在操作主变保护特别是旁路切换时应特别引起重视，保持警惕。

6.4　智能变电站案例分析

6.4.1　案例一：某 500kV××变多台合并单元告警缺陷分析

（1）事件情况简介。

某 500kV ××变在启动及运行期间，4 台合并单元先后发生异常告警，造成保护异常退出。

500kV ××智能变电站在启动调试时，当合上 3#主变 5061 开关时，其 4#主变本体合并单元 A 发出异常告警信息，装置告警灯点亮，无法复归。约 3h 后，5071 开关合并单元 A 又发生同样异常告警（当时无倒闸操作）。××站 2255 分段开关合并单元 A 和电抗器 632 合并单元于 5 月 11 日和 19 日，先后发生同样异常告警。

缺陷合并单元设备均为某公司生产的 DMU－831/G 型模拟量输入式合并单元。经查，告警原因初步判断为在外部电磁干扰条件下，合并单元的 CPU 板与开入扩展板之间串口通信发生异常，且无法恢复，造成开入变位信号无法更新，导致部分功能异常。

2014 年 4 月 21 日 01:51，5071 合并单元 A 正常运行（现场无倒闸操作）过程中发出两个异常信号，分别为“合并单元 A 装置告警”“合并单元 A 装置异常”。现场检查发现合并单元装置告警灯亮。

2014 年 05 月 11 日 05:54，分段 2255 合并单元 A 正常运行过程中，发出两个异常信号，分别为“合并单元 A 装置告警”“合并单元 A 装置异常”。现场检查发现合并单元装置告警灯亮。

2014 年 5 月 19 日 12:26，632 电抗器热备用状态，632 电抗器合并单元正常运行过程中，发出两个异常信号，分别为“合并单元装置告警”“合并单元装置异常”。现场检查发现合并单元装置告警灯亮。

（2）事件原因分析。

缺陷合并单元均为某公司生产的 DMU－831/G 型模拟量输入式合并单元。

该公司技术人员通过调试笔记本连接装置调试口获取装置告警报文后，确定发生了“串口板 0 数据异常”告警。

该公司技术人员分析缺陷原因如下：

合并单元的开入信号是由扩展板采集后，以串口通信方式传给 CPU 板。扩展板以“定长”模式发送帧数据，CPU 接收模式有“定长”和“变长”两种（由厂家人员通过参数配置决定）。当 CPU 接收模式配置成“定长”模式时，CPU 板按照固定帧长度接收数据；当配置成“变长”模式时，CPU 板先读取帧头，然后读取帧长字节，按照该长度接收帧数据。

合并单元 CPU 板接收模式配置成了“变长”，由于扩展板发送的“定长”报文中包含帧长字节，正常情况下 CPU 板可以解析报文，合并单元不告警。当外部电磁干扰使得帧长字节变为特殊数值时（253～255），会使帧长字节溢出，导致程序就无法更新帧长数据，不能接收后续正常帧报文，从而导致通信中断现象的发生。

试验验证结论如下：

① ××变合并单元在外部电磁干扰条件下，开入扩展板与 CPU 板之间串口通信会受到干扰。当干扰持续时间超过 100ms 时，合并单元发生告警现象。

② ××变合并单元 CPU 串口接收程序存在缺陷，当厂家人员误将 CPU 串口通信参数配置成“变长”时，少数情况下（外部电磁干扰使得接收报文帧长字节为 253～255 之间时），合并单元发生告警现象且外部干扰消失后告警不能自动复归。

串口通信异常后，合并单元不更新外部硬开入状态变化，对装置的影响：

① 对于使用电压并列功能的母线合并单元，无法更新强制开关位置；通过硬开入接入母联开关及 PT 刀闸位置时，无法更新位置，通过 GOOSE 接入不影响。

② 对于使用电压切换功能的间隔合并单元，通过硬开入接入间隔刀闸位置时，无法更新位置，影响电压切换功能。通过 GOOSE 接入不影响。

③ 合并单元检修状态无法投入。

④ 不影响合并单元模拟电压电流数据采集及同步合并等功能。

（3）暴露出的问题。

通过软硬件比对检查，该公司提供给××站的合并单元产品在型号和软件版本方面与公司专业检测通过并发布的产品一致，但在硬件方面，其插件位置、类型、板号，以及光纤接口、交流接口数量上与送检产品均存在差异。该公司未按照国家电网公司要求提供经检测合格的产品。

（4）整改措施。

① 事发公司要求厂家立即将××智能变电站 DMU－831/G 型合并单元免费更换为公司专业检测合格的产品。同时，全面核查该型号产品，如存在与专业检测合格产品不一致的情况，应要求厂家免费更换。

② 设备制造厂家应进一步强化内部质量管控体系建设，严格按照通过公司专业检测的合格产品要求供货，确保出厂产品质量。要求各设备制造单位全面核查产品生产供货情况，对发现供货产品与公司专业检测合格产品不一致的情况，应予以免费更换。

③ 应进一步加大继电保护及相关智能二次设备的抽检力度，重点强化软、硬件与专业检测合格产品一致性检查。

④ 应全面核查在建工程中继电保护及相关智能二次设备的应用情况，确保使用公司专业检测合格的产品。同时，要严把工程验收关，将继电保护及相关智能二次设备的软、硬件核查纳入工程验收范围，杜绝不合格产品进入电网运行。

⑤ 在前期核查继电保护装置、合并单元和智能终端软件版本的基础上，按照检测机构提供的比对核查方法，对在运继电保护及相关智能二次设备开展硬件比对核查，确保入网设备与公司专业检测合格产品一致。

6.4.2　案例二：220kV 变 220kVⅡ线 602 智能终端 GOOSE 断链缺陷分析

（1）事件情况简介。

2016 年 3 月 9 日凌晨 00:41，监控后台报“220kVⅡ线 A 套保护 GOOSE 断链、Ⅱ线 A 套智能终端过程网异常”；602 保护装置告警灯亮，装置事件信息报文为“第 1 组 GOOSE－1312 断链”“第 2 组 GOOSE－1313 断链”“第 3 组 GOOSE－1315 断链”，无法手动复归；602 智能终端背板光纤接口处收、发灯均熄灭，智能终端装置告警灯亮。

检修人员要求运行人员向调度申请退出 602 WXH－803B/G 全套线路保护，并联系厂家到现场检查处理。现场检查母线保护 A 套、602 测控装置均正常运行，用数字式万用表检查智能终端至线路保护发送口通信异常，无法连接，初步判断为智能终端至 602 第一套保护装置光纤接口问题。2016 年 3 月 9 日 16:36，现场将光纤改接至原备用光纤端口，并由厂家完成端口重新配置及备份，保护与智能终端 GOOSE 链路恢复正常，装置正常运行。

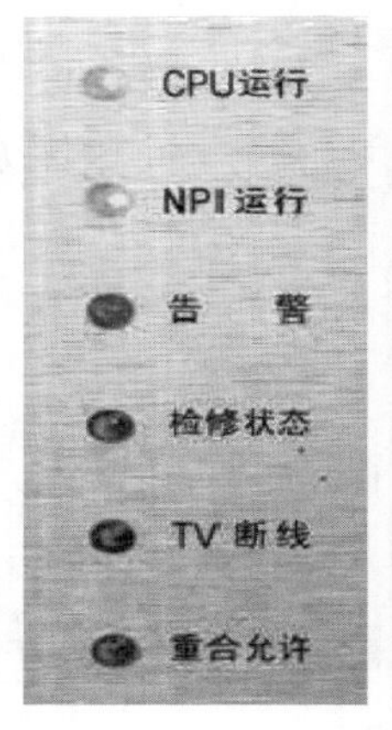

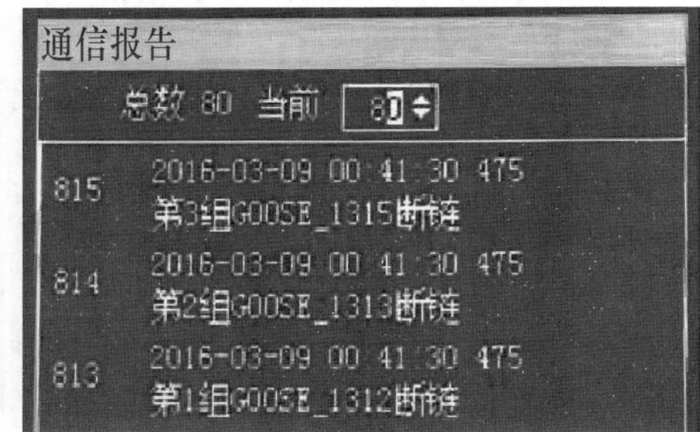

图 6－38　装置面板灯及装置告警报文

（2）事件发生情况。

① 保护装置告警灯亮，装置事件信息报文为“第 1 组 GOOSE－1312 断链”“第 2 组 GOOSE－1313 断链”“第 3 组 GOOSE－1315 断链”，无法手动复归。

② 智能终端背板光纤接口处收、发灯均熄灭。

（3）事件处理情况。

经检测为该智能终端光纤端口老化，于 2016 年 3 月 9 日 16:36，将 602 线路保护至智能终端收、发光纤由原 T2/R2 端口改接至原备用 T1/R1 端口，并由厂家重新配置端口并下装至智能终端，保护与智能终端 GOOSE 链路恢复正常，装置正常运行。

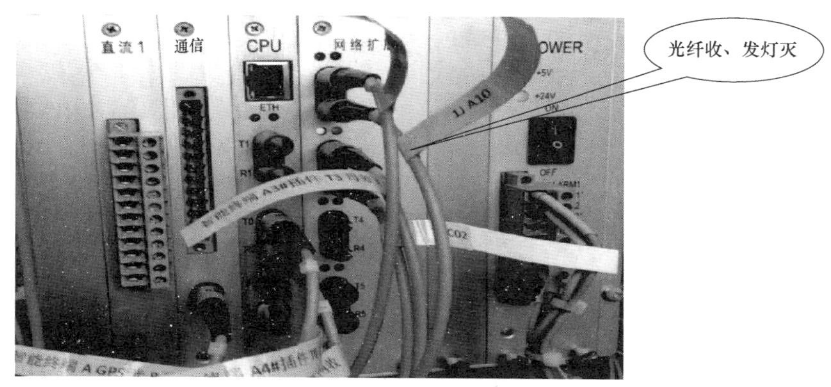

图 6－39　智能终端背板图

824　2016-03-09 16:36:11 505
第3组GOOSE_1315断链返回
823　2016-03-09 16:36:08 841
第2组GOOSE_1313断链返回
822　2016-03-09 16:36:08 805
第1组GOOSE_1312断链返回

图 6－40　装置告警报文返回

（4）原因分析。

220kV 变站内有十台 DBU－816 型智能终端，于 2012 年 11 月投运，2014 年 3 月进行版本升级及面板更换，从 2015 年 8 月 28 日至今，已经有三台/套此型号装置发生此类缺陷，据此分析，220kV 变某公司生产的 DBU－816 型智能终端装置运行一段时间后出现光纤端口老化现象，且缺陷发生频次较高，给站内设备的安全稳定运行带来较大危害。

（5）暴露问题。

制造商生产过程质量把关不严，智能终端装置测试不全面，存在光纤端口易于老化损坏的问题。

（6）改善措施。

① 将缺陷问题上报，加强同型号同批次设备巡视及排查，对缺陷情况进行统计分析，加强监管。

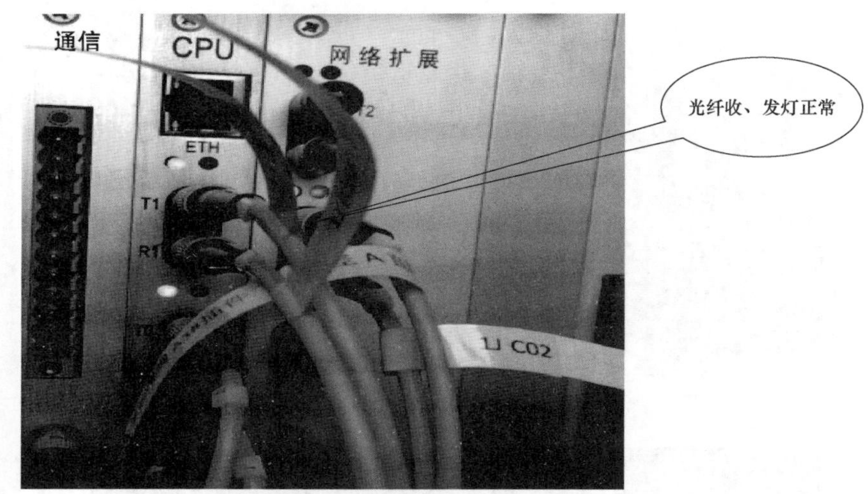

图 6-41 智能终端背板收、发灯恢复正常

② 加强备品备件管理，建议对 220kV 变站内同批次智能终端的光纤接口插件进行更换处理。

③ 检修人员掌握智能化变电站保护装置、智能终端及合并单元的简单配置，便于现场问题的及时处理。

④ 加强设备监造，督促厂家改进作业流程、提高设备可靠性。

6.4.3 案例三：某 500kV××变差动保护误动事件

（1）事故简介。

2013 年 10 月 26 日 11:46，特高压天中直流输电工程某站侧进行人工短路试验期间，500kV ××智能变电站发生 500kV 主变差动保护、220kV 母线差动保护、220kV 部分线路差动保护不正确动作，导致 500kV 2 号主变、220kV 北母、220kV Ⅰ、Ⅱ 线跳闸。

（2）原因分析。

① 2#主变保护录波图显示，2#主变中压侧电流波形比高压侧电流波形滞后一个周波；

② 220kV 母线保护录波图显示，Ⅱ线、母联 220 电流波形均滞后 222（主变中压侧开关）一个周波；

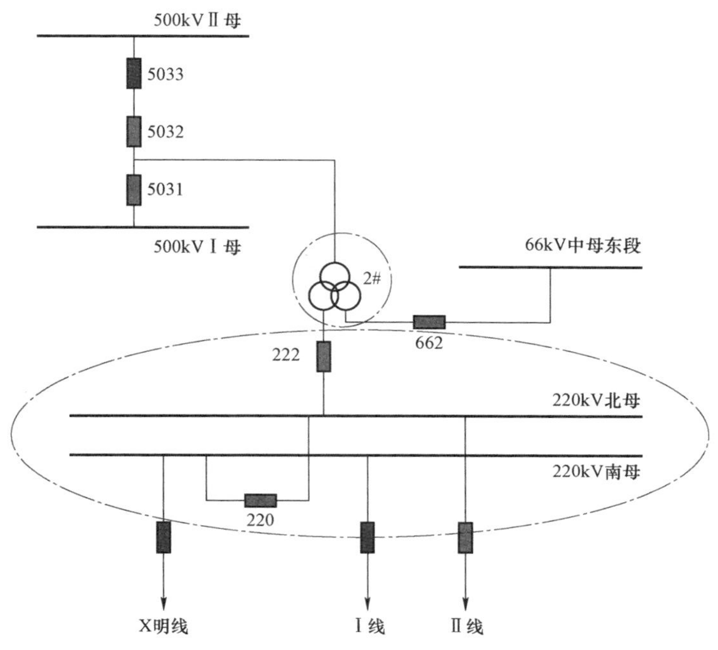

图 6－42　500kV ××智能变电站主接线图

③ Ⅰ线线路保护录波图显示，Ⅰ线变电站侧电流波形滞后对侧一个周波；

④ Ⅱ线线路保护录波图显示，Ⅱ线变电站侧电流波形滞后对侧一个周波；

⑤ 500kV 系统故障录波器中所有电流波形滞后于电压波形一个周波。

500kV ××智能变电站继电保护设备采用“常规互感器＋合并单元”采样模式，所采用的模拟量输入式合并单元（长园深瑞，PRS－7393－1、PRS－7393－3）因供应商将内部软件延时参数设置错误，导致交流电流采样数据不同步，在发生区外故障时刻，相关差动保护感受到差流，进而引发保护装置误动作。

（3）暴露问题。

① ××变所采用的合并单元存在软件参数设置错误，导致交流电流采样数据不同步，是本次继电保护不正确动作的直接原因。

② ××变合并单元未采用检测合格的产品型号，是本次继电保护不正确动作的根本原因。

（4）整改要求。

新建、改扩建及改造变电站应采用检测合格的智能二次设备产品，不合格产品不得投入电网运行。

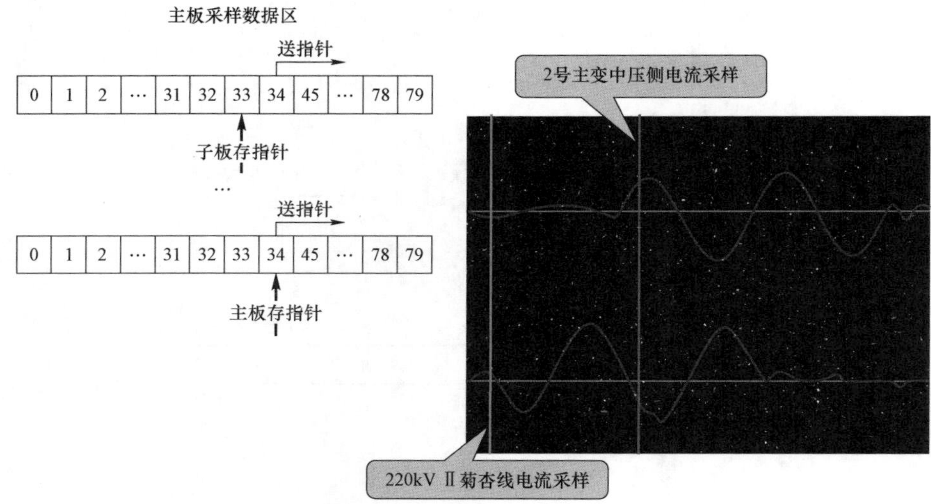

图 6－43　2 号主变中压侧电流采样及 220kVⅡ线电流采样

完善智能化变电站设备的试验调试方法，在验收调试工作中增加针对合并单元等设备的核查项目，采用各种有效试验方法发现和解决可能存在的各种缺陷。

对于前期采用不合格智能二次设备且已经投运的 220kV 及以上变电工程，各单位要进行全面排查，制定整改计划。

附录　一次设备间隔停电时保护首检（A4 类检修）工作的二次安全安措票范例

<table>
<tr><td colspan="2">被试设备及保护名称</td><td colspan="4">220kV ××线 517 线路保护</td></tr>
<tr><td>工作负责人</td><td></td><td>工作时间</td><td>年　月　日</td><td colspan="2">签发人</td></tr>
<tr><td colspan="6">工作内容：220kV ××线 517 线路保护首检（A4 类检修）</td></tr>
<tr><td colspan="6">安全措施：包括应退出和投入出口和开入软压板、出口和开入硬压板、检修硬压板，解开及恢复直流线、交流线、信号线、联锁线和联锁开关，断开及合上交直流空开，拔出和插入光纤等，按工作顺序填用安全措施，并填写执行安全措施后导致的异常告警信息。已执行，在执行栏上打“√”，已恢复，恢复栏上打“√”</td></tr>
<tr><td>序号</td><td>执行</td><td colspan="3">安全措施内容</td><td>恢复</td></tr>
<tr><td>1</td><td></td><td colspan="3">在(29P)220kV 母线保护 1 屏,确认软压板已退出,软压板编号为 1LP22/东风线 GOOSE 开入，并在后台机确认已退出</td><td></td></tr>
<tr><td>2</td><td></td><td colspan="3">在（19P）220kV ××线线路保护 1 屏，确认软压板已退出，软压板双重命名为 1LP12/保护启动母差失灵，并在后台机确认已退出</td><td></td></tr>
<tr><td>3</td><td></td><td colspan="3">在(30P)220kV 母线保护 2 屏,确认软压板已退出,软压板编号为 2LP22/××线 GOOSE 开入，并在后台机确认已退出</td><td></td></tr>
<tr><td>4</td><td></td><td colspan="3">在（20P）220kV 东风线线路保护 2 屏，确认软压板已退出，软压板双重命名为 2LP12/保护启动母差失灵，并在后台机确认已退出</td><td></td></tr>
<tr><td>5</td><td></td><td colspan="3">在(29P)220kV 母线保护 1 屏,确认软压板已退出,软压板编号为 1LP32/××线支路投入，并在后台机确认已退出</td><td></td></tr>
<tr><td>6</td><td></td><td colspan="3">在(30P)220kV 母线保护 2 屏,确认软压板已退出,软压板编号为 2LP22/××线支路投入，并在后台机确认已退出</td><td></td></tr>
<tr><td>7</td><td></td><td colspan="3">在（19P）220kV ××线线路保护 1 屏，投入 220kV ××线 PSL603U 线路保护的 1LP1/检修压板，并在后台机确认已投入</td><td></td></tr>
<tr><td>8</td><td></td><td colspan="3">在（20P）220kV 东风线线路保护 2 屏，投入 220kV 东风线 PCS902 线路保护的 2LP1/检修压板，并在后台机确认已投入</td><td></td></tr>
<tr><td>9</td><td></td><td colspan="3">在 220kV 东风线智能控制柜，投入 220kV ××线智能终端 1 的 1LP1/检修压板，并在后台机确认已投入</td><td></td></tr>
<tr><td>10</td><td></td><td colspan="3">在 220kV ××线智能控制柜，投入 220kV ××线智能终端 2 的 2LP1/检修压板，并在后台机确认已投入</td><td></td></tr>
<tr><td>11</td><td></td><td colspan="3">在 220kV ××线智能控制柜，投入 220kV ××线合并单元 1 的 1LP1/检修压板，并在后台机确认已投入</td><td></td></tr>
<tr><td>12</td><td></td><td colspan="3">在 220kV ××线智能控制柜，投入 220kV ××线合并单元 2 的 2LP1/检修压板，并在后台机确认已投入</td><td></td></tr>
<tr><td colspan="3">执行工作</td><td colspan="3">恢复工作</td></tr>
<tr><td colspan="2">执行人</td><td>监护人</td><td colspan="2">恢复人</td><td>监护人</td></tr>
<tr><td colspan="2"></td><td></td><td colspan="2"></td><td></td></tr>
<tr><td colspan="2">执行时间</td><td></td><td colspan="2">恢复时间</td><td></td></tr>
</table>

参 考 文 献

[1] 国家电力调度通信中心. 国家电网公司继电保护培训教材. 北京：中国电力出版社，2009.

[2] 国家电网公司人力资源部. 国家电网公司生产技能人员职业能力培训通用教材一、二次回路. 北京：中国电力出版社，2010.

[3] 徐振. 电力系统继电保护装置校验手册. 北京：中国电力出版社，2013.

[4] 国家电力调度通信中心. 智能变电站继电保护技术问答. 第二版. 北京：中国电力出版社，2018.

[5] 王天锷，潘丽丽. 智能变电站二次系统调试技术. 北京：中国电力出版社，2013.

[6] GB/T 7261—2016，继电保护和安全自动装置基本试验方法. 北京：中华人民共和国国家质量监督检验检疫总局、中国国家标准化管理委员会，2016.

[7] DL/T 995—2016，继电保护和电网安全自动装置检验规程. 北京：国家能源局，2016.

[8] Q/GDW 1161—2014，线路保护及辅助装置标准化设计规范. 北京：国家电网公司，2014.

[9] Q/GDW 1175—2013，变压器高压并联电抗器和母线保护及辅助装置标准化设计规范. 北京：国家电网公司，2013.

[10] Q/GDW 396—2012，IEC 61850 工程继电保护应用模型. 北京：国家电网公司，2013.

[11] Q/GDW 1799.1—2013，国家电网公司电力安全工作规程—变电部分. 北京：国家电网公司，2013.